Konstruktionsbücher

Herausgegeben von Professor Dr.-Ing. G. Pahl

Band 37

A. L. van der Mooren

Instandhaltungsgerechtes Konstruieren und Projektieren

Grundlagen, Methoden und Checklisten
für den Maschinen- und Apparatebau

Mit 142 Abbildungen

Springer-Verlag
Berlin Heidelberg NewYork
London Paris Tokyo
Hong Kong Barcelona Budapest

Prof. Dr. Ir. Aart L. van der Mooren

Professor em., Fachgebiet allgemeiner Maschinenbau
der Technischen Universität Eindhoven

Dr.-Ing. Gerhard Pahl

Universitätsprofessor, Fachgebiet Maschinenelemente und Konstruktionslehre
der Technischen Hochschule Darmstadt

ISBN 3-540-53556-X Springer-Verlag Berlin Heidelberg NewYork

Die Deutsche Bibliothek – CIP-Einheitsaufnahme
Mooren, Aart L. van der:
Instandhaltungsgerechtes Konstruieren und Projektieren:
Grundlagen, Methoden und Checklisten für den Maschinen-
und Apparatebau / A.L.van der Mooren.
Berlin ; Heidelberg ; NewYork ; London ; Paris ; Tokyo ;
HongKong ; Barcelona ; Budapest : Springer, 1991
(Konstruktionsbücher ; Bd. 37)
  ISBN 3-540-53556-X (Berlin...)
  ISBN 0-387-53556-X (NewYork...)
NE: GT

© Springer-Verlag Berlin Heidelberg 1991
Printed in Germany

Satz: Datenkonvertierung durch Springer-Verlag
Druck: Color-Druck Dorfi GmbH, Berlin; Bindearbeiten: B.Helm, Berlin
62/3020 543210 – Gedruckt auf säurefreiem Papier

Vorwort

Dieses Buch zeigt, wie beim Konstruieren und Projektieren besonders die Instandhaltungsgerechtheit technischer Objekte zu fördern ist, ohne dabei andere Aspekte, wie z.B. wirtschaftliche Randbedingungen, zu vernachlässigen. Obwohl sich Text und Bilder hauptsächlich auf industrielle Anlagen, besonders auf Maschinen und Apparate beziehen, läßt sich die Vorgehensweise ebensogut auf Haushaltsgeräte, Fahr- und Hebezeuge, elektrotechnische Geräte, Gebäude u.s.w. anwenden. Inhalt und Aufbau des Buches sind aus den Vorlesungen hervorgegangen, die der Autor an der Fakultät für Maschinenbau der Technischen Universität Eindhoven sowie in postuniversitären und industriellen Lehrgängen hält [V.1].

Von dem Thema des Buches dürften an erster Stelle Konstrukteure angesprochen werden. Sie sollten sich der möglichen Instandhaltungsprobleme ihrer Produkte bewußt sein und wissen, wie diese mittels einer instandhaltungsgerechten Konstruktion zu vermeiden sind. Die Möglichkeiten dazu sind jedoch oft schon in der Planungsphase weitgehend eingeschränkt; deshalb richtet sich die Botschaft ebenfalls an die Unternehmungsleitung, an Projektingenieure, Einkäufer und Betriebswirte. Und der Instandhaltungsingenieur lernt, bestehende Objekte zu modifizieren, die sich aus der Sicht der Instandhaltung nicht bewährt haben.

Eine Vorgehensweise, die eine Qualitätseigenschaft besonders berücksichtigt, in diesem Falle die Instandhaltungsgerechtheit, sollte über eine Sammlung loser und nur beschränkt brauchbarer Bemerkungen hinausgehen. Deshalb ist eine Methodik angestrebt worden, die sich auf allgemeingültige und vollständige Denkmodelle stützt und planmäßig auf Objekte aller Art und Komplexität angewandt werden kann. Die Benutzung der Methodik setzt selbstverständlich die normalen technischen Kenntnisse auf dem betreffenden Fachgebiet voraus.

Eine allgemeingültige Vorgehensweise ist grundsätzlich abstrakt. Damit der Leser nicht in unanschaulichen Begriffen steckenbleibt, sondern auf den Geschmack kommt, die Methode selbst anzuwenden, sind zur Erläuterung viele Beispiele gegeben; auch die Checklisten am Ende des Buches sollen dazu beitragen. Die gewählten Beispiele sind einfach und schnell durchschaubar, jedoch ist die Vorgehensweise auch auf kompliziertere Fälle anwendbar.

Die vorgeschlagene Methodik schließt sich dem sog. Methodischen Konstruieren an und ist über einen Zeitraum von ca. zehn Jahren an der Technischen Universität Eindhoven entwickelt worden [V2]. Anfangs wurde dazu mit Vertretern aus der Industrie in einer Arbeitsgruppe der NVDO (Nederlandse Vereniging ten behoeve van Technische en Onderhoudsdiensten) zusammengearbeitet, wobei Ir. P. Smith wertvolle Beiträge geleistet hat [V.3]. Die Weiterentwicklung geschah aufgrund von

Erfahrungen bei der industriellen Anwendung, wie sie u.a. von Studenten im Rahmen ihrer Diplomarbeit gemacht wurden.

Ich danke Frau Marianne Verschuren-Slaats, die die meisten Bilder anfertigte, und Frau Mies Brink-Dragt, die das Manuskript bearbeitete. Die gute Zusammenarbeit mit dem Herausgeber dieser Buchreihe, Herrn Prof. Dr. G. Pahl, und dem Springer-Verlag habe ich ganz besonders geschätzt.

Es ist meine Überzeugung, daß technische Objekte nicht nur aus arbeitstechnischen und wirtschaftlichen Gründen, sondern auch aus ökologischen Überlegungen instand-haltungsgerecht konstruiert sein sollten. Ich hoffe sehr, daß dieses Buch dazu beitragen wird.

Sittard NL, im Dezember 1990   A.L. van der Mooren

Inhaltsverzeichnis

I Instandhaltung

1 Einführung

1.1 Instandhaltung als gesellschaftliche Aufgabe

Alle technischen Objekte sind während ihrer Lebensdauer der *Abnutzung* unterworfen. Die Belastungen, denen sie beim Gebrauch ausgesetzt sind, führen zu Beschädigungen, die ihre Funktionserfüllung allmählich beeinträchtigen oder sogar plötzlich unmöglich machen. Die Aspekte der Funktionserfüllung, um die es sich dabei handelt, sind von Fall zu Fall anders; im allgemeinen Sinne ist zu denken an *Sicherheitsverluste*, wie bei einem Flugzeug, an *Wertverluste*, wie bei einer Wohnung, und an *Ertragsverluste*, wie sie z.B. bei industriellen Produktionsmitteln eine wichtige Rolle spielen.

Wenn ein Objekt so stark beschädigt ist, daß seine Funktionserfüllung gefährdet oder schon ungenügend ist, kann man es zwar durch ein neues ersetzen, aber meistens ist es vorteilhafter, es instandzusetzen. Seit altersher richtet sich deshalb ein Teil der menschlichen Arbeit auf *Instandhaltung* mit dem Ziel, den ordnungsgemäßen Zustand bestehender Produktionsmittel und Gebrauchsgüter zu bewahren oder wiederherzustellen. Das bringt aber Kosten mit sich: Nach einer Studie des DKIN (Deutsches Komitee Instandhaltung e.V.) wurden in der Bundesrepublik Deutschland 1977 ca. 123 Mrd. DM für die Instandhaltung langlebiger Produktionsmittel aufgewendet, ca. 14% des Sozialproduktes [1.1]. Letztere Zahl dürfte sich bis heute nicht wesentlich verändert haben. Der genannte Betrag besteht zu ca. zwei Dritteln aus Löhnen. Die Zahl der Arbeitsplätze in der Instandhaltung beläuft sich in der BRD auf über 1,5 Millionen. Aus volkswirtschaftlicher Sicht ist die Instandhaltung daher von großer Bedeutung.

1.2 Entwicklungen in der Industrie

In der Industrie wurde die Instandhaltung der Produktionsmittel, wie Maschinen und Apparate, lange Zeit weitgehend auf Behebung eingetretener *Schäden* beschränkt. Zwar wurde mitunter versucht, die Zahl der Schäden zu verringern, besonders durch Anpassung der Konstruktion, aber im übrigen wurden Instandhaltungsarbeiten mehr oder weniger als notwendiges Übel angesehen und hingenommen. Instandhaltung wurde, der Produktion gegenüber, nur als Nebensache betrachtet und meistens nicht als wichtige separate Aufgabe, und wenn schon, dann nur in einer untergeordneten Stellung innerhalb einer von der Produktion her gestalteten und dominierten Betriebsstruktur. Die mit der Instandhaltung verbundenen Kosten fanden daher kaum Beachtung.

In den letzten Jahrzehnten haben technische und betriebswirtschaftliche Entwicklungen dieses Bild jedoch völlig verändert. Das Bedürfnis, rationeller zu produzieren, führte zur *Vergrößerung* der gesamten Produktionsanlagen wie auch der einzelnen Maschinen und Apparate. An die Endprodukte wurden von den Abnehmern immer höhere Anforderungen gestellt hinsichtlich gleichbleibender Qualität, obwohl die Rohstoffe vielfach mehr als vorher in der Zusammensetzung wechselten. Diesen Gegensatz konnte man meistens nur durch weitgehende *Automatisierung* des Produktionsvorgangs bewältigen. Auch mußten in zunehmendem Maße Zwischenprodukte, Abfälle und Energie wiedergewonnen werden, die bei der Produktion frei wurden, einerseits um den Ertrag zu erhöhen, andererseits um die Umwelt zu schützen. Dies hatte zur Folge, daß die Vielfalt der Maschinen und Apparate sowie die Zahl ihrer gegenseitigen Verknüpfungen, also die *Komplexität* der Anlagen, wesentlich anstiegen.

Aus diesen Gründen sind die jetzigen Produktionsanlagen meistens umfangreich, weitgehend automatisiert und/oder verkettet. Derartige Anlagen sind störanfällig in dem Sinne, daß ein Defekt in irgendeiner der Komponenten oft zum Ausfall des Ganzen führt. Dennoch ist eine hohe *Zuverlässigkeit* notwendig, auch aus Sicherheitsgründen. Defekte Komponenten und unvorhergesehene *Betriebsunterbrechungen* können Belästigungen und gefährliche Situationen verursachen, sowohl im Betrieb selbst als auch in der Umgebung, wobei häufig nicht nur die große gespeicherte Energie der Anlagen, sondern auch die gefährliche Natur der verarbeiteten Stoffe eine Rolle spielen. Auch wenn keine derartigen Sicherheitsprobleme vorliegen, hat der Ausfall einer Anlage doch meistens empfindliche Verluste zur Folge. Wenn auch der Schaden an sich schnell behoben ist, so können doch das Auslaufen und Wiederanfahren umfangreiche Maßnahmen erfordern und zu einer langwierigen Produktionsunterbrechung führen. Meistens ist es nicht möglich, die *Produktionsverluste* wieder aufzuholen, so daß auch große *Ertragsverluste* entstehen. Es ist also aus betriebswirtschaftlicher Sicht notwendig, daß die Anlagen eine hohe *Verfügbarkeit* aufweisen, indem Ausfälle selten eintreten und, wenn sie doch eintreten, schnell behoben werden können.

Eine angemessene Instandhaltung der Produktionsmittel ist deshalb heutzutage in der Industrie eine wichtige Voraussetzung für einen sicheren, ungestörten und wirtschaftlichen Produktionsablauf. In bezug auf ihre *Effektivität* werden der Instandhaltung u.a. die Ertragsverluste angerechnet, die aus einem mangelhaften Zustand der Anlage hervorgehen. Dabei ist nicht nur zu denken an zwangsweise Produktionsunterbrechungen, sondern auch an andere Einschränkungen ihrer Gebrauchswerte, wie ein verringerter verfahrenstechnischer und energetischer Wirtschaftsgrad. Hinsichtlich der *Effizienz* der Instandhaltung finden auch die Kosten der Ausführung von Instandhaltungsarbeiten immer mehr Beachtung, weil ihr Anteil innerhalb der Produktionsgesamtkosten steigt. Diese Verschiebung läßt sich dadurch erklären, daß weitgehend automatisierte Produktionsmittel zwar wenig Bedienung, wohl aber sorgfältige Instandhaltung verlangen und daß überdies das Wachstum der Arbeitsproduktivität in der Instandhaltung bis heute wesentlich geringer ist als bei der Bedienung. Die Erfahrung lehrt, daß die direkten Instandhaltungskosten in einem Industrieunternehmen unter normalen Umständen durchweg dieselbe Größenordnung erreichen wie die Abschreibungen und die Investitionen. Sie können somit die *Gewinnspanne* als Unterschied zweier großen Zahlen, nämlich der Einnahmen und der Ausgaben, wesentlich beeinflussen und bilden demnach einen wichtigen Posten im Betriebshaushalt (siehe Bild 1.1).

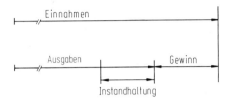

Bild 1.1   Einfluß der Instandhaltungskosten auf die Gewinnspanne

1.3 Von der Instandhaltung zur Anlagenwirtschaft

Gewährleistung der erforderlichen Sicherheit und hohe Verfügbarkeit der Anlagen sind somit allmählich zur Hauptaufgabe der Instandhaltung geworden: Die Instandhaltungstätigkeiten werden nicht länger durch die *korrektive* Behebung eingetretener Schäden bestimmt, sondern vielmehr durch *präventive*, vorbeugende Maßnahmen, die möglichst während des Betriebes und sonst nur mit kurzen Produktionsunterbrechungen ausgeführt werden. Auch die Bewertung der Instandhaltung als Betriebsfunktion und ihre Einordnung innerhalb der Betriebsorganisation haben sich geändert: Sie ist zum Partner der Produktion geworden [1.2]. Produktion und Instandhaltung haben die Aufgabe, zusammen die Produktionsmittel in solcher Weise zu nutzen bzw. zu betreuen, daß der Gewinn für das Unternehmen als Ganzes maximal ist.

Um diesen geänderten Aufgaben gerecht zu werden, müßte die Instandhaltung ihre Tätigkeiten weitgehend professionalisieren. Sie hat sich zur *Anlagenwirtschaft* entwickelt [1.3], wobei von Anfang an Berufsvereine wie DKIN und NVDO und neuerdings auch die Universitäten eine wichtige Rolle spielen. Nachdem in den fünfziger Jahren die Untersuchungen hauptsächlich die Organisation der Instandhaltungsarbeiten und der Instandhaltungsmittel betrafen, sind in den sechziger Jahren auch die Instandhaltungsmethoden, besonders zur vorbeugenden Instandhaltung, zum Forschungsthema geworden. Seit ca. zehn Jahren hat sich das Interesse nun auch explizit der Konstruktion der Objekte als wichtigem Instandhaltungsfaktor zugewandt. Man erkennt immer mehr, daß bei der Anschaffung technischer Objekte nicht nur ihre Anschaffungskosten, sondern besonders auch die zu erwartenden Instandhaltungskosten in Betracht gezogen werden sollten und auch, daß dabei die Konstruktion eine entscheidende Rolle spielt. Ein Objekt sollte *instand-*

haltungsgerecht gestaltet sein, indem es nur wenige Instandhaltungsmaßnahmen braucht, und auch nur solche, die sicher, schnell und billig ausgeführt werden können. Die Wirklichkeit sieht aber meistens doch ganz anders aus. Fast jeder kennt Gebrauchsobjekte, die diesen Anforderungen nicht genügen, sei es eine Waschmaschine, ein Auto oder ein Rasenmäher, und mit industriellen Anlagen ist es oft nicht besser bestellt. Gellings z.B. weist darauf hin, daß 25% der Korrosionsschäden aus einer mangelhaften Gestaltung hervorgehen [1.4]. Ein Bericht über fünf kürzlich erbaute amerikanische Kernkraftwerke erwähnt u.a., daß schon eine bessere Zugänglichkeit und Erreichbarkeit die Dauer der Instandhaltungsarbeiten um 30% hätten kürzen können [1.5].

Selbstverständlich spielt manchmal eine Rolle, daß der Konstrukteur die Betriebs- und Instandhaltungsumstände nicht genau vorhersehen konnte. Aber vielfach scheint diese Rechtfertigung ebensowenig stichhaltig wie das Argument, daß eine bessere Lösung zu teuer wäre. Was auch die wirklichen Gründe sein mögen, einer ist zweifellos besonders bedeutungsvoll: Der Konstrukteur wußte nicht, wie dem Instandhaltungsaspekt auf geeignete Weise Rechnung zu tragen. Das läßt sich zum Teil dadurch erklären, daß Grundkenntnisse noch fehlen: Die Zuverlässigkeitstechnik für Maschinen und Apparate steckt noch in den Anfängen, und die Ergonomie hat die Instandhaltung, verglichen mit der Bedienung, bis jetzt vernachlässigt. Aber sicherlich ist auch das Fehlen einer praktischen *Vorgehensweise* zum instandhaltungsgerechten Konstruieren schuld daran.

1.4 Zielsetzung

Ein technisches Objekt soll vielerlei Anforderungen genügen. Diese gehen aus seiner Bestimmung hervor und betreffen primär seine Funktion im engeren Sinne, aber außerdem u.a. die Fertigung, verschiedene Betriebsaspekte und nicht zuletzt die Instandhaltung. Weil die Anforderungen zum Teil zu unterschiedlichen konstruktiven Konsequenzen führen, muß der Konstrukteur als Lösung den besten Kompromiß anstreben. Wie er dabei im allgemeinen vorgehen sollte, kann der Lehre des sog. *Methodischen Konstruierens* entnommen werden [1.6]. Ausgehend von der Anforderungsliste stellt er sich Teilziele, bedenkt Teillösungen und kombiniert diese zu Lösungsvarianten für das Objekt als Ganzes. Nachdem er eventuelle Schwachstellen ermittelt und womöglich eliminiert hat, wählt er als Lösung diejenige Variante, die der Gesamtheit aller Anforderungen am besten genügt. Für jeden dieser Schritte enthält das Methodische Konstruieren allgemeingültige Methoden.

Ein derartiges Vorgehen erfordert jedoch, daß der Konstrukteur weiß, wie die Konstruktion aus der Sicht jeder einzelnen Anforderung am besten gestaltet sein muß. Dieses trifft auch auf den Instandhaltungsaspekt zu: Der Konstrukteur soll wissen, wie er auf konstruktivem Wege die Instandhaltungsgerechtheit eines Objektes am besten fördern kann. Diese Maßnahmen sollen sich in die normale Vorgehensweise einfügen. Dazu muß insbesondere angegeben werden, wie der Konstrukteur aus der Sicht der künftigen Instandhaltung vorgehen soll, u.a. welche spezifischen Teilziele er dazu anzustreben hat und wie er die Entwicklung von Teillösungen und das Ausmerzen von Schwachstellen besonders auf den Instandhaltungsaspekt beziehen kann. Weil es dabei schließlich immer wieder um Abwägungen geht, reicht eine qualitative Betrachtung nicht aus, sondern es muß auch die Möglichkeit zur Quantifizierung gegeben sein. Hauptzweck dieses Buches ist es, dem Leser eine derartige *Methodik zum instandhaltungsgerechten Konstruieren* neuer Objekte zu vermitteln. Es leuchtet jedoch ein, daß diese Kentnisse auch hilfreich sein können beim *Modifizieren* bestehender Objekte, die Instandhaltungsprobleme aufweisen.

Zur richtigen Abwicklung des Konstruktionsprozesses muß man außer über Kenntnisse auch über andere Mittel verfügen. Dazu gehören selbstverständlich Arbeitskraft, Zeit und Geld, aber besonders auch Informationen in bezug auf die verschiedenen Anforderungen. Was den Instandhaltungsaspekt betrifft, so sind viele Daten, die der Konstrukteur braucht, nicht den bestehenden Datenträgern, wie Lehrbüchern und betriebseigenen Sammlungen, sondern nur der Erfahrung der Instandhalter zu entnehmen. Instandhaltungsgerechtes Konstruieren erfordert also nicht nur, daß der Konstrukteur diese Methodik kennt, sondern auch daß gewisse *Voraussetzungen* organisatorischer Art erfüllt sind. Auch dieser Aspekt soll deshalb kurz angesprochen werden.

1.5 Aufbau des Buches

Das Buch ist aus 14 Kapiteln aufgebaut und gliedert sich in drei Teile:

- Teil I: Instandhaltung (Kap. 1 bis 4)
  Anschließend an diese Einführung werden einige Grundbegriffe der Instandhaltung erläutert und insbesondere das Objektverhalten aus der Sicht der Instandhaltung im qualitativen und quantitativen Sinne beschrieben, wobei die präventiven Instandhaltungsmaßnahmen einbezogen sind.
- Teil II: Instandhaltungsgerechtes Konstruktieren (Kap. 5 bis 11)
  Ausgehend von Begriffen und Methoden des methodischen Konstruierens werden allgemeine Empfehlungen zur Förderung der Instandhaltungsgerechtheit eines Entwurfs gegeben; anschließend werden eine Methode zur Ermittlung von Instandhaltungsschwachstellen diskutiert, spezifische Empfehlungen zu deren Eliminierung gegeben und eine Vorgehensweise zur Konstruktionsoptimierung vorgestellt.
- Teil III: Instandhaltungsgerechtes Projektieren (Kap. 12 bis 14)
  Es wird gezeigt, wie man, bevor das Konstruieren beginnt, schon beim Projektieren und besonders beim Erarbeiten der Anforderungsliste und des Konzeptes, auf eine instandhaltungsgerechte Lösung zusteuern kann und welche organisatorischen Voraussetzungen dazu erfüllt sein müssen.

Zur Unterstützung bei der Anwendung der Methode sind Checklisten beigegeben. Sie sind ebenfalls als *Zusammenfassung* des Textes anzusehen.

2 Problemformulierung

2.1 Ausfallen

2.1.1 Funktion und Schaden

Technische *Objekte* werden vom Menschen geschaffen zur Befriedigung seiner individuellen oder gesellschaftlichen Bedürfnisse, indem sie ihm Produkte liefern und/oder Dienste leisten. Die besondere, durch den Verwendungszweck bedingte Aufgabe, für die ein Objekt bestimmt und geeignet ist, nennen wir seine *Funktion*. Die Funktion eines Objektes ist ein abstrakter Begriff qualitativer Art, der sich zweckmäßig mit einem Substantiv und einem Verb ausdrücken läßt. Die Funktion eines Kompressors z.b. kann mit "Gas verdichten" beschrieben werden, die eines Wärmeaustäuschers mit "Energie übertragen".

Technische Objekte verdanken ihr Vermögen zur Funktionserfüllung ihrer materiellen Gestalt, ihrer *Konstruktion*. Zu diesem Zweck besteht das Objekt aus materiellen Teilen, seinen *Komponenten*, die *Teilfunktionen* erfüllen. Als einfachste Komponenten sind Teile aus einem Stück, sog. *Einzelteile* zu unterscheiden, z.B. ein Rohr. Die Komponenten sind im *funktionellen* und *materiellen* Sinne geordnet in einer *Struktur*. Die Rohre eines Wärmeaustauschers können funktionell parallel und materiell übereinander angebracht sein.

Richtiges Funktionieren eines Objektes erfordert, daß es sich in einem guten *Zustand* befindet, d.h. daß der Istwert bestimmter materieller Gestaltsmerkmale seiner Komponenten und seiner Struktur innerhalb gewisser Grenzen dem Sollwert entspricht. Nur dann kann das Objekt die gestellten Anforderungen erfüllen und ist also *funktionsfähig*, Bild 2.1.

Bild 2.1   Ausfallen

Weil das Objekt während seines Gebrauchs *Belastungen* ausgesetzt ist, kann sich die materielle Gestalt einer oder mehrerer seiner Komponenten durch Abnutzung ändern. Diese unerwünschte, bleibende Gestaltsänderung nennen wir eine *Beschädigung*. Sie führt zur Beeinträchtigung des anfänglich guten Zustandes der zutreffenden Komponenten und somit des Objektes. Der Zustand des Objektes wird ungenügend in dem Moment, wo es seine Funktion nicht mehr gemäß den gestellten Anforderungen erfüllen kann, also *defekt* (funktionsunfähig) ist. Der Übergang des Objektes vom funktionsfähigen in den defekten Zustand wird mit *Ausfall* und die Beschädigung, die dazu führt, mit *Schaden* bezeichnet. Ob die Beschädigung einer Komponente auch als ein Schaden anzusehen ist, läßt sich also nur an dem Verhalten des Objektes als Ganzem feststellen. Es ist übrigens möglich, daß lediglich die Kombination von Beschädigungen an mehreren Komponenten zugleich als ein Schaden zu betrachten ist, z.B. weil sie insgesamt zuviel Spiel oder Leckverluste aufweisen.

2.1.2 Ausfallarten

Jedem Ausfall eines Objektes liegt ein *Fehlvorgang* zugrunde, eine kausale Kette von Ereignissen (Bild 2.2):

- die *Objektbelastung* als Ursache, die eine
- *Komponentenbelastung* veranlaßt, die in Abhängigkeit der Komponenten-belastbarkeit eine
- *Fehlwirkung* auslöst, einen typischen Beschädigungsvorgang der allmählich oder plötzlich zu einer
- *Fehlform* führt, eine Gestaltsänderung mit dem Ausmaß eines Schadens, die einen
- *Fehleffekt*, eine unzulässige Beeinträchtigung der Funktionserfüllung des Objektes, also seinen *Ausfall* zur Folge hat.

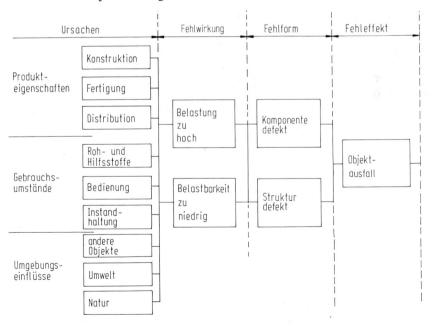

Bild 2.2   Fehlvorgang

In einem Kühler (Objekt) z.B. kann Meerwasser (chemische Belastung) durch die Rohre (Komponenten) von gewissen Abmessungen und einem bestimmten Werkstoff (Belastbarkeit) fließen, dabei Korrosion (Fehlwirkung) auslösen, die zu Lochbildung (Fehlform) der Rohrwände führt und somit eine unzulässige Verunreinigung (Fehleffekt) des zu kühlenden Mediums zur Folge hat.

Jeder mögliche Fehlvorgang ist als eine typische *Ausfallart* anzusehen. Die verschiedenen Ausfallarten eines Objektes sind letzten Endes abhängig von den Belastungen und der Belastbarkeit seiner Komponenten. Die Belastungen können vielfältig sein, u.a. mechanisch, chemisch und thermisch. Die Belastbarkeit einer Komponente, also ihr Vermögen, bestimmten Belastungen zu widerstehen, wird von ihrer Gestalt bestimmt. Eine Komponente kann mehrere Fehlformen aufweisen die wiederum verschiedene Fehleffekte auslösen können. Die Rohre des Kühlers z.B. können nicht nur leck werden, sondern auch durch Kalkablagerungen die notwendige Wärmeleitfähigkeit verlieren oder sogar verstopfen.

2.1.3 Ausfallursachen

Belastungen als Ausfallursache gibt es vielerlei, bestimmt von dem besonderen Verwendungszweck des Objektes. Dazu gehören selbstverständlich an erster Stelle Belastungen, die hervorgehen aus der eigentlichen Funktionserfüllung unter normalen Betriebsumständen, z.B. die Kräfte zwischen Zylinder und Kolben eines Kompressors, und aus normalen Umgebungseinflüssen. Sie können allmählich zu Beschädigungen durch Abnutzung führen, die als unvermeidbar angesehen werden müssen. Manchmal sind konstruktive Lösungen, die zu höherer Belastbarkeit führen, zwar bekannt, aus betriebswirtschaftlichen Gründen aber nicht erwünscht, weil es vorteilhafter ist, die entstehenden Schäden bei Bedarf zu beheben.

Diese "normalen" Schadensfälle, mit denen man also "leben" muß, bilden aber meistens nicht die große Mehrheit. Zuerst gibt es Schäden, die als *Produktfehler* anzusehen sind und z.B. aus einer mangelhaften Herstellung hervorgehen. Sie offenbaren sich meistens nach kürzerer Zeit als "Kinderkrankheiten". Auch abnormale *Betriebsumstände*, wie sie z.B. aus verunreinigten Rohstoffen und aus menschlichem Versagen bei der Bedienung hervorgehen, ebenso wie abnormale *Umgebungseinflüsse* und *Instandhaltungsfehler*, können zu Beschädigungen des Objektes und gegebenfalls zu seinem Ausfall führen. Sie treten meistens plötzlich auf, über die ganze Gebrauchsdauer verteilt. Manchmal sind auch sie als Produktfehler zu betrachten, weil die abnormalen Umstände vorsehbar waren und die Konstruktion darauf hätte vorbereitet sein müssen. Es ist deshalb wichtig, daß der Konstrukteur auch potentielle *Überbelastungen* von vornherein als Schädigungsmöglichkeiten erkennt und in seine Überlegungen einbezieht. Aber natürlich ist es auch wahr, daß in der Konstruktionsphase die Gebrauchsumstände oft noch nicht genau bekannt sind, so daß die Grenze zwischen meistens vorhandenen, normalen und selten vorkommenden, abnormalen Bedingungen dann noch schwerer zu ziehen ist.

Viele Daten über Schadenserfahrungen sind [2.1] zu entnehmen.

2.1.4 Ausfallfolgen

Besonders wenn er unerwartet auftritt, kann der Ausfall technischer Objekte wiederum vielerlei Folgen nach sich ziehen, u.a. Schäden materieller und personeller Art (Bild 2.3):

- an dem Objekt selbst, z.b. sekundäre Schäden, Kürzung der Lebensdauer,
- an anderen Objekten in der nächsten Umgebung, z.b. Beschädigung, Verstopfung,
- an Menschen, z.b. Behinderung und Unsicherheit in der nächsten Umgebung,
- im Betrieb, z.b. Entschädigungen, Organisationsverluste,
- im Markt, z.b. Verlust an Ansehen und Wertschätzung,
- in der Gesellschaft, z.b. Schäden an Menschen, Objekten und an der Natur in der weiteren Umgebung.

Diese Schäden führen schließlich zu finanziellen Verlusten für das Unternehmen, die aber zum Teil nur schlecht oder gar nicht meßbar sind.

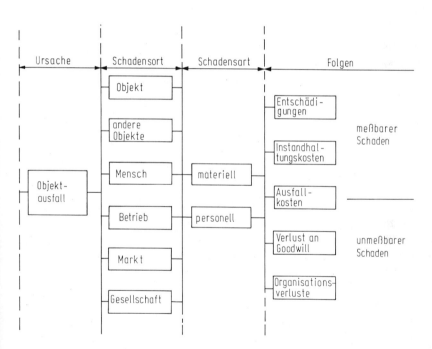

Bild 2.3   Ausfallfolgen

2.2 Instandhalten

2.2.1 Instandhaltungsmaßnahmen

Soweit technische Objekte schadensempfindlich sind, ist ihr Gebrauch aus wirtschaftlichen Gründen meistens mit Instandhaltungsmaßnahmen verbunden. Das Normblatt DIN 31051 [2.2] definiert den Begriff *Instandhaltung* : "Die Gesamtheit aller Maßnahmen zur Bewahrung und Wiederherstellung des Sollzustandes sowie zur Feststellung und Beurteilung des Istzustandes von technischen Mitteln eines Systems". Die Begriffe Soll- und Istzustand sind hier auf die materielle Beschaffenheit des Systems bezogen. In Übereinstimmung mit DIN 31051 unterscheiden wir näher:

- *Wartung*: Maßnahmen zur Bewahrung des Sollzustandes, z.B. durch Schmieren, Nachfüllen, Nachstellen;
- *Instandsetzung*: Maßnahmen zur Wiederherstellung des Sollzustandes. Dies kann geschehen durch
  - Bearbeiten, z.B. Aufschweißen, Verbüchsen,
  - Ersetzen, einschließlich (De)montieren, Einstellen usw.;
- *Inspektion*: Maßnahmen zur Feststellung und Beurteilung des Istzustandes. Dieses kann geschehen durch
  - physikalische Inspektion: Ermittlung des materiellen Zustandes, z.B. der Oberflächenbeschaffenheit oder der Rißbildung,
  - funktionelle Inspektion: Ermittlung des funktionellen Verhaltens, z.B. der Drehrichtung oder der erbrachten Fördermenge.

Die Definition von Instandhaltung spricht über "Maßnahmen" zwecks eines "Systems". Als Hinweis wird erwähnt, daß es sich um die Gesamtheit aller Maßnahmen handelt. Obwohl der Begriff "System" nicht eingeschränkt worden ist auf bestehende Objekte, wird offensichtlich das instandhaltungsgerechte Konstruieren neuer Objekte nicht zu deren Instandhaltung gerechnet, ebensowenig wie andere Maßnahmen vor ihrer Inbetriebnahme.

Im Sinne des Normblattes sind Schmieren und Reinigen als Instandhaltungsmaßnahmen anzusehen, auch wenn diese Tätigkeiten in manchen Fällen von der Produktion ausgeführt und/oder dieser Abteilung angerechnet werden. Es ist möglich, daß in der Gebrauchsphase *Konstruktionsänderungen* an einem Objekt durchgeführt werden. Insofern es sich dabei um *Anpassungen* handelt, die zum Ziel haben, das Objekt geänderten Anforderungen genügen zu lassen, z.B. in bezug auf die Funktionserfüllung (Produktionskapazität, Produktqualität usw.) oder die Umwelt, kann von Instandhaltung keine Rede sein; auch wenn die Arbeiten durch die Instandhaltungsabteilung vorgenommen und/oder aus fiskalischen Gründen zu Lasten des Instandhaltungsetats gebracht werden, kann man nicht von Instandhaltung sprechen. Andererseits wären jedoch Abänderungen eines Objektes mit dem ausdrücklichen Ziel, Schwachstellen zu beseitigen und somit die Instandhaltungsmaßnahmen zu verringern oder zu erleichtern, wohl zu seiner Instandhaltung zu zählen, auch wenn sie buchhalterisch als Investitionen angesehen werden. Wir bezeichnen derartige Konstruktionsverbesserungen weiter als *Modifikationen*.

Mit *Wartungsarbeiten* wird in erster Linie beabsichtigt, den Zustandsrückgang einer Komponente zu verzögern, z.B. durch Schmieren, während *Instandsetzung* vielmehr Tätigkeiten zur Zustandsverbesserung umfaßt, z.B. Lageraustausch. Der Unterschied ist jedoch in der Praxis nicht immer eindeutig zu bestimmen und mehr oder weniger eine Sache der Verabredung [2.3].

Besonders bei der *Instandsetzung* ist es nützlich, näher zu unterscheiden zwischen präventiver und korrektiver Ausführung der Maßnahmen (Bild 2.4):

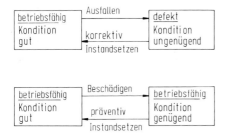

Bild 2.4   Ausfallen und Instandsetzen

- *Präventive Instandsetzung*: die Tätigkeiten bezwecken, eine Beschädigung auszubessern, bevor das Objekt ausfällt;
- *korrektive Instandsetzung*: die Tätigkeiten werden vorgenommen, nachdem die Beschädigung zum Ausfall des Objektes geführt hat, also zur Beseitigung eines Schadens.

Im letzteren Fall spricht man auch von *Reparieren*. Der Zustand nach der Instandsetzung soll wohl gut sein, braucht aber nicht dem Neuzustand zu entsprechen. Übrigens ist nach der Definition das Austauschen einer Komponente eines Objektes zu seiner Instandhaltung zu rechnen, aber das Ersetzen des Objektes als Ganzes nicht.

Inspektionsmaßnahmen können nicht nur während einer geplanten Betriebsunterbrechung oder eines unvorgesehenen Ausfalls vorgenommen werden, sondern vielfach auch während des Betriebes. Sie können direkt mit dem bloßen Auge oder mit anderen Sinnesorganen, ggf. unterstützt von Instrumenten wie z.B. einem Endoskop, ausgeführt werden. Sie sollen Auskunft geben, ob, inwieweit und wann

- Wartungsmaßnahmen erforderlich sind, z.B. weil der Vorrat an Prozeß- und Hilfsstoffen nicht mehr ausreicht oder weil Verschmutzung enstanden ist;
- präventive Instandsetzung erforderlich ist, damit kein Ausfall durch Verschleiß, Korrosion und andere Fehlmechanismen eintreten wird.

2.2.2 Instandhaltungskonzept

Im *Instandhaltungskonzept* eines Objektes sind alle Prozeduren zur zweckmäßigen und effektiven Durchführung der Instandhaltungsmaßnahmen enthalten. Es erwähnt z.B., welche Arbeitsmethode zur Demontage zu wählen wäre, ob gewisse Komponenten vor Ort zu reparieren oder auszutauschen sind und welche Ersatzteile vorrätig sein sollten. Besonders sind auch Regeln gegeben, wie bei der präventiven Instandsetzung vorzugehen ist (s. Kap. 4). Das Instandhaltungskonzept einer Maschine oder eines Apparates wird meistens mitbestimmt von übergeordneten Regeln für die Gesamtanlage, zu der sie gehören.

Bedingt durch die Frage, ob ein defektes Objekt überhaupt instandgesetzt wird und, falls ja, wie das geschieht, können u.a. unterschieden werden (Bild 2.5):

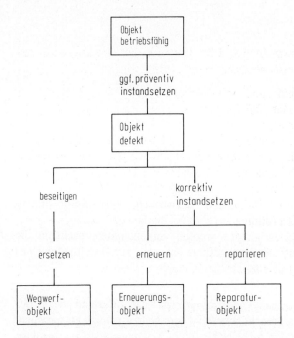

Bild 2.5   Objekteinteilung nach dem Instandhaltungskonzept

- *Wegwerfobjekte*: Nach Eintreten eines Schadens werden keinerlei korrektive Instandsetzungsmaßnahmen vorgenommen, das ausgefallene Objekt wird beseitigt. Zu denken ist z.B. an verhältnismäßig einfache, billige Geräte wie kleine Elektromotoren.
- *Erneuerungsobjekte*: Nach dem Ausfall wird nicht nur der Schaden behoben, der zu dem Ausfall geführt hat, sondern es werden auch alle anderen beschädigten Komponenten instandgesetzt, indem ihr Neuzustand wiederhergestellt wird; danach ist das ganze Objekt also "wie neu". Dieses trifft z.B. für Sicherheitssysteme oder deren Glieder (z.B. Überlastungsventile) zu.
- *Reparaturobjekte*: Nach dem Ausfall werden zumindest alle defekten Komponenten, aber nicht alle beschädigten Komponenten instandgesetzt. Danach ist das Objekt wieder in gutem Zustand, aber nicht "wie neu". Zu dieser Kategorie gehören fast alle komplizierteren industriellen Maschinen und Apparate.

In der Industrie besteht die Tendenz, bei Reparaturobjekten korrektive durch präventive und somit *ungeplante* durch *geplante* Maßnahmen zu ersetzen, damit die Instandhaltung des Objektes mit weniger, kürzeren und von vornherein bekannten Ausfallzeiten verbunden ist. Zu diesem Zweck wird auch angestrebt, defekte Komponenten nicht mehr vor Ort instandzusetzen, sondern ein Objekt so zu gestalten, daß stattdessen zu *Modulen* kombinierte Komponenten ausgetauscht werden können. Dies erfordert zwar zusätzliche Ersatzteile, aber dem steht gegenüber, daß die entfernten, defekten Module nachher anderswo, z.B. in einer Werkstatt, mit Spezialmitteln effizienter repariert werden können.

2.2.3 Instandhaltungssystem

Die Instandhaltungsmaßnahmen werden ausgeführt von dem zum Objekt gehörenden *Instandhaltungssystem*, das alle *Instandhaltungsmittel* umfaßt, namentlich:

- *Personelle Mittel*: Diese sind u.a. zusammengefaßt in Werkstätten und Außendiensten und werden oft zum Teil von einer Spezialfirma bereitgestellt.
- *Materielle Mittel*: Hierzu zählen u.a.:
  - Ausrüstung, Handwerkszeug, Werkzeugmaschinen, Hebemaschinen, Fahrzeuge,
  - Ersatzteile: Reserveteile, die nur einem oder mehreren Objekten eindeutig zugeordnet sind, und allgemein genutzte Verbrauchsteile,
  - Hilfstoffe: Öl, Kühlmittel, Wasser.
- *Methoden* und *Daten*:
  - Prozeduren, wie Sicherheitsbestimmungen, Genehmigungs- und Beanstandungsregeln und Revisionspläne,
  - Entscheidungsregeln, Sollwerte, Toleranzen,
  - Instandhaltungsdaten, wie Standzeiten, Instandhaltungszeiten usw.

Meistens sind innerhalb des Instandhaltungssystems die Instandhaltungsmittel auf mehreren *Instandhaltungsebenen* geordnet, wo man über sehr unterschiedliche Möglichkeiten verfügt, z.B. die Bedienung, der dezentrale Abteilungs-Instandhaltungsdienst, der zentrale Werks-Instandhaltungsdienst und der Kundendienst des Lieferanten.

2.3 Instandhaltungskosten

Die Benutzung technischer Objekte erfordert meistens nicht nur einmalige *Anschaffungskosten* mit darin enthaltenen Kosten für Planung, Konstruktion und Herstellung, sondern sie ist auch mit *Instandhaltungskosten*, ständigen Ausgaben zur Ausführung der Instandhaltungsarbeiten und eventuell auch mit Kosten für Anpassung, Modifikation und Beseitigung verbunden. Diese Posten werden vielfach mit dem Begriff "*Eigentumskosten*" zusammengefaßt: Sie bilden die Ausgaben, die anfallen, um ein Objekt als Produktionsmittel zu erwerben und funktionsfähig zu erhalten, also während seiner Gebrauchsphase tatsächlich benutzen zu können (siehe Bild 2.6).

Aus der Erfahrung ist bekannt, daß die jährlichen Instandhaltungskosten von Maschinen und Apparaten - je nach Gebrauchsumständen und abgesehen von Ausnahmen - durchweg zwischen 2 und 15% ihres Anschaffungswertes betragen mit ca. 6% als Mittelwert [1.1]. Diese Zahlen, kombiniert mit der für industrielle Anlagen üblichen Gebrauchsdauer (etwa 5 bis 20 Jahre), führen zu dem Schluß, daß innerhalb der Eigentumskosten die Anschaffungskosten und die summierten Instandhaltungskosten von derselben Größenordnung sind. Meistens trifft dies auch für Objekte anderer Art zu, wie Fahrzeuge und Gebrauchsgüter, obwohl es verständliche

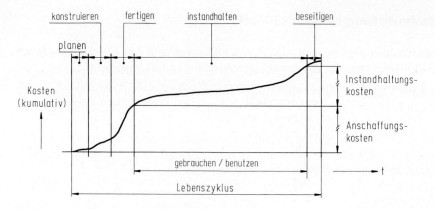

Bild 2.6   Aufbau der Eigentumskosten

Ausnahmen gibt, z.B. Wegwerfartikel oder Objekte, die extremen Belastungen ausgesetzt sind, z.B. Kampfflugzeuge (Bild 2.7).

Es spricht vieles dafür, neben den oben erwähnten Kosten zur Ausführung der Instandhaltungsarbeiten, oft näher als *direkte Instandhaltungskosten* bezeichnet, der Instandhaltung auch alle Ertragsverluste infolge mangelnden Zustandes der Objekte, wie z.B. Produkt- und Qualitätsverluste, anzurechnen. Diese Verluste werden oft als *indirekte Instandhaltungskosten* bezeichnet, obwohl es sich eigentlich nicht um Kosten im betriebswirtschaftlichen Sinne handelt. Leider kann man die indirekten Instandhaltungskosten, oft ein sehr wichtiger Posten, der den Unterschied zwischen Gewinn und Verlust bestimmt, meistens nicht gut abschätzen und dies schon gar nicht von vornherein; als erste Annäherung werden sie manchmal den direkten Instandhaltungskosten gleichgestellt. In manchen Fällen konnte nachträglich festgestellt werden, daß die indirekten die direkten Instandhaltungskosten sogar um mehr als das Zehnfache übertroffen hatten.

	Kosten		
	Anschaffung %	Instandhaltung Total %	Benutzungsdauer (Jahre)
Passagierschiff	100	35	30
Omnibus	100	50	7 - 10
Personenwagen	100	50 - 100	11
Gebäude	100	100	50 - 100
Industrieanlagen	100	100 - 200	10 - 20
Zivilflugzeug	100	200	10
Kriegsschiff	100	200 - 300	20 - 30
Kampfflugzeug	100	500	10

Bild 2.7   Eigentumskosten verschiedener Objekte

2.4 Beeinflussung der Instandhaltungskosten

Aus dem Gesagten ergibt sich, daß bei der Anschaffung oder Erstellung die zu erwartenden Instandhaltungskosten im allgemeinen nicht weniger zu beachten sind als die Anschaffungskosten, manchmal sogar viel mehr. Letzteres ist sicherlich der Fall, wenn außer direkten auch erhebliche indirekte Instandhaltungskosten anfallen, wie das in der Industrie normalerweise der Fall ist. Oft ist also die Frage angebracht, wie man die Instandhaltungskosten eines Objektes verringern kann. Lassen wir die Bekämpfung vorzeitiger Beschädigungen infolge Herstellungs-, Transport- und Lagerungsfehler außer Betracht, dann stehen dazu im Prinzip vier Wege offen, nämlich Verbesserung der *Belastungssituation*, der *Konstruktion*, des *Instandhaltungskonzeptes* und des *Instandhaltungssystems*.

Die *Belastungssituation* eines Objektes wird weitgehend von seiner Funktion und seiner *Bestimmung* diktiert. Belastungen gehen an erster Stelle hervor aus normalen Gebrauchsumständen, die als gegeben anzusehen sind. Bild 2.8 zeigt, wie in der

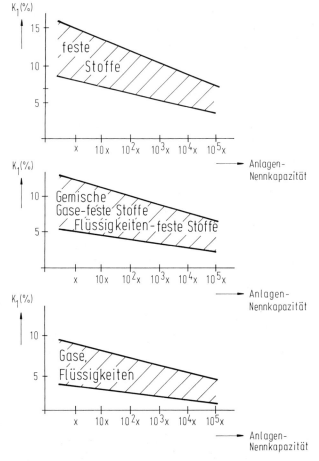

Bild 2.8   Instandhaltungskostenrate in der chemischen Industrie

chemischen Industrie die jährlichen Instandhaltungskosten der Anlagen in bezug auf ihren Anschaffungswert u.a. von der Art der verarbeiteten Stoffe (Feststoffe, Flüssigkeiten und Gase) abhängen [1.1]. Die Tatsache, daß viele Schäden und damit verbundene Instandhaltungsmaßnahmen aus Überbelastung hervorgehen, z.b. infolge verunreinigter Rohstoffe und Bedienungsfehler, weist darauf hin, daß auch hier Einsparungsmöglichkeiten bestehen können.

Neben der Belastungslage bedingt die Belastbarkeit des Objektes, also seine *Konstruktion*, wie der Beschädigungsprozeß abläuft, also welche Beschädigungen eintreten und in welchem Tempo diese zu einem Schaden führen. Aber auch die Weise, in der Instandsetzungsmaßnahmen ausgeführt werden können, und somit die Dauer der Produktionsunterbrechungen wird von der Konstruktion mitbestimmt.

Obwohl die Belastungslage und die Konstruktion den Beschädigungsprozeß bestimmen, liegt damit das Ausfallverhalten des Objektes noch nicht fest. Vielfach ist es ja möglich, das Eintreten von Ausfällen und die damit verbundenen korrektiven Instandhaltungsarbeiten zu reduzieren, indem man infolge des zum Objekt gehörenden *Instandhaltungskonzeptes* vorher präventive Instandhaltungsmaßnahmen durchführt. Man wird dabei anstreben, die Instandhaltungskosten aufgrund korrektiver Maßnahmen (besonders die damit verbundenen indirekten Instandhaltungskosten) so weit zu senken, bis der Punkt erreicht wird, daß die Einsparungen von den zusätzlichen Kosten für präventive Maßnahmen übertroffen werden. Dann sind die gesamten Instandhaltungskosten minimal (Bild 2.9).

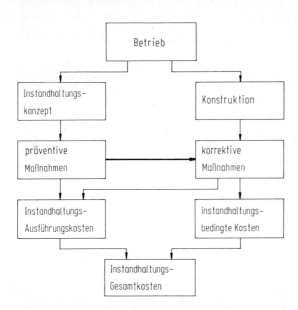

Bild 2.9   Minimierung der Instandhaltungskosten

Aus dem Ausfallverhalten eines Objektes und aus dem gewählten Instandhaltungskonzept geht das Paket auszuführender Instandhaltungsmaßnahmen hervor. Die damit tatsächlich verbundenen Instandhaltungskosten werden aber auch mitbestimmt von der Effizienz und der Effektivität des *Instandhaltungssystems*. Dabei ist nicht nur zu denken an die Anzahl und die Qualität der vorhandenen Instandhaltungsmittel personeller und materieller Art, sondern auch an vielerlei Prozeduren. Besonders wichtig erscheint dabei die interne Struktur der *Instandhaltungsfunktion* sowie ihre Einbindung in die Betriebsstruktur gegenüber den Produktionsaufgaben.

2.5 Instandhaltung und Konstruktion

Wenn wir zunächst einmal die Gebrauchsumstände als gegeben betrachten und die Frage nach der richtigen Organisation der Instandhaltungsdienste als betriebstechnisches Problem ausklammern, resultieren als Möglichkeiten zur Senkung der Instandhaltungskosten also nur noch eine bessere Konstruktion und/oder ein besseres Instandhaltungskonzept. Es sollte aber klar sein, daß an erster Stelle eine bessere Konstruktion anzustreben ist, denn es ist unbefriedigend, die Optimierung von Instandhaltungsmaßnahmen vornehmen zu müssen, die durch eine mangelhafte Konstruktion verursacht werden. Weil die technischen und wirtschaftlichen Möglichkeiten zu einer Konstruktionsänderung bei bestehenen Objekten im allgemeinen sehr gering sind, ist bereits in der Konstruktionsphase anzustreben, das Objekt *instandhaltungsgerecht* zu gestalten.

Beim *instandhaltungsgerechten Konstruieren* sollte der Konstrukteur das Objekt und das zugehörige Instandhaltungssystem als eine *Zweiheit* ansehen. Die Wechselwirkung dieser beiden zusammengehörenden Teile wird, wie Bild 2.10 zeigt,

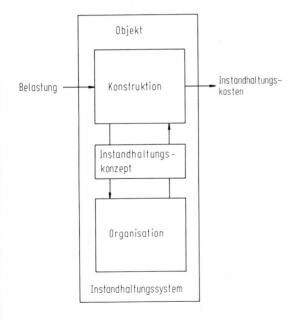

Bild 2.10   Objekt und Instandhaltungssystem als Zweiheit

über das angewandte Instandhaltungskonzept geregelt. Diese drei Elemente zusammen bestimmen, bei gegebener Belastungssituation, den Instandhaltungsprozeß und also die Instandhaltungskosten. Ist auch das Instandhaltungssystem als gegebene Randbedingung zu betrachten, dann wird der Konstrukteur versuchen müssen, die Konstruktion des Objektes in Verbindung mit seinem zugehörigen Instandhaltungskonzept optimal zu wählen. Gute Austauschmöglichkeiten z.B. sind für ein Wegwerfobjekt nicht, für ein Reparaturobjekt aber wohl vorzusehen. Der Konstrukteur muß dabei abwägen, ob z.B. die Erhöhung der Zuverlässigkeit des Objektes besser durch eine Änderung seiner Konstruktion oder seines Instandhaltungskonzeptes zu erreichen ist. Dabei ist dann die Frage, welches *Optimierungsziel* dazu geeignet ist.

2.6 Optimierungsziel

Die Nutzung eines technischen Objektes während seiner Gebrauchsdauer hat zum Zweck, Produkte oder Dienste zu erwerben. Nachdem von den Einnahmen, die daraus hervorgehen, die gemachten Kosten in Abzug gebracht sind, resultiert der Reinerlös. Zu den Kosten zählen nicht nur die schon erwähnten *Eigentumskosten*, um über ein funktionsfähiges Objekt verfügen zu können, sondern auch die *Betriebskosten*, wie Ausgaben für Bedienung und Energie. Eigentums- und Betriebskosten zusammen werden vielfach als *Lebenszykluskosten* des Objektes bezeichnet (Bild 2.11). Innerhalb der Lebenszykluskosten ist der Anteil der verschiedenen Kostenkomponenten sehr unterschiedlich, vor allem bedingt durch die Art der Objekte. Die Energiekosten z.B. können sowohl zu vernachlässigen sein als auch dominieren, wie bei bestimmten Kreiselpumpen. Bei den meisten Maschinen und Apparaten sind jedoch die Instandhaltungskosten den anderen Teilkosten gegenüber keineswegs unwichtig, und das trifft auch zu bei daraus zusammengestellten Anlagen.

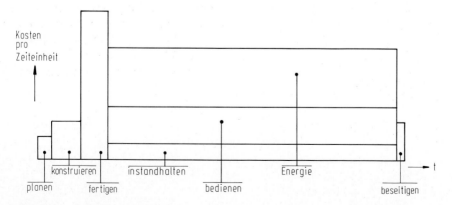

Bild 2.11   Lebenszykluskosten

Aufgabe des Konstrukteurs ist es, eine Lösung zu entwickeln, die nicht nur den gestellten funktionellen Anforderungen entspricht, sondern auch aus wirtschaftlicher Sicht optimal gestaltet ist. Theoretisch sollte er eine Lösung anstreben, die unter bestimmten Randbedingungen, z.B. dem zur Verfügung stehenden Etat, zum maximalen Reinerlös über die ganze Lebensdauer des Objektes führt. Es hat sich jedoch erwiesen, daß eine derartige Optimierung in der Praxis kaum ausführbar ist, nicht einmal bei verhältnismäßig einfachen Objekten, weil zu viele voneinander abhängige Kostenkomponenten im Spiel sind. Deshalb beschränkt man sich normalerweise auf Teiloptimierungen, z.B. zwischen Anschaffungs- und Betriebskosten, die anschließend nur zum Teil aufeinander abgestimmt werden, ohne daß es zum Schluß zu einer *Gesamtoptimierung* kommt.

Aus der Sicht der Instandhaltung wäre es angebracht, eine Lösung anzustreben, die *minimale Instandhaltungskosten* aufweist. Das würde jedoch zu dem Versuch führen, den Instandhaltungsbedarf "herauszukonstruieren", soweit das technisch überhaupt möglich ist wegen unvorhersehbarer Betriebsumstände. Dieses Ziel scheint jedoch kaum sinnvoll, weil zu erwarten ist, daß die Anschaffungskosten solcher Lösungen erheblich höher ausfallen werden. Andererseits ist eine Optimierung nach minimalem Anschaffungskosten des Objektes, wie sie in der Praxis noch oft geschieht, ebenfalls unbefriedigend, weil in diesem Fall die Instandhaltungsgerechtheit meistens mangelhaft ist.

Im folgenden werden wir uns zum Ziel setzen, beim instandhaltungsgerechten Konstruieren neuer Objekte wenigstens die Summe der Anschaffungskosten und der kumulativen direkten Instandhaltungskosten, also die Eigentumskosten zu minimieren, was meistens gut ausführbar scheint. Falls zutreffend und möglich, wären auch die indirekten Instandhaltungskosten in die Optimierung einzubeziehen. Zuverlässigkeit, Dauerhaftigkeit und ähnliche Qualitätsmerkmale werden dabei grundsätzlich als untergeordnete Teilziele betrachtet. Gegebenenfalls muß das Resultat nachträglich wegen anderer technischer und/oder wirtschaftlicher Qualitätsunterschiede korrigiert werden, z.B. in bezug auf den Wirkungsgrad, jedoch bleibt dieser Schritt hier weiter außer Betracht.

In einer Optimierung nach *minimalen Eigentumskosten* ist z.B. abzuwägen, ob eine teure Komponente, die wahrscheinlich eine lange Standzeit erreichen wird, zu bevorzugen ist gegenüber einer ähnlichen, aber billigeren Ausführung, die öfters ausgewechselt werden muß. Um eine derartige Abwägung vornehmen zu können, muß man zuerst den *Instandhaltungsprozeß* mit geeigneten Begriffen im quantitativen Sinne erfassen (Kap. 3). Außerdem muß man wissen, unter welchen Umständen und mit welchen Prozeduren man diesen Prozeß mittels präventiver Instandsetzungsmaßnahmen günstig beeinflussen kann (Kap. 4).

3 Instandhaltungsverhalten

3.1 Ausgangsmodell

Einfache technische *Systeme*, wie z.B. Wälzlager, sind gewöhnlich entweder völlig funktionsfähig oder defekt und kennen also, was ihre Funktionserfüllung anbelangt, nur zwei *Systemzustände*. Letzteres kann auch für komplexere Systeme zutreffen, aber vielfach können diese auch Zwischenzustände einnehmen, wobei ihr Leistungsvermögen wohl reduziert, aber nicht gleich Null ist; zu denken ist z.B. an einen Kühler, der nur noch 90% seines normalen Leistungsvermögens aufweist. Im nachstehenden wird dennoch vorläufig angenommen, daß alle betrachteten Systeme, auch die komplexen, entweder in Betrieb sind und ihre volle Leistung erbringen oder stillstehen und ihre Funktion überhaupt nicht mehr erfüllen. Im letzteren Fall werden noch zwei Möglichkeiten näher unterschieden:

- *Korrektiver Stillstand*: Anlaß der gezwungenen Betriebsunterbrechung ist ein Ausfall wegen eines plötzlich eingetretenen Schadens, der korrektive Instandsetzungsmaßnahmen erforderlich macht;
- *präventiver Stillstand*: Anlaß der freiwilligen Betriebsunterbrechung sind präventive Instandsetzungsmaßnahmen zur rechtzeitigen Beseitigung einer Beschädigung, die nicht während des Betriebes durchgeführt werden können.

Stillstände, die vom Produktionsvorgang hervorgerufen werden, bleiben außer Betracht.

Erneuerungs- und Reparaturobjekte sind Systeme, die während ihrer Gebrauchsdauer abwechselnd die genannten drei Zustände einnehmen, ein Prozeß, den wir - aus der Sicht ihrer Instandhaltung - mit *Instandhaltungsverhalten* bezeichnen werden. Es setzt sich zusammen aus sich überlagernden Teilprozessen: dem Ausfall- und Instandsetzungsverhalten der Komponenten sowie der beim Durchführen präventiver Maßnahmen erfolgten Prozedur. Die Beschreibung dieses Prozesses soll angeben, wie oft präventive und korrektive Maßnahmen stattfinden und mit welchen Stillstandszeiten sie verbunden sind (Bild 3.1). Weil der Wechsel von Zuständen keinem *deterministischen*, sondern einem *stochastischen* Prozeß entspricht, erfordert diese Quantifizierung eine statistische Behandlung.

Bei dem instandhaltungsgerechten Konstruieren kann das Instandhaltungsverhalten neuer Maschinen und Apparate nur aus dem Ausfall- und Instandsetzungsverhalten ihrer Komponenten sowie dem angenommenen Instandhaltungskonzept hergeleitet werden. Dieses Kap. 3 sowie Kap. 4 befassen sich mit diesem Thema. Sie enthalten

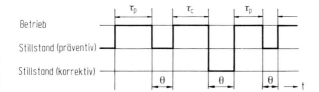

Bild 3.1   Instandhaltungsverhalten von Erneuerungs- und Reparaturobjekten

einen Auszug aus einer Serie von Veröffentlichungen des Autors [3.1] und basieren u.a. auf der Annahme, daß Komponenten bei präventiver oder korrektiver Instandsetzung stets erneuert werden, durch Reparatur oder Austausch. In Abschn. 3.2 und 3.3 wird das Komponentenverhalten, in Abschn. 3.4 und 3.5 das Verhalten von Erneuerungs- bzw. Reparaturobjekten erörtert. Präventive Stillstände bleiben dabei noch außer Betracht; diese werden erst in Kap. 4 einbezogen.

3.2 Komponentenverhalten

3.2.1 Ausfallwahrscheinlichkeit und Zuverlässigkeit

Der Zeitpunkt des Ausfalls einer Komponente ist normalerweise von vornherein nicht exakt bekannt. Verfolgen wir einen Anfangsbestand neuer, "identischer" Komponenten, die unter ähnlichen Umständen benutzt werden, z.B. Wälzlager oder Ventile, dann stellen wir fest, daß sie nach unterschiedlicher Betriebszeit versagen: Ihre *Standzeit* τ_c variiert, Bild 3.2a. Gruppieren wir die gemessenen Standzeiten in einer beschränkten Anzahl Zeitklassen und ordnen jeder Klasse die betreffende Zahl der Wahrnehmungen zu, dann entsteht ein Histogramm, Bild 3.2b. In Bild 3.2c sind die Wahrnehmungen kumulativ abgebildet und als Anteil (oder Prozentsatz) bezogen auf den Anfangsbestand. Die glatte Linie, die durch diese Treppenfigur gezogen worden ist, stellt den kumulativen Anteil defekter Komponenten als Funktion der Betriebszeit, also die *Ausfallwahrscheinlichkeit F(t)* dar.

Diese Kurve, die von 0 auf 1 ansteigt, gibt zugleich die Ausfallwahrscheinlichkeit $F(t)$ eines einzelnen Exemplars als Funktion seiner Betriebszeit wieder. Ihr Komplement, die von 1 auf 0 absinkende Kurve, stellt seine Überlebenswahrscheinlichkeit dar, ein Merkmal, das in der Technik meistens mit *Zuverlässigkeit* bezeichnet wird. Die Zuverlässigkeit (R_c, von Reliability) kann als eine Eigenschaft eines technischen Systems, in diesem Fall einer Komponente, betrachtet und wie folgt definiert werden: Die Zuverlässigkeit $R_c(t_1)$ eines Systems ist gegeben durch die Wahrscheinlichkeit, daß seine Standzeit τ_c eine bestimmte Zeitdauer t_1 überschreitet, wenn es unter bestimmten Umständen benutzt wird.

Es sei darauf hingewiesen, daß sowohl die Gebrauchsumstände als auch die betrachtete Zeitdauer t_1 Bestandteile dieser Definition sind. Die mittlere Standzeit, als Kenngröße zur globalen Charakterisierung der Zuverlässigkeit, wird allgemein mit *MTTF* (Mean Time To Failure) bezeichnet.

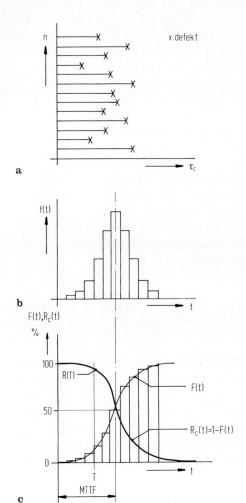

Bild 3.2   Zuverlässigkeitsfunktion

3.2.2 Ausfalldichte und Ausfallrate

Das Ausfallverhalten einer Komponente wird vollständig von ihrer Zuverlässigkeits-
funktion $R_c(t)$ beschrieben. Diese Funktion zeigt z.B. die Wahrscheinlichkeit $R_c(t_1)$,
daß eine betriebsfähige Komponente, die zur Zeit $t = 0$ in Betrieb gesetzt wird, eine
Zeitspanne t_1 ohne Ausfall durchstehen wird (Bild 3.3a). Aus $R_c(t)$ lassen sich andere
Funktionen herleiten, die andere Aspekte dieses Verhaltens kennzeichnen, wie z.B. die
Anfangswahrscheinlichkeit, daß die Komponente innerhalb der auf t_1 folgenden
Zeiteinheit ausfallen wird. Diese Größe wird die *Ausfalldichte* $f(t_1)$ genannt und folgt
aus der Beziehung

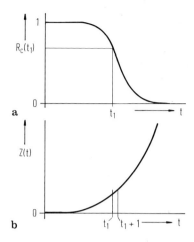

Bild 3.3   Ausfallratefunktion

$$f(t_1) = \frac{dF(t)}{dt} = \frac{d[1 - R(t)]}{dt} \tag{3.1}$$

Der Verlauf der Ausfalldichte als Funktion der Zeit t gibt die Ausfalldichtefunktion $f(t)$; diese ist im Bild 3.3b als glatte Linie eingezeichnet.

Eine wichtige Größe, die sich ebenfalls aus $R_c(t)$ herleiten läßt, ist die *Ausfallrate* $Z(t)$ (Failure Rate). Sie kennzeichnet die Wahrscheinlichkeit, daß eine Komponente, die zur Zeit $t = 0$ in Betrieb gesetzt wurde und danach schon eine Zeitspanne t_1 überlebt hat, innerhalb der auf t_1 folgenden Zeiteinheit ausfallen wird. Es gilt

$$Z(t_1) = \frac{f(t_1)}{R(t_1)} = \frac{d[(1 - R_c)(t_1)]}{R_c(t_1)} \tag{3.2}$$

Der Unterschied zwischen der Ausfalldichte und der Ausfallrate ist also, daß die Anzahl der während der auf t_1 folgenden Zeiteinheit ausgefallenen Exemplare im ersten Fall auf den ganzen Bestand, im zweiten Fall nur auf seinen noch "überlebenden" Anteil bezogen ist. Der Verlauf der Ausfallrate als Funktion der Zeit gibt die Ausfallratefunktion $Z(t)$ des Systems, Bild 3.3b.

Falls ausschließlich Abnutzungserscheinungen, wie Verschleiß, Ermüdung, Korrosion usw., zum Versagen eines Systems führen, wird seine Ausfallrate ständig ansteigen. Verglichen mit dem Menschen: Für einen 80jährigen ist die Wahrscheinlichkeit, daß er in seinem nächsten Lebensjahr stirbt, wesentlich größer als für einen 50jährigen. Wenn mehrere Fehlursachen vorliegen, kann die Ausfallratefunktion vielerlei zusammengestellte Formen annehmen. Die Ausfallrate von Wälzlagern z.B. kann zuerst abnehmen, weil hauptsächlich *Frühausfälle* ("Kinderkrankheiten") im Spiel sind, etwa von Montagefehlern bedingt (Bild 3.4, Kurve a). Danach kann $Z(t)$ konstant bleiben, weil nur noch zufällige Ursachen zu *Zufallsausfällen* führen, wie z.B. eine gerissene Abdichtung (Bild 3.4, Kurve b). Schließlich steigt die Ausfallrate

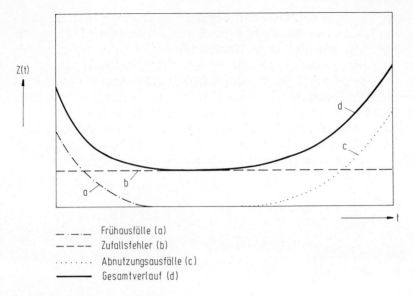

_ . _ . _   Frühausfälle (a)
_ _ _ _   Zufallsfehler (b)
. . . .   Abnutzungsausfälle (c)
_____   Gesamtverlauf (d)

Bild 3.4   Badewannenkurve

an, weil *Abnutzungsausfälle* (Alterserscheinungen) überwiegen, z.B. wegen Ermüdung des Lagermaterials (Bild 3.4, Kurve c).

Man darf die einzelnen Beiträge unterschiedlicher Ursachen zur Ausfallrate eines Systems algebraisch summieren, was auch erklärt, warum meistens gerade dieses Merkmal zur Beschreibung des Fehlverhaltens herangezogen wird. Unter bestimmten Bedingungen resultiert aus dieser Addition für Komponenten die sog. *Badewannenkurve* (Bild 3.4, Kurve d).

3.2.3 Präventionsfreiheit

Zu den Gebrauchsumständen, die in der Definition der Zuverlässigkeit enthalten sind, gehört auch die Durchführung präventiver Instandhaltungsmaßnahmen. Mehr präventive Instandsetzungsmaßnahmen können u.U. die Zuverlässigkeit eines Systems beträchtlich erhöhen. Mit diesem Ziel werden z.B. Bremsbeläge regelmäßig inspiziert und, falls nötig, ersetzt. Präventive Maßnahmen sind jedoch mit direkten, manchmal auch mit indirekten Instandhaltungskosten verbunden, und man wird deshalb eine höhere Zuverlässigkeit nicht ohne weiteres durch Erhöhung ihrer Frequenz anstreben. Damit eine geeignete Abwägung möglich ist, muß also auch das "Bedürfnis" nach präventiven Maßnahmen als Eigenschaft eines Systems quantifiziert werden.

In Analogie zur Standzeit τ_c definieren wir das *Präventionsintervall* τ_p, das ist die Betriebszeit, bis eine präventive Maßnahme angebracht ist. Falls die präventiven Maßnahmen mit festen Intervallen vorgenommen werden, würde eine Beschreibung auf deterministischer Grundlage ausreichen. Aber vielfach werden auch präventive Maßnahmen zu einem von vornherein unbekannten Zeitpunkt ausgeführt, z.B. aufgrund der Ergebnisse einer Inspektion oder wegen Stillstandes eines anderen Objektes. Deshalb ist auch hier eine statistische Behandlung zu bevorzugen. In Analogie zu der Zuverlässigkeit R_c, dem Maß für das Unterbleiben eines Ausfalls, definieren wir den Begriff *Präventionsfreiheit* R_p als Maß für das Unterbleiben einer präventiven Maßnahme wie folgt (Bild 3.5): Die Präventionsfreiheit $R_p(t_1)$ eines Systems ist gegeben durch die Wahrscheinlichkeit, daß sein Präventionsintervall τ_p eine bestimmte Zeitdauer t_1 überschreitet, wenn es unter bestimmten Umständen benutzt wird.

Auch in diesem Fall sind sowohl die Gebrauchsumstände als auch die betrachtete Zeitdauer t_1 Bestandteile dieser Definition. Der Mittelwert des Präventionsintervalls kann mit *MTTPM* (Mean Time To Preventive Maintenance) bezeichnet werden.

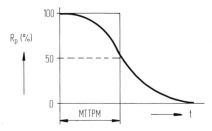

Bild 3.5   Präventionsfreiheitsfunktion

3.2.4 Instandhaltbarkeit

Die Konstruktion eines Systems bestimmt weitgehend, wie einfach, sicher, schnell, preiswert usw. präventive und korrektive Instandhaltungsmaßnahmen durchgeführt werden können. Man spricht in dieser Beziehung von der *Instandhaltbarkeit*, Symbol *M* (Maintainability). Meistens wird diese Eigenschaft eingeengt bis auf die für derartige Maßnahmen benötigte *Instandhaltungszeit*. Wir werden die Instandhaltbarkeit für präventive und korrektive Maßnahmen nicht näher unterscheiden.

Die Dauer einer bestimmten Instandhaltungsmaßnahme ist selten von vornherein genau bekannt. Scheinbar identische Tätigkeiten erfordern nicht immer denselben Zeitaufwand, weil unvorhersehbare Einflüsse dafür mitbestimmend sind, wie es z.B. der Fall ist bei eingerosteten Schraubenverbindungen. Deshalb ist auch die Instandhaltungszeit θ als eine stochastische Größe zu betrachten, Bild 3.6a. Analog der Standzeit kann die Streuung der Instandhaltungszeit θ mit einer Dichtefunktion (Bild 3.6b) und mit einer kumulativen Verteilungsfunktion (Bild 3.6c) beschrieben werden. Die *Instandhaltbarkeit* kann nun wie folgt definiert werden: Die Instandhaltbarkeit $M(t_1)$ eines Systems ist gegeben durch die Wahrscheinlichkeit, daß seine Instandhaltungszeit θ höchstens eine bestimmte Zeitdauer t_1 erfordert, wenn es unter bestimmten Umständen instandgehalten wird. Auch in diesem Fall sind die Gebrauchsumstände, besonders die zur Verfügung stehenden Instandhaltungsmittel, und die Zeitdauer t_1 Bestandteile der Definition. Die mittlere Instandhaltungszeit, als Kenngröße zur globalen Charakterisierung der Instandhaltbarkeit, wird allgemein mit

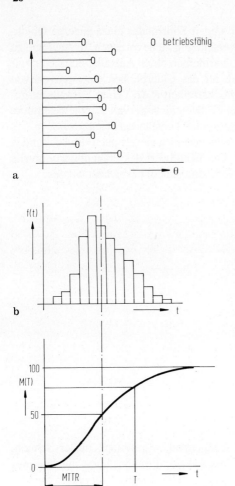

Bild 3.6   Instandhaltbarkeitsfunktion

MTTM (Mean Time To Maintain), die für korrektive Maßnahmen im besonderen mit *MTTR* (Mean Time To Repair) bezeichnet.

3.2.5 Abhängigkeiten

Wie ihre Definitionen zeigen, sind $R_p(t)$, $R_c(t)$ und $M(t)$ keine Eigenschaften einer Komponente, die nur von ihrer Konstruktion abhängen, wie z.B. ihre Masse. Statt dessen werden sie mitbestimmt von Umgebungseinflüssen, in diesem Fall die Umständen im Betrieb und bei der Instandhaltung. Bei $R_c(t)$ spielt z.B. eine Rolle, ob die Komponente leichten oder schweren Belastungen ausgesetzt ist, bei $M(t)$, ob die Instandhaltung mit universellem oder Spezialwerkzeug ausgeführt wird.

Die Interaktion zwischen einem Objekt und dem zugehörigen Instandhaltungssystem führt zu vielen Abhängigkeiten. Die Qualität des Instandhaltungssystems bestimmt die Instandhaltungseigenschaften des Objektes direkt mit; zu denken ist z.B. an den Einfluß von guten Fachkenntnissen des Betriebspersonals auf die Zuverlässigkeit der von ihm betreuten Objekte. Über das Instandhaltungssystem beeinflussen die Instandhaltungeigenschaften sich gegenseitig, z.B. $M(t)$ und $R_c(t)$: Eine Komponente, die eine niedrige Instandhaltbarkeit aufweist, z.B. schlechte Erreichbarkeit, wird wahrscheinlich auch weniger gut instandgehalten, was sich zuungunsten ihrer Zuverlässigkeit auswirkt. Umgekehrt kann eine hohe Zuverlässigkeit zu einer niedrigen Instandhaltbarkeit führen, weil Erfahrungen bei der Instandsetzung fehlen.

Besondere Beachtung verdient auch der Einfluß des Wartungsbedarfs auf die Zuverlässigkeit. Notwendige Wartungsmaßnahmen wie Schmieren und Nachstellen können indirekt, durch Herabsetzung der Zuverlässigkeit, zu weiteren Instandhaltungsmaßnahmen führen. Man kann sie vergessen oder falsch ausführen. So kann Schmieren nicht zeitig, mit zu viel, zu wenig, falschem oder verunreinigtem Schmiermittel geschehen. Gutes Einstellen des Spiels erfordert nicht nur Fachkenntnisse und Erfahrung, sondern auch viel Sorgfalt.

3.3 Mathematische Darstellung

3.3.1 Verteilungsfunktionen

Damit man auf der qualitativen Grundlage der Begriffe Zuverlässigkeit, Präventionsfreiheit und Instandhaltbarkeit eines Systems Berechnungen und Entscheidungen ausführen kann, müssen die zugehörigen Funktionen $R_p(t)$, $R_c(t)$ und $M(t)$ durch mathematische Formeln beschrieben werden. Zur Darstellung stochastischer Phänomene wird oft die Gaußsche Normalverteilung herangezogen. Diese kann zur Wiedergabe des Ausfallverhaltens, und zwar der Zuverlässigkeitsfunktion $R_c(t)$, benutzt werden:

$$R_c(t) = \int\limits_t^\infty \frac{1}{\sigma\sqrt{2\pi}} \exp\left[-\frac{1}{2}\left(\frac{t-\mu}{\sigma}\right)^2\right] \quad (-\infty < t \le \infty; \sigma > 0) \qquad (3.3)$$

Hierin ist μ ein Platzparameter, der den Mittelwert der Verteilung festlegt, und σ ein Skalenparameter, die sog. Standardabweichung, welche die Streuungsbreite bestimmt. Die Verteilung weist die bekannte symmetrische Glockenkurve auf, verläuft grundsätzlich auf der Zeitachse von -∞ bis +∞ und ist in normierter Form in vielen Handbüchern tabelliert, siehe z.B. [3.2]. Die *Gauß-Verteilung* ist nur beschränkt geeignet zur Beschreibung des Instandhaltungsverhaltens, nicht nur, weil negativen Zeitabschnitten keine physikalische Bedeutung zukommt, sondern auch, weil man damit nur steigende Ausfallraten, also nur Abnutzungsausfälle erfassen kann.

Zur Darstellung des Instandsetzungsverhaltens wird öfters die *log-normale Verteilung* benutzt:

$$M(t) = 1 - \int\limits_{t}^{\infty} \frac{1}{\sigma t \sqrt{2\pi}} \exp\left[-\frac{1}{2}\left(\frac{\ln(t-\mu)}{\sigma}\right)^2\right] \quad (t \geq 0; \sigma > 0). \qquad (3.4)$$

Hierin kommt den Parametern μ und σ dieselbe Bedeutung zu wie bei der Normalverteilung.

Von den vielen anderen mathematischen Funktionen, die als Verteilungsfunktionen benutzt werden, muß besonders die *Weibull-Verteilung* mit drei Parametern erwähnt werden (Bild 3.7). Die Zuverlässigkeitsfunktion lautet in diesem Fall

$$R(t) = \exp - \left[\left(\frac{t-\gamma}{\eta-\gamma}\right)^{\beta}\right] \quad (t \geq \gamma; \eta > \gamma; \beta > 0; \gamma \geq 0). \qquad (3.5)$$

Hierin sind γ und η wiederum die Platz- bzw. die Skalenparameter. Der dritte Parameter β macht es möglich, die Form der Verteilung zu variieren und wird deshalb Formparameter genannt. Weil für β < 1, β = 1 und β > 1 die Ausfallrate absinkt bzw. konstant ist oder ansteigt, kann die Funktion Frühausfälle, Zufallsfehler und Abnutzungsausfälle darstellen. Dieses erklärt auch, warum gerade die Weibull-Verteilung in der Zuverlässigkeitstechnik so oft benutzt wird. Für den Sonderfall β = 1 wird die sog. *exponentielle Verteilung* erhalten:

$$R_c(t) = \exp - \left(\frac{1}{\eta}\right) \qquad (3.6)$$

Es gilt in diesem Falle *MTTF* = η (mittlere Standzeit).

Die exponentielle Verteilung kann also nur Zufallsausfälle darstellen, wird aber dennoch vielfach in der Zuverlässigkeitstechnik verwendet, leider auch bei Maschinen und Apparaten in Fällen, in denen vielmehr Abnutzungserscheinungen dominieren. Einige andere mathematische Funktionen, die in Sonderfällen als Zuverlässigkeitsfunktion geeignet sind, sind in [3.1, Teil 2] erwähnt.

3.3.2 Datensammlung

Die *Daten* zur Bestimmung der Zuverlässigkeitsfunktion einer Komponente eines Objektes können auf zweierlei Weise mittels *Stichproben* gesammelt werden. Im Prinzip ist es möglich, die Standzeiten, die nacheinander von Komponenten in ein und demselben Objekt realisiert werden, festzustellen. Meistens jedoch kann man auf diese Weise nicht genügend Wahrnehmungen innerhalb der Dauer des Experimentes und/oder der Gebrauchsdauer des Systems zusammenbringen. Das ist z.B. bei den Radlagern eines Autos der Fall. Eine zweite Möglichkeit besteht darin, alle Standzeiten den Komponenten zu entnehmen, die gleichzeitig in mehreren Objekten in Gebrauch sind. In diesem Fall ist es notwendig, daß die Objekte unter ähnlichen Bedingungen benutzt werden.

Besonders schwierig ist es, Zuverlässigkeitsdaten zu sammeln von Komponenten, die höchst selten ausfallen, weil sie rechtzeitig präventiv instandgesetzt werden, wie

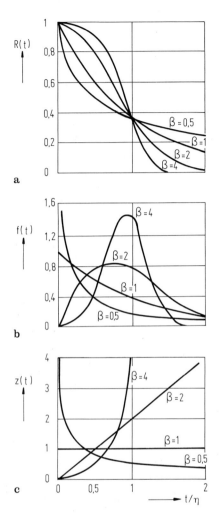

Bild 3.7   Weibull-Verteilungsfunktion. **a** Zuverlässigkeit; **b** Ausfalldichte; **c** Ausfallrate

z.B. Fahrzeugbremsen. Es ist dann wichtig, auch die Information zu verwerten, die enthalten ist in der Feststellung, daß eine Komponente in der Stichprobe über eine gewisse Betrachtungsperiode nicht ausgefallen ist. Eine derartige Stichprobe wird unvollständig genannt. Wie bei großen, kleinen und unvollständigen Stichproben vorzugehen ist, ist näher erörtert in [3.1, Teil 4a]. In [3.1, Teil 4b] wird die Bestimmung einer *Instandsetzungsfunktion* behandelt.

3.4 Objektverhalten bis zum ersten Ausfall

3.4.1 Zuverlässigkeit

Wir betrachten jetzt das Ausfallverhalten von Wegwerf-, Erneuerungs- und Reparaturobjekten bis zum ersten Ausfall. Diese Periode ist oft aus der Sicht der Sicherheit besonders wichtig. Das Ausfallverhalten von Wegwerfobjekten ist damit völlig erfaßt. Für Erneuerungs- und Reparaturobjekte folgt nach Instandsetzung eine weitere Gebrauchsfrist, die in den Abschnitten 3.5 und 3.6 behandelt wird.

Wie die Definitionen in Abschn. 3.2.1 zeigen, treffen die Begriffe Zuverlässigkeit, Ausfalldichte und Ausfallrate nicht nur auf Komponenten, sondern auf Systeme überhaupt, also auch auf Objekte zu. Wir beschränken uns nun auf die Zuverlässigkeitsfunktion, aus der die beiden anderen Fehleigenschaften ja herzuleiten sind. Die Zuverlässigkeit eines Objektes, das aus mehreren Komponenten besteht, wird durch das Ausfallverhalten dieser Komponenten sowie durch die Objektstruktur bestimmt. Dabei spielt besonders die Fehlstruktur als Aspekt seiner funktionellen Struktur eine wichtige Rolle.

Die Literatur über die Zuverlässigkeit komplexer Systeme ist umfassend, aber meistens auf elektronische Objekte zugeschnitten. Abnutzung der Komponenten bleibt außer Betracht, demzufolge hat präventive Instandsetzung keinen Sinn, und man beschränkt sich auf Zufallsfehler. Die Berechnungsweise trifft jedoch auch auf das Verhalten mechanischer Systeme bis zum ersten Ausfall zu, vorausgesetzt, daß sie nicht präventiv instandgesetzt werden. In diesem Fall läßt das Ergebnis sich auf analytischem Wege unter Anwendung Boolscher Regeln ermitteln [3.1, Teil 3]. Die Fehlstruktur eines Objektes wird dazu auf eine Schaltung von parallel und in Serie geschalteter Elemente zurückgeführt.

Beschränken wir uns hier auf zwei Komponenten A und B, die ein *unabhängiges* Ausfallverhalten aufweisen, das von den Zuverlässigkeitsfunktionen $R_A(t)$ bzw. $R_B(t)$ gegeben ist, so ist die Gesamtzuverlässigkeit $R_{AB}(t_1)$ zu dem Zeitpunkt t_1 bei einer Serienschaltung

$$R_{AB} = R_A(t_1)R_B(t_1)$$

und bei einer Parallelschaltung

$$R_{AB}(t_1) = 1 - [1 - R_A(t_1)][1 - R_B(t_1)],$$

unabhängig von der Art der Zuverlässigkeitsfunktionen $R_A(t)$ und $R_B(t)$.

3.4.2 Redundanz

Im allgemeinen ist die Fehlstruktur eines mechanischen Objektes als eine Serienschaltung zu betrachten: Alle Komponenten erfüllen unentbehrliche Teilfunktionen wie die Glieder einer Kette. Redundanz in Form einer Parallelschaltung liegt vor, falls eine gewisse Teilfunktion von mehreren Komponenten erfüllt werden kann, die nicht alle zugleich für die Funktionserfüllung des Objektes gebraucht werden, wie z.B. bei dem doppelten Bremssystem eines Autos. Auf diese Weise kann die Zuverlässigkeit eines Objektes erheblich gesteigert werden. Ist z.b. $R_A(t_1) = R_B(t_1) = 0,9$, und sind zwei Komponenten vorgesehen, von denen nur eine benötigt wird, so ist

$$R_{AB}(t_1) = 1 - [(1 - 0,9)][1 - 0,9] = 0,99.$$

In dem Sonderfall, daß eine exponentielle Ausfallverteilung vorliegt, sind die Ausfallraten konstant, z.B. $Z_A = Z_B = 10^{-4}/a$. Sodann beträgt die Ausfallrate Z_{AB} der Parallelschaltung:

$$Z_{AB} = Z_A Z_B = 10^{-4} \cdot 10^{-4} = 10^{-8}/a.$$

In allen diesen Fällen ist die erwähnte Bedingung eines unabhängigen Ausfallverhaltens der Komponenten sehr wesentlich. Falls im letzten Beispiel 1 auf 100 Ausfälle vom *gleichzeitigen Versagen* beider Komponenten durch eine gemeinsame Ursache ausgelöst wird, so steigt die Ausfallrate auf

$$Z_{AB} = 0,01 \cdot 10^{-4} + 0,99 \cdot 10^{-8} \approx 10^{-6}/a.$$

Ausfälle mit gemeinsamer Ursache können nicht nur aus der Bedienung, sondern besonders auch aus der Instandhaltung hervorgehen, z.B. beim falschen Einstellen von Sicherheitsventilen. Deshalb sollten sie beim instandhaltungsgerechten Konstruieren nicht außer Betracht bleiben.

3.5 Erneuerungsobjekte

3.5.1 Zuverlässigkeit und Instandhaltbarkeit

Falls das System nach einem Versagen repariert und wieder in Betrieb genommen wird, ist statt Standzeit der Begriff *Ausfallintervall*, also die Zeitspanne zwischen zwei aufeinanderfolgenden Ausfällen, angebracht. In dem einfachst denkbaren Fall, daß es sich um ein Objekt handelt, das nur eine einzige instandhaltungsrelevante Komponente besitzt, handelt es sich offensichtlich um ein *Erneuerungsobjekt*. Die Verteilungsfunktion des Ausfallintervalls ist mit derjenigen der Standzeit dieser Komponente identisch; der Mittelwert des Fehlintervalls wird mit *MTBF* (Mean Time Between Failures) bezeichnet und ist also dem *MTTF*-Wert der Komponente gleich.

Nach jedem Ausfall wird die Komponente instandgesetzt. Die variierende Dauer dieser Tätigkeiten wird durch die Instandhaltbarkeitsfunktion $M(t)$ mit Mittelwert *MTTR* beschrieben (Abschn. 3.2.4). Weil nach jeder Instandsetzung der Ausgangszustand wiederhergestellt wird und außerdem dieselben Verteilungsfunktionen des Ausfallintervalls und der Instandhaltungszeit über die ganze Gebrauchsdauer zutreffen, kann das Instandhaltungsverhalten des Objektes im statistischen Sinne als ein *stationärer Prozeß* betrachtet werden.

Ein stationärer Prozeß liegt ebenfalls vor, wenn es sich um ein Erneuerungsobjekt aus mehreren instandhaltungsrelevanten Komponenten handelt. Nach dem Ausfall irgendwelcher Komponenten werden auch alle anderen Komponenten instandgesetzt, und sei es präventiv. Aus den Verteilungsfunktionen der Komponenten lassen sich die

Zuverlässigkeitsfunktion $R_c(t)$ des Objektes mit dem *MTBF*-Wert sowie seine Instandhaltbarkeitsfunktion $M(t)$ mit dem *MTTR*-Wert errechnen. Dabei spielt wiederum die Struktur des Objektes eine Rolle; zu denken ist sowohl an die Fehlstruktur, die besonders die Zuverlässigkeit bestimmt, als auch an die materielle Struktur, die u.a. die Erreichbarkeit der Komponenten und also die Instandhaltbarkeit beeinflußt.

3.5.2 Ausfallhäufigkeit und Verfügbarkeit

Aus den Faktoren $R_c(t)$ und $M(t)$ lassen sich für Erneuerungsobjekte andere kennzeichnende Größen für ihr Instandhaltungsverhalten herleiten, z.B. die mittlere *Ausfallhäufigkeit H* als Kehrwert des *MTBF*-Wertes. Eine Objekteigenschaft, die aus der Sicht der erbrachten Leistung besonders wichtig erscheint, ist seine mittlere *Verfügbarkeit A*, d.h. die Wahrscheinlichkeit, daß das Objekt zu einem bestimmten Zeitpunkt funktionsfähig ist. Dieser Wert entspricht dem mittleren Anteil der theoretisch möglichen Betriebszeit, in der das System tatsächlich funktionsfähig ist. Es läßt sich einfach herleiten:

$$A = \frac{MTBF}{MTBF + MTTR},$$

MTBF   mittleres Ausfallintervall,
MTTR   mittlere Instandhaltungszeit.

Normalerweise ist $MTTR \ll MTBF$, und es gilt annähernd

$$A \approx 1 - \frac{MTTR}{MTBF} \quad (MTTR \ll MTBF).$$

Selbstverständlich wird man in der Praxis eine hohe Verfügbarkeit eines Objektes anstreben, damit die indirekten Instandhaltungskosten beschränkt bleiben. Die Beziehung zeigt, daß es dazu im Prinzip zwei verschiedene Möglichkeiten gibt, die auch gleichzeitig benutzt werden können: ein hoher *MTBF*-Wert, also eine hohe Zuverlässigkeit, und ein niedriger *MTTR*-Wert, also eine gute Instandhaltbarkeit. In bezug auf die Konstruktion des Objektes bedeutet dies, daß es in gewissem Maße möglich ist, einen ungünstigen Wert des einen Merkmals durch einen günstigen Wert des anderen zu kompensieren. Wenn es z.B. schon nicht gelingt, einer Komponente eine hohe Zuverlässigkeit zu geben, kann man wenigstens versuchen, das Objekt so zu gestalten, daß sie einfach und schnell zu ersetzen ist.

3.6 Reparaturobjekte

Bei Reparaturobjekten werden nach einem Ausfall zumindest alle defekten Komponenten, aber nicht immer alle beschädigten Komponenten instandgesetzt. Dabei kann man sehr unterschiedlich vorgehen: Manchmal wird nur die defekte Komponente repariert, vielfach auch andere Komponenten präventiv instandgesetzt. Außerdem werden zusätzlich präventive Stillstände eingelegt zur Durchführung präventiver Maßnahmen. Auch hierbei wird unterschiedlich vorgegangen: Oft betreffen die Maßnahmen nur eine Komponente oder einige Komponenten, aber es kommt auch vor, daß das Objekt total überholt wird. Im letzteren Fall werden alle instandhaltungsrelevanten Komponenten inspiziert und, falls nötig, instandgesetzt, so daß faktisch eine Erneuerung des Objektes stattfindet.

Es ist klar, daß das Instandhaltungsverhalten eines Objektes, das auf diese Weise instandgesetzt wird, keinem stationären Prozeß entspricht. Weil der Neuzustand meistens nicht wiederhergestellt wird, kann von einer ständig gültigen Zuverlässigkeitsfunktion keine Rede sein. Ebensowenig sind stabile Werte der Ausfallhäufigkeit H oder der Verfügbarkeit A über die ganze Gebrauchsdauer wahrscheinlich; vielmehr liegen hier zeitabhängige Momentanwerte $H(t)$ bzw. $A(t)$ vor.

Was z.B. die momentane Ausfallhäufigkeit $H(t)$ betrifft, ist zu erwarten, daß diese anfangs, nach Behebung von "Kinderkrankheiten", absinkt und daß auch hier Zufallsfehler sowie Abnutzungsausfälle auftreten. Wie die Ausfallhäufigkeit als Funktion der Zeit verläuft, wird jedoch auch stark beeinflußt von den durchgeführten präventiven Maßnahmen, die ja dazu dienen, unerwarteten Ausfällen vorzubeugen. Das trifft auch auf den Verlauf der Verfügbarkeit $A(t)$ zu.

Die Beschreibung des Instandhaltungsverhaltens eines Reparaturobjektes über seine ganze Gebrauchsdauer ist für die Konstruktionsoptimierung nach minimalen Eigentumskosten (Abschn. 2.6) unentbehrlich, aber wegen des instationären Charakters dieses Prozesses meistens recht kompliziert. Sie muß sich selbstverständlich auf das Ausfall- und Instandsetzungsverhalten der Komponenten und auf die Objektstruktur stützen. Wie jedoch schon in Abschn. 2.5 erwähnt wurde und im nächsten Kapitel ausgearbeitet wird, muß auch sein *Instandhaltungskonzept* explizit in die Optimierung einbezogen werden.

4 Instandhaltungskonzept

4.1 Instandhaltungsstrategien

Das Ausfallverhalten bis zum ersten Ausfall ist auch für Reparaturobjekte wichtig, aber als Basis für Konstruktionsoptimierungen reicht es nicht aus. Dazu muß vielmehr auch das Verhalten nach dem ersten Ausfall, über die ganze Gebrauchsdauer des Objektes, erfaßt werden unter Einbeziehung von präventiven Instandsetzungsmaßnahmen, wie sie in seinem *Instandhaltungskonzept* enthalten sind.

Das Instandhaltungskonzept eines Objektes enthält vielerlei Regeln, die angeben, wie die Instandhaltungsarbeiten am besten vorgenommen werden sollten (siehe Abschn. 2.2.2). Wir beschränken uns jetzt auf die präventiven Instandsetzungsmaßnahmen an den Komponenten eines Objektes, und zwar besonders auf die Zeitpunkte ihrer Durchführung. Diese Maßnahmen haben zum Ziel, sein Ausfallverhalten so zu beeinflussen, daß die gesamten Instandhaltungskosten sinken (Bild 2.9). Das Problem ist nun, welche *Instandhaltungsstrategie*, d.h. welches Verfahren zur präventiven Instandhaltung innerhalb des Instandhaltungskonzeptes des Objektes dazu am besten geeignet ist.

Bei der Beantwortung dieser Frage werden wir uns zuerst beschränken auf Objekte mit nur einer Komponente, die zu ihren Ausfall führen kann. Angedeutet wird, welche *elementaren Instandhaltungsstrategien*, d.h. Entscheidungsregeln für den Zeitpunkt zur Durchführung von Instandhaltungsmaßnahmen man anwenden kann, und es wird untersucht, unter welchen Bedingungen diese auch zweckmäßig sind. Weil der *Zustandsverlauf* der Komponente dabei eine entscheidende Rolle spielt, wird diese vorher näher betrachtet. Anschließend wird angegeben, wie man die *kombinierte Instandhaltungsstrategie* für ein Objekt bestimmen sollte, falls es aus mehreren instandhaltungsbedürftigen Komponenten besteht. Zum Schluß wird erörtert, mit welchem Berechnungsmodell und mit welchen Berechnungsmethoden man die *Optimierung* des Instandhaltungskonzeptes vornehmen kann.

4.2 Zustandsverlauf

Ein technisches Objekt fällt in dem Moment aus, in dem der Zustandsabfall einer seiner Komponenten zu einem Schaden führt. Wie schon im Kap. 3 erwähnt, ist der

Ausfallsmoment einer bestimmten Komponente nicht von vornherein genau bekannt. Die Zuverlässigkeitsfunktion $R_c(t)$ stellt den Mitttelwert und die Streuung der realisierten Standzeiten dar. Nachdem der Zustandsabfall bei den verschiedenen Exemplaren des Bestandes weniger divergiert und sich enger um einen mittleren Verlauf konzentriert, streuen die erreichten Standzeiten weniger und ist der Ausfallmoment jedes einzelnen Exemplares besser vorauszusehen, Bild 4.1. Aus $R_c(t)$ läßt sich u.a. die Ausfallratefunktion $Z(t)$ herleiten, deren Verlauf ausdrückt, wie die Ausfälle innerhalb des Streuungsintervalls verteilt sind, und somit einsichtig macht, inwieweit es sich dabei um Frühausfälle, Zufallsausfälle und/oder Abnutzungsausfälle handelt.

Die genannten Fehlverhaltensfunktionen der Komponenten besagen jedoch nicht, wie sich der Zustandsverlauf eines einzelnen Exemplars vor dem Erreichen des Ausfallsmoments vollzogen hat; das kann sehr unterschiedlich sein, wie Bild 4.2 zeigt. Der Abfall ist oft gleichmäßig, zuerst langsam, allmählich schneller, wie bei vielen Abnutzungserscheinungen (Kurve a); aber die umgekehrte Folge kommt ebenfalls vor, z.B. wenn sich bei Korrosion eine Schutzschicht aus Korrosionsprodukten bildet (Kurve b). Auch kann es sein, daß der Zustand längere Zeit kaum, plötzlich aber sehr schnell schlechter wird, z.B. wenn mit der Zeit das vorhandene Schmiermittel verbraucht ist (Kurve c).

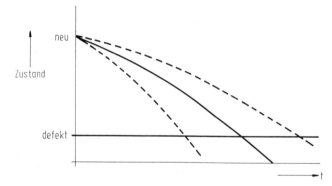

Bild 4.1   Verschiedene Ausfallsmomente infolge von divergierendem Zustandsrückgang

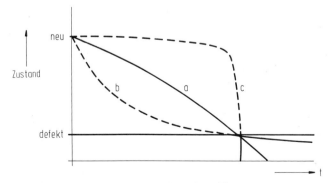

Bild 4.2   Unterschiedlicher Verlauf des Zustandsrückgangs vor demselben Ausfallsmoment

4.3 Ausfallbedingte Instandsetzung

Als erstes Verfahren unterscheiden wir die Möglichkeit, eine Komponente nur nach ihrem Versagen instandzusetzen, also nur korrektive und keinerlei präventive Maßnahmen durchzuführen. Diese Strategie wird bezeichnet als *ausfallbedingte Instandsetzung* und wird bei einem Personenauto z.B. auf den Auspuff und die Windschutzscheibe angewandt. Sie stellt die einzige Möglichkeit dar, wenn die Standzeiten stark streuen und außerdem der Zustand vor dem Versagen abrupt abnimmt. Falls die Zuverlässigkeit der Komponente ungenügend ist, kann nur Änderung ihrer Konstruktion Abhilfe schaffen. Ein großer Nachteil ist es, daß die Instandsetzung in einem unterwarteten Moment ungeplant stattfinden muß. Diese Strategie ist nur vertretbar, wenn die Folgen eines Objektausfalls durchaus gering sind. Der Schaden sollte schnell zu lokalisieren und zu beheben sein, und die indirekten Instandhaltungskosten sollten niedrig sein, z.B. weil Überkapazität vorliegt.

Man kann statt dieser korrektiven Strategie eine präventive Strategie erwägen mit dem Ziel, mittels präventiver Instandhaltungsmaßnahmen die Zahl der Objektausfälle zu senken. Wir unterscheiden weiter zwei Verfahren, nämlich intervallbedingte und zustandsbedingte Instandsetzung.

4.4 Präventive Instandsetzung

4.4.1 Intervallbedingte Instandsetzung

Intervallbedingte Instandsetzung (Bild 4.3) wird mit festen Intervallen, nach Erreichen einer bestimmten Leistung, bestimmter Umdrehungen, Kilometer oder Anzahl der Produkte usw. ausgeführt. Diese Strategie wird bei einem Personenauto vielfach auf die Zündkerzen und das Motoröl angewandt. Sie ist nur sinnvoll, wenn feststeht, daß es sich um Abnutzungsfolgen handelt und die Ausfallrate der

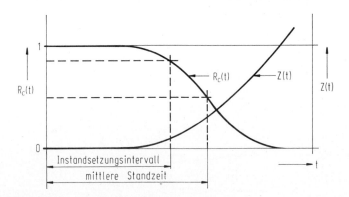

Bild 4.3   Intervallbedingte Instandsetzung

Komponente also allmählich ansteigt, denn sonst würde der Austausch durchweg keine Verbesserung bedeuten. Die Zuverlässigkeit des Objektes wird mitbestimmt vom *Instandsetzungsintervall*: Je kürzer dieses gewählt wird, desto langsamer sinkt die Zuverlässigkeit der Serie nacheinander verwendeter Komponenten ab. Vorteil ist, daß die Instandsetzung in einem vorher bekannten, geplanten Moment und ohne unerwartete Produktionsunterbrechungen stattfinden kann. Diese Strategie ist aber nur zweckmäßig, wenn die Standzeiten verhältnismäßig wenig streuen, sonst muß man die meisten Komponenten viel zu früh instandsetzen, nämlich in einem Moment, in dem sie noch lange nicht defekt sind.

4.4.2 Zustandsbedingte Instandsetzung

Zustandsbedingte Instandsetzung (Bild 4.4) wird ausgeführt, nachdem periodische oder (semi-) kontinuierliche Inspektion die Notwendigkeit dazu nachgewiesen hat. Diese Strategie wird bei einem Personenauto z.B. angewandt auf die Bremsbeläge und die Reifen. Sie ist nur möglich, wenn der Zustand nicht abrupt absinkt und außerdem gut meßbar ist. Ob es sich bei den Ausfällen um Abnutzungserscheinungen oder andere Fehlmechanismen handelt, ist nicht relevant. Die Zuverlässigkeit der Serie nacheinander verwendeter Komponenten wird mitbestimmt von der Genauigkeit, mit der der Zustandsverlauf jeder einzelnen Komponente ermittelt werden kann. Vorteilhaft ist, daß die Verfügbarkeit gesteigert wird, weil die Instandsetzung nicht vorzeitig ausgeführt wird, sondern nur dann, wenn sie wirklich nötig und dabei gewissermaßen planbar ist. Demgegenüber stehen Extrakosten für die Inspektion und die Datenverarbeitung.

Bild 4.5a zeigt den Verlauf der Zuverlässigkeitskurve der Komponenten und somit des Objektes, falls präventive Maßnahmen völlig unterbleiben; in diesem Fall gilt $R_p(t) = 1$ für alle Werte von t. Das andere Extrem zeigt Bild 4.5b. Hier ist angenommen, daß der Zustandsverlauf der Komponenten genau verfolgt worden ist und daß sie unmittelbar vor ihrem Versagen präventiv instandgesetzt wurden. Die

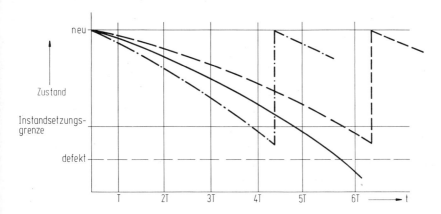

Bild 4.4   Zustandsbedingte Instandsetzung

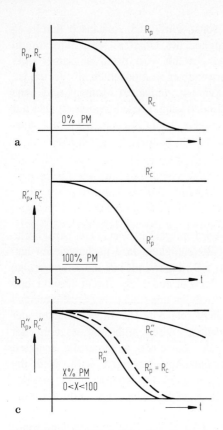

Bild 4.5   Erhöhung der Zuverlässigkeit durch zustandsbedingte Instandsetzung

Zeitpunkte für präventive Maßnahmen in Bild 4.5b nähern sich also denen für korrektive Maßnahmen gemäß Bild 4.5a; dementsprechend haben $R_p(t)$ und $R_c'(t)$ bzw. $R_c(t)$ und $R_p'(t)$ in diesen beiden Bildern gleichsam die Rollen vertauscht.

In der Praxis kann der Zustandsverlauf einer Komponente allerdings nicht exakt verfolgt werden, weil die Genauigkeit der Beobachtungen beschränkt ist und die Ergebnisse nicht sofort bekannt sind. Dies führt dazu, daß bei der präventiven Instandsetzung von Komponenten ein Kompromiß getroffen werden muß zwischen guter Effektivität (selten zu spät) und guter Effizienz (selten zu früh). Folglich müssen die präventiven Maßnahmen im Durchschnitt zu früh getroffen werden, so daß sich die R_p-Kurve nach links verschiebt, wie Bild 4.5c zeigt. Dennoch kommen sie manchmal zu spät, so daß die R_c-Kurve der Serie nacheinander verwendeter Komponenten allmählich weiter unter den Idealwert 1 absinkt, wie ebenfalls eingezeichnet ist.

4.5 Kombinierte Instandhaltungsstrategien

In den vorigen Abschnitten ist klar geworden, daß ein Verfahren zur präventiven Instandsetzung einer Komponente in erster Instanz ihrem Ausfallverhalten, besonders der Streuungsbreite und dem Ausfallratenverlauf, sowie dem Zustandsverlauf vor ihrem Ausfall angepaßt werden sollte. In Bild 4.6 sind die Anwendungsbedingungen für die drei genannten elementaren Strategien zusammengefaßt. Sowohl intervallbedingte wie auch zustandsbedingte präventive Instandsetzung machen es im Prinzip möglich, die Zuverlässigkeit eines Objektes zu erhöhen. Hier wird dem Konstrukteur u.U. ein Ausweg geboten für Probleme, die auf konstruktivem Wege nicht befriedigend zu lösen sind. Er muß dann wohl die Konstruktion des Objektes auf die gewählte Strategie vorbereiten, indem er anstrebt, daß die betreffende

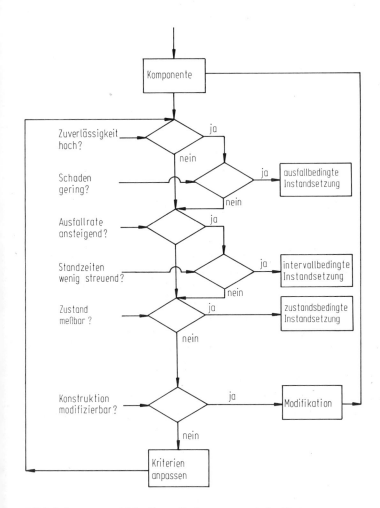

Bild 4.6   Auswahl der Instandhaltungsstrategie für Komponenten

Komponente einfach instandgesetzt werden kann, ihre Standzeit wenig streut oder ihr Zustand gut gemessen werden kann.

In dem Instandhaltungskonzept eines Objektes müssen die elementaren Instandhaltungsstrategien für alle seine instandhaltungsbedürftigen Komponenten auf optimale Weise kombiniert werden. Diese Strategien können für die verschiedenen Komponenten unterschiedlich sein; auch können mehrere Strategien gleichzeitig auf dieselben Komponenten angewandt werden. Zuerst wird man für jede instandhaltungsbedürftige Komponente prüfen müssen, ob intervallbedingte und/oder zustandsbedingte Instandsetzung sinnvoll erscheint mit Rücksicht auf den zu erwartenden Verlauf des Zustandsrückgangs. Wenn ja, dann ist die zweite Frage, ob die Strategien auch technisch gut ausführbar sind im Hinblick auf die Konstruktion des Objektes und die zur Verfügung stehenden Inspektionsmethoden. Ist auch hier die Antwort positiv, dann ist die dritte Frage, ob die Strategien wirtschaftlich sind im Vergleich zu ausfallbedingter Instandsetzung: Welches sind die Kosten und Ersparnisse?

Letztere Frage kann man nur sinvoll beantworten, wenn man das Objekt als Ganzes, also alle Komponenten zusammen innerhalb der Objektstruktur, ansieht. Man wird sich bei der Planung ja bemühen, die Instandhaltungsmaßnahmen aufeinander abzustimmen, um die Verfügbarkeit zur erhöhen, z.B. indem man die Instandhaltungsintervalle gleich wählt. Mit demselben Zweck wird man in der Praxis außerdem das geplante Schema gegebenenfalls durchbrechen und präventive Maßnahmen an einer Komponente vorzeitig durchführen, wenn sich dazu eine günstige Gelegenheit bietet, z.B. Stillstand des Objektes wegen Ausfall oder Revision. Letztere Vorgehensweise, die als eine Instandhaltungsstrategie auf Objektebene anzusehen ist, nennt man *gelegenheitsbedingte Instandsetzung*. Dabei kann man die Gelegenheit nutzen, gleichzeitig Komponenten instandzusetzen, die noch nicht defekt sind, aber schon eine bestimmte Betriebszeit hinter sich, und/oder einen bestimmten Zustand unterschritten haben. Auch kann man dazu Komponenten wählen, deren Instandsetzung innerhalb einer bestimmten bevorstehenden Frist geplant worden war. Andere Abhängigkeiten zwischen den Instandhaltungsmaßnahmen sind gegeben durch Erreichbarkeit, modularen Aufbau u.s.w.

4.6 Optimierung

4.6.1 Berechnungsmodell

Die optimale Kombination von Instandhaltungsstrategien als Bestandteil des Instandhaltungskonzeptes kann man nur aufgrund eines Berechnungsmodells bestimmen. Dieses Modell soll es ermöglichen, das Instandhaltungsverhalten der Komponenten zusammen mit der angewandten Instandhaltungsstrategie auf Objektebene zu dem Instandhaltungsverhalten des Objektes als Ganzem zu kombinieren. Mit der erwähnten Aufteilung der Maßnahmen und Kosten der Instandhaltung, die sich noch verfeinern läßt, können detaillierte Rechenmodelle entwickelt werden. Falls die vorhandenen Daten nicht soweit spezifiziert sind, muß man sich auf ein einfaches

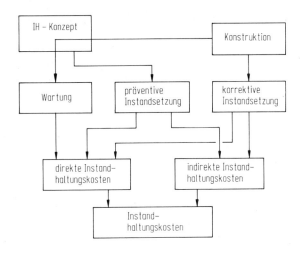

Bild 4.7   Vereinfachtes Optimierungsmodell

Modell beschränken, das nur die wichtigsten Kostenfaktoren enthält. Im Beispiel von Bild 4.7 sind als solche aufgeführt:

- *Wartungskosten*: Diese Kosten sind präventiver Art, liegen zwar fest im Instand-haltungskonzept, werden aber nur von der Konstruktion bestimmt. Sie führen nur zu direkten Instandhaltungskosten.
- Kosten zur *präventiven Instandsetzung*: Diese Kosten werden von dem gewählten Instandhaltungskonzept und von der Konstruktion bestimmt. Sie führen zu direkten und indirekten Instandhaltungskosten.
- Kosten zur *korrektiven Instandsetzung*: Diese Kosten werden indirekt von den präventiven Maßnahmen, entsprechend dem gewählten Instandhaltungskonzept, und von der Konstruktion bestimmt. Sie führen zu direkten und indirekten Instand-haltungskosten.

Die direkten und die indirekten Instandhaltungskosten bilden zusammen die gesamten Instandhaltungskosten. Bei bestehenden Objekten kann das Optimierungsziel nur Minimierung der Instandhaltungskosten sein. Bei Objekten, die sich noch in der Konstruktionsphase befinden, sollte jedoch die prinzipiell bessere Möglichkeit angestrebt werden, nämlich die Eigentumskosten, also die Summe der Anschaffungs- und Instandhaltungskosten, zu minimieren.

4.6.2 Berechnungsmethoden

In einfachen Fällen, z.B. wenn nur eine Komponente das Instandhaltungsverhalten eines Objektes weitgehend bestimmt, kann man die Optimierungsberechnung auf analytischem Wege vornehmen. Die Bilder 4.8a und b zeigen den Einfluß von inter-vallbedingter Instandsetzung auf die Zuverlässigkeit $R_S(t)$, bzw. die Ausfallrate $Z_S(t)$ eines Objektes, falls die Zuverlässigkeitsfunktion der Komponente einer Weibull-

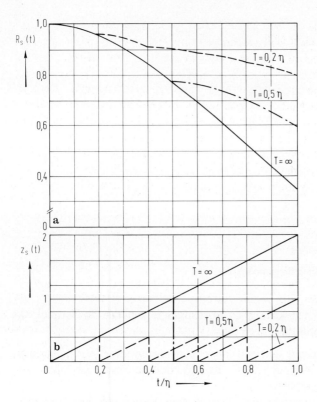

Bild 4.8   Erhöhung der Zuverlässigkeit (**a**) und Senkung der Ausfallrate (**b**) durch
                 intervallbedingte Instandsetzung

Verteilung mit minimaler Standzeit $\gamma = 0$ und Formfaktor $\beta = 2$ entspricht (siehe Abschn. 3.2.5). Abzulesen ist z.B., daß Austausch der Komponente mit Intervall $0,2\ \eta$ die Zuverlässigkeit $R_S(F)$ des Objektes von 37% auf 80% steigert und die mittlere Ausfallrate über die Periode η auf ein Fünftel reduziert. Bei der Konstruktionsoptimierung kann man somit u.a. die zusätzlichen Kosten einer höheren Austauschfrequenz gegenüber der Erhöhung der Zuverlässigkeit abwägen.

In komplizierteren Fällen, wie sie in der Praxis normal sind, ist analytisches Vorgehen nicht mehr möglich. Man müßte dann das Problem derart vereinfachen, daß es der Realität nur noch ungenügend entspricht. Dies ist z.B. der Fall, wenn man das Instandhaltungsverhalten als eine Kombination von unabhängigen *Erneuerungsprozessen* auf Komponentenebene auffaßt [4.1]. Dieses Modell läßt u.a. keinerlei Abhängigkeiten zu im gegenseitigen Verhalten der Komponenten, wie sie z.B. bei gelegenheitsbedingter Instandhaltung und bei der Bildung von Instandhaltungsmodulen auftreten. Das ist ebensowenig möglich, wenn man sich auf einen *Markov-Prozeß* [4.2] stützt. Dieses Modell erfordert außerdem, daß die Ausfallrate der Komponenten konstant ist, eine Einschränkung, die völlig unakzeptabel ist für mechanische Objekte, weil dann u.a. Abnutzungserscheinungen außer Betracht bleiben müssen.

Es bleibt die Möglichkeit, das Problem auf numerischem Wege durch *Simulieren* auf einem Rechner zu lösen, indem man den Zufallsprozeß von Ausfallen und

Instandsetzen nachahmt, wie er dem Instandhaltungsverhalten eines Objektes zugrunde liegt. Dabei können auch Teilausfälle berücksichtigt werden. Die Abhängigkeiten zwischen den Komponenten können im Programm ebenso verarbeitet werden wie das gewählte Instandhaltungskonzept. Weiterhin werden an alle präventiven und korrektiven Instandhaltungsmaßnahmen sowohl direkte als indirekte Instandhaltungskosten gekoppelt. All diese Kosten werden über die Gebrauchsdauer des Objektes addiert. Die Gesamtkosten, die auf diese Weise nach Simulation eines Lebenszyklus berechnet werden, liefern wegen des Zufallcharakters des Simulationsprozesses nur eine sehr ungenaue Annäherung des zu erwartenden Wertes. Um einen besseren Schätzwert zu erhalten, muß man den Lebenszyklus des Objektes einige hunderte Male simulieren und die Mittelwerte dieser Ergebnisse errechnen [3.1, Teil 5].

Selbstverständlich erfordert die Anwendung jeder Berechnungsmethode, also auch der Simulation, daß die benötigten Daten zur Verfügung stehen, an erster Stelle bezüglich des Fehl- und Instandsetzungsverhaltens der Komponenten in der Form der Verteilungsfunktion ihrer Stand- und Instandsetzungszeiten. Diese Information ist im allgemeinen mit genügender Genauigkeit weder in der Literatur noch in kommerziellen Datenbeständen vorhanden. Eher muß man eine gute Registrierung der Daten, die im betreffenden Betrieb unter dort herrschenden Umständen anfallen, anstreben, also Informationen sammeln, die für diese spezifischen Gebrauchs- und Instand-

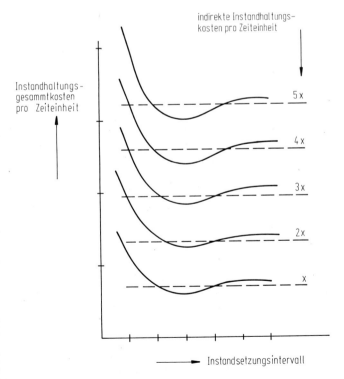

Bild 4.9   Optimierung des Instandsetzungsintervalls

haltungsumstände zutreffen. Es gibt auch subjektive Verfahren, um aufgrund der Erfahrung der beteiligten Personen Schätzwerte zu bestimmen. Um tatsächlich eine Optimierung ausführen zu können, muß man außerdem über Kostendaten verfügen.

Als Beispiel zeigt Bild 4.9 das Ergebnis einer Simulation mit dem Programm MAINSITHE der Technischen Universität Eindhoven zur Bestimmung des optimalen präventiven Instandsetzungsintervalls einer chemischen Anlage, die aus 20 instandhaltungsrelevanten Komponenten besteht [4.3]. Senkrecht sind Instandhaltungsgesamtkosten pro Zeiteinheit eingetragen, wobei die indirekten Instandhaltungskosten in 5 Stufen variiert wurden. Es stellte sich u.a. heraus, daß, entgegen der Erwartung, der Einfluß der Höhe der indirekten Instandhaltungskosten auf das Optimum gering war. Auch konnte nachgewiesen werden, daß mit den präventiven Instandsetzungstätigkeiten verbundene Ausfälle infolge von Montagefehlern eine wesentliche Rolle spielten.

II Instandhaltungsgerechtes Konstruieren

5 Konstruieren

5.1 Konstruktionsprozeß

Das Konstruieren eines Objektes stellt eine Phase in dessen *Lebenszyklus* dar, Bild 5.1. Dem Konstruieren geht die Produktplanung voraus (u.a. Marktforschung, Prüfung der Realisierbarkeit), es folgen die Fertigung, der Gebrauch (Betrieb, Instandhaltung), gegebenenfalls Änderungen (Anpassungen und Modifikationen) und schließlich die Beseitigung. Startpunkt des Konstruierens ist das Klären und Präzisieren der Aufgabenstellung, Ziel ist eine Konstruktion, die u.a.

Bild 5.1   Lebenszyklus eines technischen Objektes

- die gewünschte Funktion erfüllt, dabei eine ausreichende Leistung aufweist und dementsprechend belastbar ist;
- den Anforderungen ihrer Umgebung gerecht wird, wie der Bedienung und der Instandhaltung;
- preiswert ist hinsichtlich ihrer Anschaffungskosten und/oder anderer Bestandteile ihrer Lebenszykluskosten.

Das Konstruieren erfordert, daß viele und vielerlei Tätigkeiten im richtigen Zusammenhang nacheinander erledigt werden, und es ist deshalb als ein Prozeß anzusehen. Es ist nicht gut möglich, den *Konstruktionsprozeß* in einem Zug vollständig und übersichtlich darzustellen, wohl aber kann man mehrere voneinander abhängige Aspekte dieses Vorgangs beschreiben, die zusammen ein vollständiges Bild vermitteln.

In diesem Kapitel wird das Konstruieren besonders als ein *Konkretisierungsprozeß* betrachtet. Zuerst wird erörtert, mit welchen Gestaltsmerkmalen die Konstruktion eines Objektes definiert werden kann. Danach wird angegeben, wie der Konstrukteur, ausgehend von der abstrakten Aufgabenstellung, in mehreren *Konstruktionsphasen* und durch verschiedene *Arbeitsschritte* die Gestalt eines Objektes allmählich weiter bis zur *Lösung* konkretisiert. Zum Schluß wird aufgezeigt, wie der Instandhaltungsaspekt explizit in den Konstruktionsvorgang einbezogen werden kann. Welche spezifischen Gestaltungsmaßnahmen geeignet sind, in den unterschiedlichen Arbeitsphasen die Instandhaltungseigenschaften eines Objektes zu fördern, wird in den Kap. 6 bis 13 erläutert.

In diesem Buch werden also besonders die Gestaltsmerkmale aufgezeigt, die ein Objekt als *Produkt* des Konstruierens aufweisen sollte, damit es instandhaltungsgerecht ist. Das Konstruieren kann jedoch auch als ein *organisatorischer Prozeß* betrachtet werden, der zum Ziel hat, die geeigneten *Mittel* (Zeit, Geld usw.) zu beschaffen und möglichst effektiv anzuwenden. Dieser komplementäre Aspekt, und zwar besonders die Frage, wie der Konstrukteur aus seinen Fehlern lernen und in der Praxis über die zum instandhaltungsgerechten Konstruieren benötigten technischen und wirtschaftlichen *Daten* verfügen kann, wird zum Schluß in Kap. 14 angesprochen.

5.2 Konstruktionsdefinition

5.2.1 Systemaufbau

Ein technisches Objekt erfüllt seine Funktion auf physikalischem Wege, indem es einen *Operanden* (Materie, Energie und/oder Information) umwandelt, Bild 5.2. Es übt dazu eine besondere *Wirkung* auf den Operanden aus, der somit von Zustand 1 in Zustand 2 überführt wird. Eine Verdichtungsanlage kann z.B. den Druck eines Gases von 1 auf 10 bar erhöhen.

Die Funktionserfüllung eines Objektes ist im allgemeinen auf die Erfüllung mehrerer *Teilfunktionen* verschiedener Art zurückzuführen, in diesem Falle Gas zu verdichten und Energie umzuwandeln. Sie werden von *Komponenten* ausgeführt, hier einem Kompressor und einem Motor. Die Komponenten, die direkt die Funktionserfüllung des Objektes zur Aufgabe haben, wie der oben erwähnte Kompressor und der

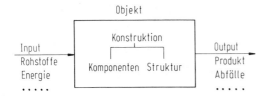

Bild 5.2 Technisches Objekt als Umwandler eines Operanden

Antriebsmotor, setzen, um richtig allein oder zusammen arbeiten zu können, vielfach die Erfüllung zusätzlicher Teilfunktionen voraus. Es kann z.B. nötig sein, die Drehzahlen von Kompressor und Motor aufeinander abzustimmen. Diese Teilfunktionen, die nicht unmittelbar aus der eigentlichen Funktion des Objektes, sondern aus den Eigenschaften anderer Komponenten hervorgehen, nennen wir *Nebenfunktionen*. Sie werden von *Nebenkomponenten*, etwa einem Getriebe erfüllt.

Die erwähnten Komponenten sind als *Funktionsträger* anzusehen. Sie sind ihrerseits aus kleineren Komponenten zusammengesetzt, die ebenfalls Teilfunktionen erfüllen. Handelt es sich bei dem Kompressor um eine Kolbenmaschine, so kann sie u.a. Zylinder, ein Triebwerk und einen Ventilkasten aufweisen, die wiederum aus kleineren Komponenten aufgebaut sind. Als Nebenkomponente kann eine Ölpumpe vorgesehen sein. Somit kann ein Objekt als eine *Hierarchie* immer einfacherer Komponenten vorgestellt werden, wenn auch nicht auf strikt eindeutige Weise. Eine mögliche - unvollständige - Aufteilung eines Kolbenkompressors zeigt Bild 5.3.

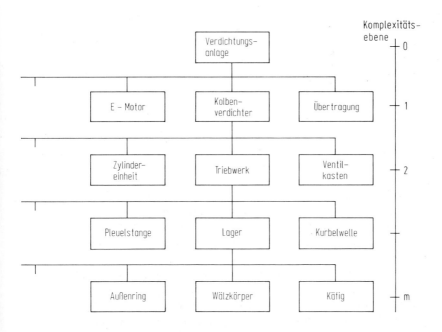

Bild 5.3 Hierarchischer Aufbau eines Verbrennungsmotors

Verallgemeinert kann jedes Objekt als ein *System* betrachtet werden, das sowohl im Funktions- als im Stoffbereich hierarchisch aufgebaut ist, Bild 5.4. Dem Objekt ohne jegliche Detaillierung als "*schwarzem Kasten*" ordnen wir die *Komplexitätsebene* (0) zu. Auf den darunterliegenden Ebenen werden immer mehr Einzelheiten angegeben. Wir unterscheiden generell an einem Objekt Komplexitätsebenen (0) bis (*m*), wobei (*m*) sich auf seine *Einzelteile* bezieht. Auf einer beliebigen Ebene (*j*) (*j* = 1,...*m*) des Objektes befinden sich Komponenten (*j*) zur Erfüllung von Teilfunktionen (*j*).

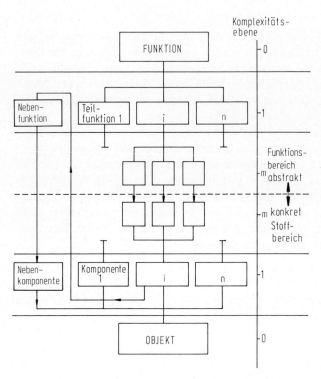

Bild 5.4   Aufbau eines technischen Systems im Funktions- und Stoffbereich

5.2.2 Arbeitsweise

Der Erfüllung einer Teilfunktion liegt ein physikalisches Geschehen zugrunde, das man mit dem Begriff *Arbeitsprinzip* kurz typisieren kann; meistens erfolgt dies aufgrund des angewandten dominanten *physikalischen Effektes*. Das Arbeitsprinzip "Kolbenverdichtung" der Teilfunktion (1) "Gas verdichten" auf Komplexitätsebene (1) der Anlage weist auf Druckerhöhung durch Verringerung des Volumens einer abgesonderten Gasmenge hin, ein Phänomen, wie es vom Gasgesetz beschrieben wird. Ebenso gibt die Andeutung "elektrisch" Aufschluß über das Arbeitsprinzip der Energieumwandlung.

Die Teilfunktionen sind auf bestimmte Weise untereinander gruppiert. Diese funktionelle Anordnung, oft eine Serienschaltung, nennen wir die *Funktionsstruktur*. Die typische Kombination von Teilfunktionen (1) mit ihren zugehörigen Arbeitsprinzipien (1) und deren Anordnung in einer Funktionsstruktur (1) definiert die *Arbeitsweise* des Objektes auf der Ebene (1). Sie gibt jedoch noch kaum Auskunft über seine materielle Gestaltung.

5.2.3 Bauweise

Die Teilfunktionen (1) werden von materiellen Teilen des Objektes, seinen *Komponenten* (1), in diesem Falle einem Kompressor und einem Antriebsmotor, erfüllt. Dem Aufbau einer Komponente liegt eine räumliche Anordnung zugrunde, die man mit dem Begriff *Bauprinzip* belegen kann. Meistens geschieht dies aufgrund kennzeichnender Hauptmerkmale wie der Hauptform oder der Orientierung, z.B. "kugelformig" oder "senkrecht". Eine Teilfunktion kann von nur einer, aber auch von mehreren ähnlichen Komponenten erfüllt werden. Ihre *Zahl* wird, zusammen mit ihren *Hauptabmessungen*, aufgrund der erforderlichen Leistung des Objektes bestimmt. Zu denken ist z.B. an mehrere parallelgeschaltete Zylinder mit einem bestimmten Hubraum.

Die Komponenten sind untereinander auf bestimmte Weise räumlich geordnet. Dabei spielen ihre *Orientierung* sowie ihre gegenseitige *Position* und *Abstand* eine Rolle. Diese materielle Anordnung, z.B. eine Reihenaufstellung, nennen wir die *Baustruktur*. Die typische Kombination von Komponenten (1) mit ihren zugehörigen Bauprinzipien, Zahl und Hauptabmessungen sowie ihre Anordnung in einer Baustruktur (1) definieren die *Bauweise* (1) des Objektes auf der Ebene (1). Die Verdichtungsanlage aus Motor und Kompressor kann z.B. eine waagerechte Aufstellung mit zwei senkrecht angeordneten Zylindern und bestimmten Einbaumaßen aufweisen.

5.2.4 Konstruktionsparameter

Wie bereits gesagt, geht die Arbeitsweise (1) eines Objektes auf der Ebene (1) hervor aus der Art der Teilfunktionen (1) mit zugehörigen Arbeitsprinzipien (1) sowie aus der Funktionsstruktur (1). Seine Bauweise (1) ist durch Zahl und Hauptabmessungen der Komponenten (1) mit zugehörigen Bauprinzipien (1) sowie durch die Baustruktur (1) gegeben. Das Arbeits*prinzip* (1) und das Bau*prinzip* (1) einer Komponente (1) können wiederum von ihrer Arbeits*weise* (2) bzw. ihrer Bau*weise* (2) auf der Ebene (2) näher definiert werden. Die Arbeitsweise (2) umfaßt die Teilfunktionen (2) mit zugehörigen Arbeitsprinzipien (2) und die Funktionsstruktur (2) auf der Ebene (2). Die Bauweise (2) ist gegeben durch die Zahl und die Hauptabmessungen der Komponenten (2) mit zugehörigen Bauprinzipien (2) sowie durch die Baustruktur(2).

Im allgemeinen wird (s. Bild 5.5) auf der Komplexitätsebene (j) eines Objektes seine Arbeitsweise (j) bestimmt von den Teilfunktionen (j) mit ihren Arbeitsprinzipien (j) und von der funktionellen Struktur (j), die sie verbindet. Ebenso ist seine Bauweise (j) gegeben durch die Komponenten (j) mit ihren Bauprinzipien (j), ihre

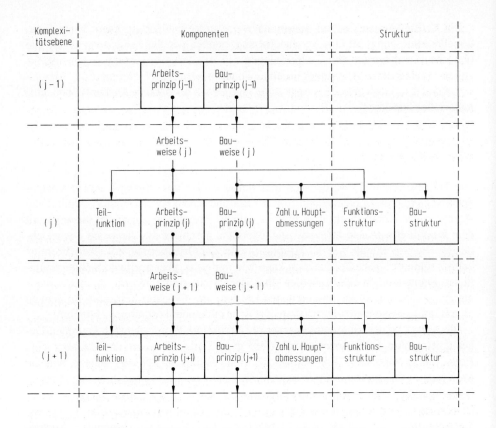

Bild 5.5   Arbeitsweise und Bauweise eines Objektes auf Komplexitätsebenen (*j*) und (*j*+1)

Zahl und Hauptabmessungen sowie durch die materielle Struktur (*j*), in der sie unter-
gebracht sind. Die Arbeitsweise einer Klimaanlage zur Konditionierung eines Gasstroms kann z.B. gegeben sein durch die Teilfunktionen (*j*) mit ihren Arbeitsprinzipien (*j*):

- Gas verdichten: Turboverdichtung,
- Gas erhitzen: Dampferhitzung,
- Gas säubern: Tuchfiltrierung,

und zwar in dieser Reihenfolge (funktionelle Struktur). Die Bauweise weist die Zahl
und Hauptabmessungen der zugehörigen Komponenten (*j*) auf und die Angabe, wie
sie räumlich angeordnet sind, z.B. senkrecht übereinander (materielle Struktur).

Die Arbeitsweise einer Komponente (*j*) mit Arbeitsprinzip (*j*) wird wiederum auf
der darunterliegenden Ebene (*j* + 1) definiert von ihren Teilfunktionen (*j* + 1) mit ihren Arbeitsprinzipien (*j* + 1) und von der Funktionsstruktur (*j* + 1), die sie verbindet.
Ihre Bauweise, dem Bauprinzip (*j*) gemäß, ist ebenso auf der Ebene (*j* + 1) gegeben
durch die Komponenten (*j* + 1) mit zugehörigen Bauprinzipien (*j* + 1), ihre Zahl und
Hauptabmessungen sowie durch die materielle Struktur (*j* + 1). In der erwähnten
Klimaanlage wird das Arbeitsprinzip (*j*) "Turboverdichtung" auf der Ebene (*j* + 1)

durch Komponenten (j + 1) realisiert, z.B. ein Verdichter (radial), Motor (elektrisch) und Übertragung (Keilriemen), die übereinander angeordnet sind. Der Verdichter wiederum ist aufgebaut aus Komponenten (j + 2), u.a. Lager zum Führen einer Welle, z.B. mit Arbeitsprinzip "wälzen" und Bauprinzip "zweireihig".

Teilfunktion, *Arbeitsprinzip* und *Bauprinzip* der Komponenten, ihre *Zahl* und *Hauptabmessungen* sowie die *funktionelle* und *materielle Struktur*, in denen sie geordnet sind, sind Merkmale eines Objektes, die seine Konstruktion auf jeder Komplexitätsebene (j) (j = 1,...m) definieren. Diese Gestaltsmerkmale bezeichnen wir weiter als seine *Konstruktionsparameter*.

5.2.5 Konkretisierungsprozeß

Der Konkretisierungsprozeß geht aus von der vom Objekt zu erfüllenden Funktion und hat zum Ziel, dessen Konstruktionsparameter auf allen Komplexitätsebenen, bis auf die untere Ebene (m) zu bestimmen. Es soll klar sein, daß Bild 5.4 nicht so gelesen werden kann, indem man zuerst nur im Funktionsbereich vorgeht und den bis auf die Ebene (m) detaillierten funktionellen Aufbau des Objektes in einem Zug aus seiner Funktion herleitet. Vielmehr muß man auf jeder Komplexitätsebene (j) zuerst zum Stoffbereich überwechseln, indem man geeignete Arbeits- und Bauprinzipien (j) wählt. Diese Wahl ist mitbestimmend für die auf der Ebene (j + 1) erforderlichen Teilfunktionen (j +1) und die zugehörige Funktionsstruktur (j + 1). Erst am Schluß des Konstruktionsvorgangs kann man - nachträglich - einen vollständigen, bis auf die Ebene (m) detaillierten Aufbau des Objektes im Funktionsbereich aufzeichnen, der in Übereinstimmung ist mit den nach und nach gewählten konstruktiven Lösungen im Stoffbereich.

Der materielle Aufbau des Objektes aus Komponenten braucht übrigens keineswegs zu korrespondieren mit dem funktionellen Aufbau aus Teilfunktionen, wie Bild 5.4 suggeriert. Bei jedem Übergang vom Funktions- zum Stoffbereich ist es möglich, eine Teilfunktion zu zerlegen und über mehrere verschiedene Komponenten zu verteilen oder - umgekehrt - verschiedene Teilfunktionen zu kombinieren und von derselben Komponente erfüllen zu lassen. Man kann z.B. die Teilfunktionen "Maschine antreiben" und "Drehzahl reduzieren" zwei verschiedenen Komponenten, aber auch einer zuweisen, namentlich einem Elektromotor mit angebautem Getriebe. Auf jeder Komplexitätsebene ist also wiederum die Frage der *Funktionszuteilung* zu beantworten: Welche Teilfunktionen sind zu bilden und bestimmten Komponenten zuzuweisen?

5.3 Methodisches Konstruieren

5.3.1 Prozeßstrukturierung

Seiner Art nach ist das Konstruieren ein *Suchprozeß*: Das Problem, enthalten in der vorläufigen Anforderungsliste, ist bekannt. Die Aufgabe besteht darin, die Lösung, d.h. die Konstruktion des Objektes, zu finden. Meistens gibt es viele mögliche Lösungen innerhalb der Grenzen, die die Natur oder der Stand der Technik ziehen. Der

Konstrukteur soll deshalb nicht irgendwelche, sondern die optimale Lösungsvariante anstreben, die die teils gegensätzlichen Forderungen zum besten Kompromiß bringt. Aus Mangel an Daten und Zeit kann er dabei nicht nur rationell vorgehen, sondern muß auch intuitive Entscheidungen treffen. Das wiederum führt dazu, daß jede Lösung auch von den Fachkenntnissen, der Erfahrung und der Kreativität des Konstrukteurs geprägt wird.

Wie meistens, so existiert auch beim Konstruieren der Wunsch, mit den zur Verfügung stehenden, beschränkten Mitteln (u.a. Zeit und Geld) das bestmögliche Ergebnis zu erreichen. Damit der Konstruktionsprozeß effektiv und zweckmäßig abläuft, muß er strukturiert werden. Ein geeigneter, allgemein anwendbarer Rahmen schafft das

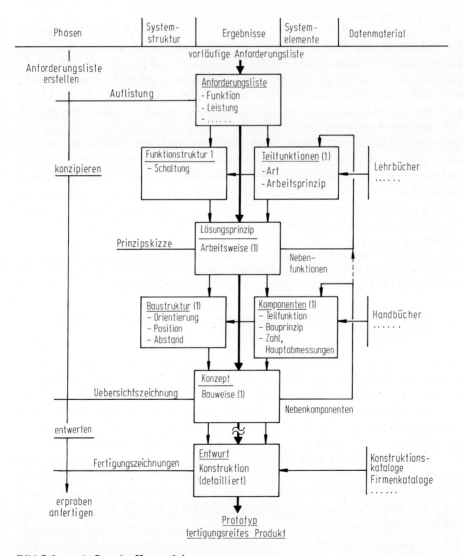

Bild 5.6   Aufbau des Konstruktionsprozesses

sog. *Methodische Konstruieren*, wie es in den letzten Jahrzehnten von mehreren Autoren entwickelt worden ist. Es ist in VDI-Richtlinien und vielen anderen Veröffentlichungen beschrieben, besonders in [5.1]. Auch über seine Anwendung in der Praxis wurde mittlerweile berichtet, siehe u.a. [5.2 - 5.4]. Infolge dieser Vorgehensweise wird der Konstruktionsprozeß in mehrere Konstruktionsphasen aufgeteilt, und es wird aufgezeigt, durch welche Arbeitsschritte und unter Anwendung welcher Methoden sie durchlaufen werden können. Diese Strukturierung wird in diesem Buch weitgehend befolgt und in den nächsten beiden Abschnitten anhand von Bild 5.6 kurz erläutert.

5.3.2 Konstruktionsphasen

Es ist Aufgabe des Konstrukteurs, die Konstruktion des gesuchten Objektes vollständig zu definieren und damit alle seinen Konstruktionsparameter bis auf die Komplexitätsebene (m) festzulegen, damit dessen Gestalt vollständig und eindeutig feststeht. Er geht dazu der Hierarchie nach, indem er die Komplexitätsebenen von (1) bis (m) nacheinander konkretisiert, abgesehen von Iterationen, die wir hier der Einfachheit halber außer Betracht lassen. Dementsprechend kann der Konstruktionsprozeß in mehreren Phasen aufgeteilt werden, die jeweils mit einem typischen Ergebnis abgeschlossen werden [5.5]. Mit jedem dieser Ergebnisse wird eine Entscheidung getroffen, welche die Gestalt des Objektes weiter präzisiert und deswegen auch den Spielraum für folgende Entscheidungen einengt. Als *Konstruktionsphasen* und zugehörige Ergebnisse sind zu unterscheiden:

- das Erstellen der *Anforderungsliste*,
- das Konzipieren, d.h. das Erarbeiten des *Konzepts*,
- das Entwerfen, d.h. das Festlegen des *Entwurfs*.

Das Ausarbeiten des Entwurfs zur Fertigungsreife kann als separate vierte Phase oder als Schlußteil der Entwurfsphase angesehen werden, wie wir es tun.

Die Anforderungsliste

Diese erste Phase des Konstruierens bezweckt das Aufstellen der Festforderungen und Wünsche, wozu die Voruntersuchung vorläufige Formulierungen geliefert hat. Die Aufgabenstellung muß näher geklärt und präzisiert werden, indem u.a. Funktion, Leistungsvermögen, Gebrauchsumstände und Optimierungsziel angegeben werden. Wichtigster Ausgangspunkt ist die Bestimmung des Objektes, das Ergebnis ist die Anforderungsliste, eine abstrakte, verbale Beschreibung des gesuchten Objektes in der Form einer Auflistung seiner Eigenschaften. Bei einem Kompressor kann es sich z.B. um ein Objekt handeln, das $1000 \ m^3/h$ inertes Gas von 1 auf 10 bar verdichten soll, max. 1 m hoch ist, einen Lärmpegel von weniger als 70 dB(A) verursacht, nur einmal pro Jahr präventive Instandhaltungsmaßnahmen braucht und minimale Betriebskosten aufweist.

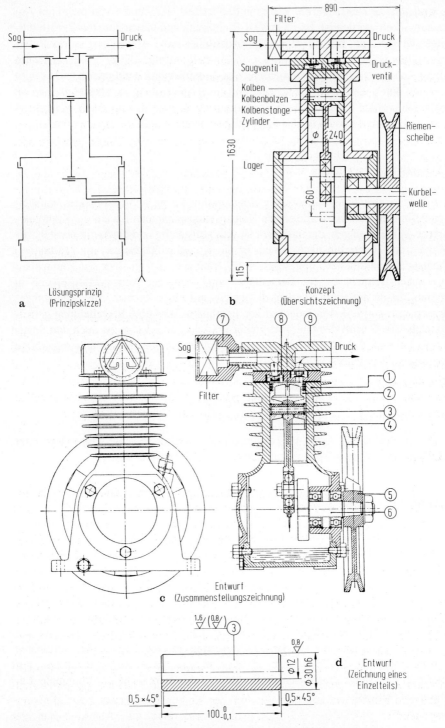

Bild 5.7   Prinzipskizze, Konzept und Entwurf eines Kolbenkompressors

Das Konzept

Ausgehend von der Anforderungsliste, besonders von der gefragten Funktion, bedenkt der Konstrukteur zuerst für das gesuchte Objekt eine *Arbeitsweise* (1), also die Teilfunktionen (1) mit zugehörigen Arbeitsprinzipien (1), und die Funktionsstruktur (1), womit die gewünschte Umwandlung des Operanden mittels physikalischer Effekte erreicht werden kann. Das Ergebnis, z.B. in Form einer Prinzipskizze, enthält das *Lösungsprinzip* im qualitativen Sinne, also die Wirkung des Objektes. Die Prinzipskizze des Kompressors (Bild 5.7a) zeigt, ob es sich um eine Kolbenmaschine oder um eine Strömungsmaschine handelt.

Anschließend bedenkt der Konstrukteur, ausgehend vom Lösungsprinzip und besonders auch von der geforderten Leistung, eine geeignete *Bauweise* (1), also die Komponenten (1) mit zugehörigen Bauprinzipien (1), Zahl und Hauptabmessungen sowie die Baustruktur (1), womit die Arbeitsweise realisiert werden kann. Gegebenenfalls werden auch Nebenkomponenten vorgesehen. Das Ergebnis ist das *Konzept*, z.B. in Form einer Übersichtszeichnung. Es enthält die Prinziplösung im quantitativen Sinne, also die grobe Gestaltung des Objektes. Das Konzept des Kolbenverdichters (Bild 5.7b) zeigt seine Bauweise, z.B. einen vertikalen Zylinder, und seine Hauptabmessungen, darunter Bohrung, Hub und Bauhöhe.

Die Prinzipskizze zeigt zwar nur ein qualitatives Ergebnis und braucht deshalb nicht maßgerecht zu sein, aber die Wahl der Arbeitsweise stützt sich teils schon auf quantitative Überlegungen, z.B. das erreichbare Druckverhältnis. Der Wahl der Bauweise liegen hauptsächlich quantitative Überlegungen zugrunde, etwa der zur Verfügung stehende Raum und die Werkstoffeigenschaften. Weiter sind schon in der Konzeptphase außer Funktion und Leistungsvermögen auch andere Anforderungen zu berücksichtigen, z.B. in bezug auf Fertigung, Wirtschaftlichkeit und Umwelt.

Der Entwurf

In der nächsten Phase wird der Konstrukteur, ausgehend vom Konzept (1), das gesuchte Objekt weiter konkretisieren. Dazu vervollständigt er die Lösung, indem er außer den Hauptkomponenten (1) auch andere Komponenten auf dieser Ebene in Betracht zieht. Ebenfalls detailliert er die Lösung, indem er die oben erwähnten Konstruktionsparameter nochmals bestimmt, jetzt aber nacheinander auf den darunterliegenden Ebenen (2) bis (m). Für jede Teilfunktion (j), z.B. "Welle führen", werden technische Anforderungen formuliert und aufgrund qualitativer und quantitativer Überlegungen die Arbeitsweise (j) sowie die Bauweise (j) festgestellt. Diese Detaillierung wird nur bis auf Ebene (m) der Einzelteile fortgesetzt, falls auf höheren Ebenen noch keine guten Zwischenlösungen (Norm-, Kauf- oder Wiederholteile) bekannt sind. Das Ergebnis ist der Entwurf, u.a. in Form einer Zusammenstellungszeichnung (Bild 5.7c), die alle Komponenten und ihre Anordnung zeigt. Sofern der Entwurf noch zu Fertigungsgrundlagen ausgearbeitet werden muß, können z.B. Einzelteilzeichnungen erstellt werden. Der Entwurf des Kolbenkompressors zeigt alle seine Komponenten, z.B. den Werkstoff, die Form und die Abmessungen des Kolbenbolzens, also seine vollständige *Konstruktion* (Bild 5.7.d).

5.3.3 Arbeitsschritte

Seiner Aufgabe, nämlich die optimale Lösungsvariante anzustreben, kann der Konstrukteur nur gerecht werden, indem er alle möglichen Lösungsvarianten bedenkt und die beste als Lösung seines Problems auswählt. Meistens ist die gestellte Aufgabe derart komplex, daß er das Problem nur lösen kann, indem er zuerst Teilprobleme formuliert und dafür alle möglichen Teillösungen sucht, diese danach auf alle möglichen Weisen zu Lösungsvarianten kombiniert und schließlich daraus die beste Variante als Lösung wählt. Als wesentliche *Arbeitsschritte* sind also zu unterscheiden (Bild 5.8):

- Teillösungsvarianten bedenken
  Es liegt auf der Hand, als Teilprobleme die zu erfüllenden Teilfunktionen (j) (j = 1...m) zu formulieren. Je abstrakter ihre Beschreibung, desto mehr materielle Lösungsmöglichkeiten zur Erfüllung einer Teilfunktion bieten sich an. Teillösungsvarianten unterscheiden sich u.a. in bezug auf ihr Arbeits- bzw. Bauprinzip.
- Lösungsvarianten bilden
  Alle möglichen Kombinationen von allen möglichen Teillösungen bilden auf jeder Komplexitätsebene die Menge aller möglichen Lösungsvarianten. Bei der Suche

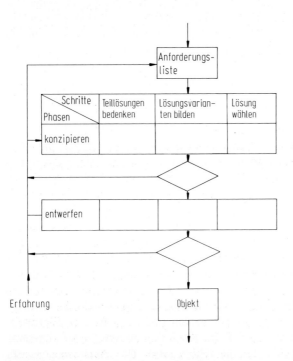

Bild 5.8   Konstruktionsphasen und Arbeitsschritte

nach Teillösungen kann man anfangs anderen Teillösungen nur unvollständig Rechnung tragen, weil diese zum Teil noch unbekannt sind. Deshalb ist es notwendig, nachträglich die Teillösungen aufeinander abzustimmen, eventuell Nebenkomponenten zuzufügen und Kombinationen von unverträglichen Teillösungen zu eliminieren.

- Eine Lösung auswählen
Aus praktischen Gründen darf man in jeder Phase nur eine oder höchstens einige Varianten zur weiteren Bearbeitung auswählen. Dazu werden diejenigen Varianten eliminiert, die nicht allen Festforderungen entsprechen. Die Auswahl aus den restlichen Möglichkeiten und schließlich der besten Lösung muß aufgrund ihrer Vor- und Nachteile erfolgen.

Lösungsvarianten gibt es schon in der Konzeptphase. Es ist im allgemeinen nicht durchführbar, alle möglichen Konzeptvarianten zu allen möglichen Entwurfsvarianten auszuarbeiten, bevor man wählt, weil dafür die zur Verfügung stehenden Mittel nicht ausreichen. Deshalb muß man zwischen den Konstruktionsphasen und innerhalb von ihnen wiederholt eine oder höchstens einige Varianten selektieren, die dann weiter bearbeitet werden sollen. Die drei erwähnten Arbeitsschritte müssen also während des Konstruierens öfter wiederholt werden.

Das Problem bei der Auswahl von weiter zu bearbeitenden Lösungsvarianten ist, daß sie alle Vor- und Nachteile haben, deren Einfluß auf das Endergebnis noch nicht objektiv festzustellen ist, besonders nicht in der Konzeptphase. Weil also aufgrund unvollständiger Daten gewählt werden muß, ist es nicht auszuschließen, daß die optimale Variante verfehlt wird. Auch kann man in einer Sackgasse landen und zurückkehren müssen, um eine frühere Wahl zu korrigieren. Hier liegt wohl der Hauptgrund für den iterativen Charakter des Konstruktionsprozesses.

5.3.4 Arbeitsmethoden und Hilfsmittel

Das methodische Konstruieren bietet vielerlei Arbeitsmethoden zur Durchführung der genannten Arbeitsschritte an. Obwohl auch die Anwendung intuitiver Methoden wie Brainstorming gerechtfertigt sein kann - sicherlich als Ergänzung - ist im allgemeinen auf diskursive Methoden, die ein schrittweises Vorgehen ermöglichen, nicht zu verzichten. Besonders *Ordnungsschemata* können dabei als Hilfsmittel nützlich sein.

Man muß beim Konstruieren von Anfang an bestrebt sein, Lösungsvarianten so zu generieren, daß auch die optimale darunter ist. Weil von vornherein nicht bekannt ist, welche Alternativen gut abschneiden werden, muß also eine vollständige Lösungssammlung angestrebt werden. Das kann mit einem Ordnungsschema in Form eines sog. *Such-* oder *Lösungsfeldes* unterstützt werden. Dieses weist alle zutreffenden Einflußfaktoren des (Teil-)Problems mit den zugehörigen Lösungsmöglichkeiten auf und ermöglicht es auf einsichtige Weise, daraus alle möglichen Kombinationen zu bilden.

Als Einflußfaktoren können generell die schon erwähnten Konstruktionsparameter, wie Arbeits- und Bauprinzipien, dienen. Realisierungsmöglichkeiten sind Lehrbü-

Teilfunktionen	Arbeitsprinzip			
Gas verdichten	Kolben- verdichter	Turbo- verdichter	Schrauben- verdichter	. . . . . .
Gas erhitzen	Dampf- erhitzer	Widerstands- erhitzer	. . . . . .	. . . . . .
Gas säubern	Rollband- filter	Wäscher	Elektro- filter	Zyklon

Lösungsvariante

Bild 5.9   Lösungsfeld in Form eines morphologischen Kastens (nach Zwicky)

chern, Handbüchern, Katalogen usw. zu entnehmen. Bild 5.9 zeigt als Beispiel ein Lösungsfeld zur Entwicklung von möglichen Arbeitsweisen für eine Klimaanlage. In der ersten Spalte sind die drei zu erfüllenden Teilfunktionen, in den übrigen Spalten zugehörige Arbeitsprinzipien eingetragen. Jede Kombination von Arbeitsprinzipien für die drei benötigten Teilfunktionen bringt, zusammen mit einer von sechs möglichen Funktionsstrukturvarianten, eine Arbeitsweise-Variante. Ein Ordungsschema dieser Form wurde von Zwicky vorgeschlagen und als "*morphologischer Kasten*" bezeichnet [5.6]. Es ist z.B. auch geeignet, aus Komponenten mit unterschiedlichen Bauprinzipien, zusammen mit materiellen Strukturvarianten, alle mögliche Bauweisen zu entwickeln.

Die Auswahl der besten Lösungsvariante muß sich auf eine Bewertung stützen und beinhaltet im wesentlichen drei Schritte:

- Bewertungskriterien aufstellen und ihr relatives Gewicht bestimmen,
- Bewertungsskalen für jedes Bewertungskriterium feststellen und jede Variante für jedes Kriterium bewerten,
- Teilergebnisse zu Variantenergebnissen kombinieren und die Bestquote feststellen.

Ein Ordnungsschema in Form einer *Bewertungstabelle* ermöglicht es, diese Schritte auf übersichtliche und zur Diskussion gut zugängliche Weise durchzuführen [5.7]. Es kann hilfreich sein, zuerst die technischen und wirtschaftlichen Bewertungsaspekte getrennt in zwei Gruppen unterzubringen und zu bewerten und danach die beiden Teilergebnisse gegeneinander abzuwägen, wie Kesselring vorgeschlagen hat [5.8].

5.4 Instandhaltungsgerechtes Konstruieren

5.4.1 Ziel

Beim Konstruieren eines Objektes sind die genannten Konstruktionsparameter auf allen Komplexitätsebenen (1) bis (m) zu wählen. Jede Wahl hat implizit auch Konsequenzen für die Instandhaltungseigenschaften des Objektes. Die Wahl der Arbeitsweise (1) einer Maschine kann z.B. zu vielen oder zu wenigen sich bewegenden Teilen führen, mit Folgen u.a. für die Zuverlässigkeit. Man denke z.B. an einen Kolben- oder an einen Zentrifugalkompressor. Die Wahl der Bauweise (1) kann z.B. eine gut oder schlecht zugängliche Konstruktion nach sich ziehen und wird Folgen für die Instandhaltbarkeit haben. Hier sei z.B. ein kompakt oder ein offen gebauter Kolbenkompressor erwähnt. Das trifft auch auf Details zu, wie z.B. Gleit- oder Wälzlager und gut oder schlecht auswechselbare Ventile. Es gilt ebenso für Apparate, wie z.B. einen Wärmeaustauscher. Die Wahl zwischen geraden oder U-förmigen Röhren, aber auch die zwischen gerollten oder geschweißten Rohrplattenverbindungen ist mitbestimmend für die spätere Zuverlässigkeit und Instandhaltbarkeit.

Diese Beziehung zwischen Konstruktionsparametern und Instandhaltungseigenschaften ist generell bei technischen Objekten auf allen ihren Komplexitätsebenen nachweisbar. Das schließt aber auch in sich, daß alle im Laufe des Konstruktionsprozesses zu wählenden Konstruktionsparameter eines Objektes im Prinzip zur Forderung seines Instandhaltungsverhaltens genutzt werden können und sollten. Ziel des instandhaltungsgerechten Konstruierens ist es, deren Wahl so zu treffen, daß die Lösung durch Einschränkung der Instandhaltungskosten minimale Eigentumskosten aufweist (Abschn. 2.6). Dazu kann man als Teilziele sowohl die Zahl der präventiven und korrektiven Maßnahmen senken, also eine instandhaltungsarme Konstruktion anstreben, als auch die Instandhaltungsmaßnahmen billiger durchführbar machen, also sich um eine instandhaltungsfreundliche Konstruktion bemühen, Bild 5.10. Diese Eigenschaften können mit den Begriffen Zuverlässigkeit, Präventionsfreiheit und Instandhaltbarkeit gewertet werden, wie in Kap. 3 erörtert wurde.

Bei der Suche nach instandhaltungsgerechten Lösungen sollte es nicht beim gelegentlichen Anwenden einer Sammlung loser und dadurch praktisch schwierig zugänglicher Empfehlungen bleiben. Vielmehr sollte man solche innerhalb eines Rah-

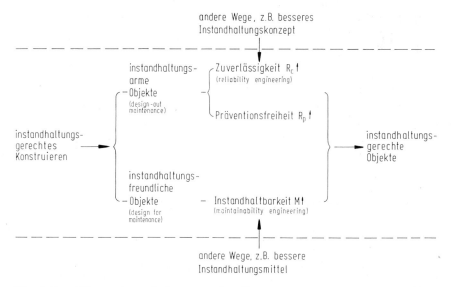

Bild 5.10 Wege zu instandhaltungsgerechten Lösungen

mens einordnen, der systematisches Vorgehen ermöglicht. Dafür scheint das methodische Konstruieren bestens geeignet, falls die Arbeitsschritte und Methoden auf den Instandhaltungsaspekt zugeschnitten werden können. Dabei wäre besonders zu denken an angemessene Lösungsfelder zum Entwickeln von instandhaltungsgerechten Varianten.

Es wurde schon erwähnt, daß instandhaltungsgerechte Varianten vielfach zusätzliche Herstellkosten erfordern. Sie sind deshalb i.allg. nur lebensfähig, falls diese durch Einsparungen auf den Instandhaltungskosten zumindest wettgemacht werden. Der Konstrukteur sollte deshalb nicht nur die *Herstellkosten*, sondern auch die zu erwartenden *Instandhaltungskosten* der Lösungsvarianten abschätzen. Die Abwägung kann u.U. dazu führen, daß eine Lösung bevorzugt werden muß, die höhere Herstellkosten zugunsten niedriger Instandhaltungskosten aufweist.

5.4.2 Lösungsfelder

Als *primäres Lösungsfeld* zum instandhaltungsgerechten Konstruieren auf der Komplexitätsebene (*j*) kann Bild 5.11 dienen. In der ersten Spalte sind als Teilziele, die aus der Sicht der Instandhaltung anzustreben sind, eine höhere Präventionsfreiheit, Zuverlässigkeit und Instandhaltbarkeit aufgeführt. In den übrigen Spalten sind die möglichen Mittel zum Anstreben dieser Teilziele eingetragen, nämlich alle bereits erwähnten Konstruktionsparameter (*j*). Lösungsvarianten können im Prinzip gebildet werden durch Variieren aller Konstruktionsparameter auf der Komplexitätsebene (*j*), also:

- der Teilfunktion, des Arbeits- und des Bauprinzips der Komponenten (*j*),
- der Zahl und der Hauptabmessungen der Komponenten (*j*),
- der Struktur (*j*), in der die Komponenten aufgenommen sind, und die näher von der Funktionsstruktur (Schaltung) und der Baustruktur (Orientierung, Position und Abstand) bestimmt wird.

Teilziele ↓ \ Konstruktions- parameter →	Komponenten				Struktur		Neben-kompo-nenten
	Teil-funktion	Arbeits-prinzip (Werkstoff*)	Bau-prinzip (Form*)	Zahl u. Haupt-abmes-sungen (Abmessung*)	funkti-onell	materi-ell	
(1)	(2)	(3)	(4)	(5)	(6)	(7)	(8)
Präventionsfreiheit ↑							
Zuverlässigkeit ↑							
Instandhaltbarkeit ↑							

* Einzelteile

Bild 5.11   Primäres Lösungsfeld zum instandhaltungsgerechten Konstruieren

In der letzten Spalte sind als mögliche Mittel außerdem Nebenkomponenten eingetragen, die den Komponenten (*j*) beigegeben und in der Objektstruktur eingegliedert werden können.

Weil Konstruktionsänderungen sich auf der Komplexitätsebene (*m*) auf Einzelteile beziehen, sind statt "Arbeitsprinzip" und "Bauprinzip" die Gestaltmerkmale "*Werkstoff*" bzw. "*Form*" zu lesen. Eine Werkstoffänderung nimmt ja auf der Komplexitätsebene (*m* + 1) Einfluß auf die physikalischen Verhältnisse zwischen den Materialelementen dieser Einzelteile, z.B. die Zugfestigkeit. Sie ist deshalb als eine Änderung des Arbeitsprinzips (*m*) zu betrachten. Eine Formanpassung ist ebenso als eine Änderung auf der Ebene (*m* + 1), und zwar des Bauprinzips (*m*), anzusehen. Auf der Ebene (*m*) soll auch nicht länger von Hauptabmessungen, sondern von allen Abmessungen der Einzelteile die Rede sein.

Zur Bildung von *Teillösungsfeldern* lassen die genannten Teilziele sich nach Bedarf wiederum zerlegen, z.B. in mehrere Teilziele zur Förderung der Präventionsfreiheit, Zuverlässigkeit und Instandhaltbarkeit, wie es in Kap. 8 bis 10 vorgenommen werden soll. Dabei ist es von wesentlicher Bedeutung, Vollständigkeit beizubehalten, weil sonst nicht alle Möglichkeiten in Betracht gezogen werden können. Dazu muß man auch hierbei systematisch vorgehen und sich auf logische, geschlossene Denkmodelle stützen, die prüfbar alle relevanten Einflußfaktoren als Parameter aufweisen. Sie sollten nach Bedarf spezialisiert und/oder detailliert werden können.

5.4.3 Checklisten

Die Anwendung von Lösungsfeldern erlaubt es dem Konstrukteur, seine Fachkenntnisse bezüglich des Objektes auf der Suche nach Möglichkeiten zur Förderung des Instandhaltungsverhaltens einzubringen. Die praktische Benutzung von Lösungsfeldern kann durch konkrete konstruktive Hinweise irgendwelcher Form unterstützt werden. Als erste Möglichkeit könnte man dabei an *Konstruktionskataloge* denken, die Lösungen anbieten, welche aus der Sicht der Instandhaltung günstig sind. Wenn man aber überlegt, wie umfangreich eine solche Sammlung sein müßte, um das breite und vielfältige Fachgebiet des Maschinen- und Apparatebaus umfassen zu können und wie aufwendig es sein würde, diese Kataloge auch für komplexere Objekte ständig aktuell zu halten, dann scheint diese Möglichkeit nur gelegentlich, aber nicht allgemein brauchbar.

Als zweite Möglichkeit bieten sich *Checklisten* an. Sie sind ein bewährtes Mittel, einfach im Gebrauch; und der Konstrukteur kann es heranziehen, um bestimmten Forderungen, in diesem Fall Instandhaltungsaspekten, Rechnung zu tragen. Auch bei dem Aufbau von Checklisten sollte man durch eine geeignete Struktur versuchen, Vollständigkeit zu gewähren. Das scheint möglich, falls sie aus den schon erwähnten Lösungsfeldern hergeleitet werden. Bei der Benutzung von Checklisten besteht außerdem die Gefahr der Subjektivität. Ob z.B. eine Komponente gut erreichbar ist, wird man aufgrund eigener Erfahrung und Einsicht sehr unterschiedlich beurteilen. Bei der Bewertung von Lösungsvarianten mit Checklisten sollte man deshalb grundsätzlich mehrere Personen einschalten.

Selbstverständlich ist es nicht so, daß man durch Anwendung von Lösungsfeldern und Checklisten automatisch und regelrecht eine Lösung erhält, die nur günstige Instandhaltungseigenschaften hat, denn viele derartige Empfehlungen sind nicht immer technisch ausführbar oder - wenn doch - manchmal miteinander unvereinbar. Umgekehrt gilt, daß Konstruktionen, die solchen Empfehlungen nicht oder nur zum Teil gerecht werden, nicht unbedingt schlechte Instandhaltungseigenschaften haben müssen. Die Wahrscheinlichkeit dafür ist aber doch größer. Der Konstrukteur sollte die Checklisten also wohl heranziehen, aber von Fall zu Fall entscheiden, inwieweit er die Empfehlungen befolgt. Dabei wird er sich auch von der Art des Instandhaltungssystems und von wirtschaftlichen Überlegungen führen lassen.

Diesem Buch sind Universalchecklisten beigefügt. Sie sind zum allgemeinen Gebrauch im Maschinen- und Apparatebau gedacht, deshalb umfangreich und dennoch wenig spezifisch. Zur wiederholten Benutzung für eine bestimmte Klasse technischer Objekte lohnt es sich, aus diesen universellen Listen jeweils einmalig kompakte Spezialchecklisten abzuleiten, z.B. für Kreiselpumpen.

5.4.4 Literatur

Wie man Instandhaltungseigenschaften in spezifischen Fällen fördern kann, wird in der einschlägigen Literatur aufgrund von Forschung und Erfahrung regelmäßig berichtet. Selbstverständlich sind derartige, sich stetig entwickelnde Kenntnisse beim instandhaltungsgerechten Konstruieren besonders zu berücksichtigen. Die meisten Beiträge beziehen sich auf Verbesserung der *Zuverlässigkeit* und *Präventionsfreiheit* von einfachen Bauteilen durch Verringerung bestimmter Abnutzungserscheinungen, etwa der Korrosion. Dagegen sind praxisnahe Betrachtungen über die Zuverlässigkeit von komplexen, mechanischen Reparaturobjekten noch relativ selten. Es fällt auch auf, daß nur wenige Beiträge die *Instandhaltbarkeit* von Objekten zum Thema haben und daß die Ergonomie sich hauptsächlich mit der Bedienung und kaum mit der Instandhaltung technischer Anlagen beschäftigt. Übrigens können auch manchen Veröffentlichungen, die Sicherheit, Recyclingsgerechtheit und Montierbarkeit von Objekten behandeln, wertvolle Anregungen zur Förderung ihrer Instandhaltbarkeit entnommen werden [5.9, 5.10].

Was den *Kostenpunkt* anbelangt, wurde über den Einfluß der konstruktiven Gestaltung auf die Herstellkosten schon mehrfach berichtet und zwar mit dem Ziel, diese zu minimieren [5.11, 5.12]. Weniger untersucht wurde jedoch die Beziehung zwischen Konstruktion und Instandhaltungskosten, geschweige denn zwischen Konstruktion und Eigentumskosten, denen eine besondere Bedeutung für das instandhaltungsgerechte Konstruieren zukommt.

Auch Bestrebungen, um für das instandhaltungsgerechte Konstruieren einen Rahmen zu schaffen, sind aus der Literatur bekannt [5.13, 5.14]. Die Vorgehensweise in diesem Buch möchte sich besonders dadurch unterscheiden, daß sie sich ausdrücklich an das methodische Konstruieren anschließt, daß sie auf den Instandhaltungsaspekt zugeschnittene Lösungsfelder und Checklisten aufzeigt und daß sie das Instandhaltungsverhalten im quantitativen Sinne, möglichst in Form von Kosten, in die konstruktiven Entscheidungen einbezieht. Es soll jedoch klar sein, daß somit im Grunde genommen keine neuen Fakten geboten werden, z.B. in bezug auf die Wahl eines geeigneten Werkstoffs. Derartige Kenntnisse gehören zum allgemeinen Fachwissen des Konstrukteurs. Der Wert soll vielmehr in der *Methode* liegen, die es ermöglicht, diese Fachkenntnisse auf solche Weise zur Anwendung zu bringen, daß konstruktive Lösungen erhalten werden, die auch aus der Sicht der späteren Instandhaltung wohlüberlegt sind.

5.5 Vorgehensweise

Bild 5.12 faßt die vorgeschlagene *Vorgehensweise* beim instandhaltungsgerechten Konstruieren in einem vereinfachten Arbeitsschema zusammen. In der ersten Spalte sind die drei Konstruktionsphasen aufgeführt: die Erarbeitung der Anforderungsliste, die Wahl des Konzeptes und die Ausarbeitung zum detaillierten Entwurf. In der zweiten Spalte sind einige der Konstruktionsparameter aufgelistet, die in diesen Phasen gewählt werden müssen, z.B. die Arbeitsweise (1) des Objektes in der Konzeptphase. Die dritte Spalte bezieht sich auf konstruktive Empfehlungen, die man aus der Sicht der Instandhaltung in Betracht ziehen sollte, z.B. bei der Ausarbeitung gute Erreichbarkeit der (instandhaltungsbedürftigen) Komponenten.

Man durchläuft also in gewohnter Weise die Konstruktionsphasen und wendet zur Wahl der Konstruktionsparameter auf allen Komplexitätsebenen die üblichen Gestaltungsregeln an, wobei die konstruktiven Empfehlungen hinsichtlich des Instand-

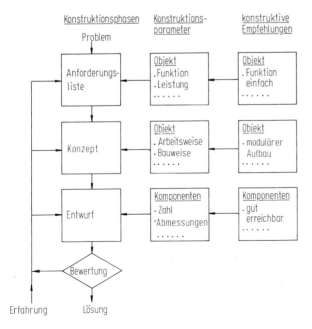

Bild 5.12 Arbeitsschema zum instandhaltungsgerechten Konstruieren

haltungsaspektes, wie sie aus universellen und/oder spezifischen Checklisten hervorgehen, einzubeziehen sind. Dabei wird der Konstrukteur besonders auf die folgenden Fragen stoßen:

- Wie können instandhaltungsgerechte Lösungen schon in der Anforderungsliste inbegriffen sein?
- Wie kann eine instandhaltungsgerechte Lösung schon im Konzept angestrebt werden?
- Wie sollten in der Entwurfsphase im allgemeinen Sinne instandhaltungsgerechte Lösungsvarianten angestrebt werden?
- Weisen die Lösungsvarianten aus der Sicht der Instandhaltung zu verbessernde Schwachstellen auf?
- Wie können die Instandhaltungseigenschaften R_p, R_c und M einer Lösungsvariante gezielt verbessert werden?
- Welche Konstruktionsverbesserungen sind nicht nur technisch, sondern auch wirtschaftlich zu bevorzugen?

Ziel der nächsten Kapitel ist es, dem Konstrukteur für dieses Vorgehen die Kenntnisse und die Hilfsmittel zu beschaffen. Weil er schon in den ersten Konstruktionsphasen Entscheidungen treffen muß, die in dieser Hinsicht sehr wichtig sind, liegt es auf der Hand, dabei den Konstruktionsprozeß als solchen zu verfolgen. Da Instandhaltungsprobleme sich in der Praxis jedoch am fertigen Produkt, wie es im detaillierten Entwurf festgelegt worden ist, offenbaren, wenden wir uns zuerst der Entwurfsphase zu. Danach wird im Teil III aufgezeigt, wie man schon in der Anforderungsliste und im Konzept auf einen instandhaltungsgerechten Entwurf hinarbeiten kann.

In Kap. 6 wird untersucht, wie im allgemeinen Sinne die Instandhaltungseigenschaften eines Entwurfs günstig zu beeinflussen sind. In Kap. 7 wird erörtert, wie danach das Ergebnis mittels einer sog. Instandhaltungsanalyse zu bewerten und eventuelle Schwachstellen aufzudecken sind. Wird daraus klar, daß die Faktoren R_p R_c und/oder M des Entwurfs verbessert werden müssen, dann sind dazu möglichst viele Lösungsmöglichkeiten in Betracht zu ziehen. In den Kap. 8, 9 und 10 werden für derartige spezifische Konstruktionsverbesserungen Lösungsfelder entwickelt.

Auch instandhaltungsgerechtes Konstruieren erfordert immer wieder Abwägung von Vor- und Nachteilen bei der Suche nach dem besten Kompromiß. In Kap. 11 wird zum Schluß des zweiten Teiles angegeben, welche Strategie sich dabei aus technischer und wirtschaftlicher Sicht anbietet.

6 Instandhaltungsgerechtheit fördern

6.1 Lösungsfeld

Wie schon in Abschn. 5.4.3 erwähnt, können keine allgemeingültigen, sondern nur beschränkt gültige Hinweise hinsichtlich der konkreten Ausarbeitung eines Entwurfes formuliert werden. Es ist jedoch möglich, einen Satz genereller Empfehlungen, die sog. "10 Gebote", zu formulieren, die - vorausgesetzt, daß sie überlegt angewandt

Konstruktions-parameter / Teil-ziele	Komponenten				Struktur		
	Teil-funktion	Arbeits-prinzip (Werkstoff*)	Bau-prinzip (Form*)	Zahl u. Haupt-abmes-sungen (Abmessung*)	funkti-onell	materi-ell	Neben-kompo-nenten
	(2)	(3)	(4)	(5)	(6)	(7)	(8)
(1)							
Einfachheit ↑							
Normalisierung ↑							
Zugänglichkeit ↑							
Zerlegbarkeit ↑							
Modularisierung ↑							
Fehlerunem-pfindlichkeit ↑							
Schadensunem-pfindlichkeit ↑							
Inspektierbarkeit ↑							
Selbsthilfe ↑							
Instandhaltungs-Anleitung ↑							

* Einzelteile

Bild 6.1   Lösungsfeld zur Förderung der Instandhaltungsgerechtheit

werden - gewöhnlich die Präventionsfreiheit R_p, die Zuverlässigkeit R_c und/oder die Instandhaltbarkeit M des Objektes fördern, ohne einer dieser Eigenschaften wesentlich zu schaden:

1. Vereinfache die Konstruktion,
2. Verwende genormte Komponenten,
3. Fördere die Zugänglichkeit,
4. Fördere die Zerlegbarkeit,
5. Wende modulare Bauweise an,
6. Fördere Fehlerbeständigkeit,
7. Fördere Schadensbeständigkeit,
8. Fördere Inspektionsmöglichkeit,
9. Wende Selbsthilfe an,
10. Stelle Instandhaltungsanleitung bereit.

Diese Gebote, die in den nächsten Abschnitten erläutert werden, sollten bei jedem Entwurf von vornherein als eine Denkart beachtet werden. Die Gebote 1 bis 5 beziehen sich direkt auf die *Gestalt* des Objektes, die Gebote 6 bis 10 primär auf sein *Verhalten*. Mit diesen *Teilzielen* und den zur Verfügung stehenden *Konstruktionsparametern* ist das allgemeine *Lösungsfeld* zum instandhaltungsgerechten Entwurf gegeben, Bild 6.1.

6.2 Instandhaltungsgerechte Gestalt

6.2.1 Konstruktion vereinfachen

Das wahrscheinlich wirksamste Gebot zum instandhaltungsgerechten Konstruieren ist, eine Konstruktion so einfach wie nur möglich zu gestalten. Es trifft im Prinzip auf alle Konstruktionsparameter zu, jedoch kommt die Verringerung der Komponentenzahl wohl an erster Stelle, denn Komponenten, die nicht vorhanden sind, können eben nicht versagen und erfordern auch keinerlei präventive Maßnahmen. Besonders ist nach Verringerung der Zahl sich bewegender Teile zu streben, damit Verschleiß als wichtige Versagensursache eingeschränkt wird und somit die Faktoren R_p und R_c verbessert werden [6.1].

Beispiele

- Vergleiche die beiden Mechanismen in Bild 6.2, die dieselbe Bewegungswandlung bewirken [6.2].
- Vergleiche die beiden Regelvorrichtungen in Bild 6.3 zur Regulierung eines Flüssigkeitsniveaus [6.3].

Was die Art der Komponenten anbelangt, so muß man vor allem die konstruktive Vielfalt beschränken. Nur materielle Unterschiede, die infolge ihres Funktionsunterschiedes unbedingt notwendig sind, sollten zugelassen sein. Das trifft auch

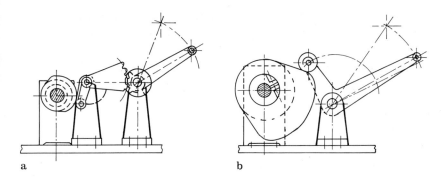

Bild 6.2   Vereinfachung eines Bewegungswandlers

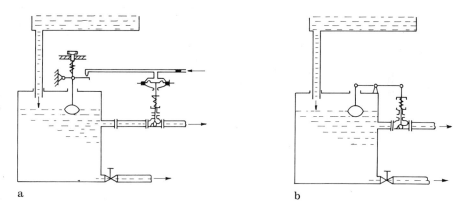

Bild 6.3   Vereinfachung einer Regelvorrichtung

auf kleine Unterschiede, wie abweichende Toleranzen, zu. Vermeide asymmetrische Formen, wenn diese nicht nötig sind; sie können u.a. Festigkeits- und Steifigkeitsberechnungen erschweren.

Beispiel

- Viele Objekte, darunter Autos, Motoren, Behälter u.a.m., enthalten mehr Sorten Verbrauchsmaterial (Schrauben, Packungen, Ringe usw.) und Hilfsstoffe (Klebstoffe, Fette, Öle usw.), als bei kritischer Betrachtung nötig ist [6.4].

Die Vorteile einer simplen Konstruktion aus einfach gestalteten Komponenten sind groß, nicht nur bei der Instandhaltung, sondern auch bei der Fertigung. Man sollte also stets generell prüfen, ob alle Teilfunktionen unentbehrlich sind und - wenn ja - ob sie ohne wesentliche Nachteile erfüllt werden können mit weniger Komponenten, die außerdem weniger Unterschiede aufweisen. Das Ausdenken einer derartigen

Lösung erfordert viel Fachkönnen. Man kann es vergleichen mit dem Schreiben eines guten Aufsatzes: einfach, kurzgefaßt, deutlich, gut gegliedert. In vielen Fällen ist die erste Fassung eines Entwurfs jedoch relativ kompliziert und von den Leistungen her nicht ganz befriedigend. Es wird dann versucht, nachträglich den Gesamtforderungen besser gerecht zu werden, oft indem man die Komponentenzahl, besonders infolge Anwendung von Nebenkomponenten, erhöht. Dadurch wird die Komplexität des Objektes noch größer.

Die Möglichkeiten zur Vereinfachung sind in der Entwurfsphase relativ gering. Sie beschränken sich hauptsächlich auf das Streichen nicht notwendiger Teilfunktionen und auf die Verringerung der Unterschiede der Komponenten untereinander. Manchmal können Teilfunktionen mit weniger Einzelteilen und/oder ohne Nebenkomponenten erfüllt werden, indem man Komponenten mit einem anderen Arbeitsprinzip wählt. Aber gewöhnlich erfordert eine wesentliche Vereinfachung ein anderes Konzept des Objektes als Ganzes, was in der Entwurfphase jedoch meistens nicht mehr möglich ist. Dieser Punkt wird in Kap. 13 noch angesprochen.

Beispiele

- Magnetschloß statt Schnappschloß (Bild 6.4)
- Staudruckmesser (keine bewegenden Teile) statt rotierendem Zähler (bewegende Teile).

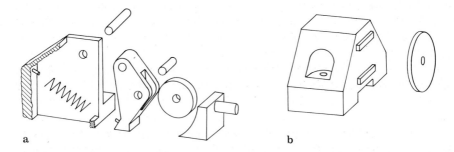

a   b

Bild 6.4   Magnetschloß statt Schnappschloß: ein anderes Arbeitsprinzip

Bei der Vereinfachung darf man jedoch auch nicht "über das Ziel hinausschießen". Das kann geschehen, wenn die Verringerung nur dadurch erreicht wird, daß man die restlichen Komponenten auf Kosten ihrer Zuverlässigkeit komplizierter macht. Dies droht besonders, wenn ein und dieselbe Komponente mehrere Teilfunktionen ausführen muß, weil das meistens nur über weitgehende Kompromisse in der Gestaltung möglich ist. Auch ist es notwendig, deutliche Unterschiede zwischen den Komponenten zu schaffen, falls es sich um wesentlich verschiedene Teilfunktionen handelt, u.a. um die Identifizierbarkeit zu fördern.

Beispiel

- Das gleichzeitige Anwenden von normalen Handelsschrauben und Paßschrauben mit demselben Durchmesser führt zu Verwechslungen. Trenne lieber die Funktionen von Befestigen und Positionieren und benutze nur Handelsschrauben in Verbindung mit Paßstiften.

Im allgemeinen fördern diese Empfehlungen vor allem R_c und M, während sie R_p nicht beeinträchtigen. Im übrigen muß man Einfachkeit im relativen Sinne auffassen: Es hängt auch von den zur Verfügung stehenden Instandhaltungsmitteln ab, im besonderen von den Sachkenntnissen des Instandhaltungspersonals, ob eine Konstruktion als kompliziert angesehen wird oder nicht.

6.2.2 Genormte Komponenten verwenden

Im vorigen Abschnitt wurde u.a. Beschränkung der Unterschiede zwischen den Komponenten empfohlen. In diesen Gedankengang paßt auch das Streben nach Verwendung von Komponenten, die (inter)national genormt und/oder im eigenen Betrieb bzw. im Programm der Zulieferanten standardisiert sind. Hierbei muß man nicht nur an klassische Konstruktionselemente denken, wie Schrauben und Lager, sondern auch an andere, vielbenutzte Kaufteile, sowohl an einfache, wie Kettenräder, Riemenscheiben und Lagerabdichtungen, als auch an kompliziertere, wie Motoren, Getriebe und Rührwerke. Auch in diesem Zusammenhang ist der Begriff "Komponente" in einem weiteren Sinne aufzufassen, der u.a. Hilfstoffe (z.B. Schmiermittel) und Werkstoffe mit einschließt.

Die Anwendung genormter Komponenten ist bekanntlich aus logistischen Überlegungen ratsam: Sie werden serienmäßig gefertigt, sind kurzfristig lieferbar und relativ billig. Der eigene Ersatzteilevorrat kann kleiner ausfallen, während die Möglichkeit zum "Kannibalisieren" (Wiederverwendung von noch guten Komponenten aus beseitigten Objekten) zunimmt. Aber auch wegen ihres Instandhaltungsverhaltens sind genormte und standardisierte Komponenten zu bevorzugen. Ihre Konstruktion ist erprobt und wohldurchdacht, ihre Eigenschaften bezüglich Versorgung, Belastbarkeit und Montage sind gut bekannt, und es gibt weniger Verwechslungsfehler, so daß ihre Verwendung den Faktoren R_c und M des Objektes zugute kommt [6.5 - 6.7].

Selbstverständlich ist es nur ausnahmsweise möglich, ein Objekt hauptsächlich aus genormten und standardisierten Komponenten zusammenzustellen. Insofern Komponenten nicht dazuzurechnen, aber doch als wichtige Ersatzteile anzusehen sind, sollte man sich fragen, wie ihre künftige Beschaffung gewährleistet werden kann. Falls man aus Kostengründen nicht bereit ist, sie selbst auf Lager zu nehmen, sollten sie über die ganze Gebrauchsdauer des Objektes kuzfristig auf Abruf lieferbar sein. Für Ersatzteile, die eine lange Herstellungszeit erfordern, z.B. Gußteile, heißt das, daß sie während dieser Periode garantiert bei dem Lieferanten vorrätig sein müssen.

Wie auch immer, sollte man beim Streben nach der Anwendung genormter und standardisierter Komponenten nicht zu weit gehen und zugleich die möglichen Nachteile beachten. Standardisierung kann zu große Abhängigkeit vom Lieferanten herbeiführen. Im Falle der Redundanz, wobei mehr als eine Komponente zur Erfüllung einer Teilfunktion vorhanden ist, kann es gerade wichtig sein, Komponenten anzuwenden, die vom Typ und/oder Fabrikat her unterschiedlich sind, damit nicht dieselben Schwachstellen, z.B. Fertigungsfehler, in allen Komponenten auftreten, wodurch die Möglichkeit eines Objektausfalls zunimmt (siehe Abschn. 3.4.2).

6.2.3 Zugänglichkeit fördern

Bei der Instandhaltbarkeit eines Objektes spielt seine Zugänglichkeit für präventive und korrektive Maßnahmen als Aspekt seiner materiellen Struktur eine wichtige Rolle. Gute Zugänglichkeit läßt sich meistens nicht für das ganze Objekt verwirklichen, aber das ist auch nicht nötig. Erwartungsgemäß werden viele Komponenten während der Gebrauchsdauer des Objektes selten oder niemals Instandhaltungsmaßnahmen erfordern. Deshalb genügt es, wenn diejenigen Komponenten, die Wartung, Inspektion und/oder Instandsetzung am meisten erfordern, am besten erreichbar sind. Das läßt sich vielfach erzielen, indem man die instandhaltungsbedürftigen Komponenten an der Außenseite anbringt.

Beispiele

- Genügend Raum, um mit Mutternschlüssel usw. hantieren zu können, Bild 6.5.
- Ventile von Pumpen, Kompressoren usw. leicht erreichbar machen.

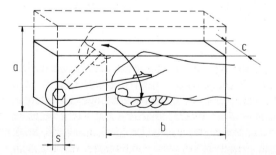

Bild 6.5   Benötigter Raum zum Hantieren eines Mutternschlüssels

Gute Zugänglichkeit fördert den Faktor M, ist aber indirekt auch ein bedeutender Zuverlässigkeitsaspekt, denn Instandhaltungsarbeiten, die wegen schlechter Zugänglichkeit schwierig auszuführen sind, werden manchmal nicht oder nur unordentlich erledigt und können deswegen frühzeitig zum Schaden führen. Möglichst zu vermeiden ist, daß Komponenten erst erreicht werden können, nachdem andere Komponenten abgebaut worden sind. Durch solche zusätzliche Arbeiten erhöht sich die Gefahr des Auslösens von Fehlern, die vorher nicht vorhanden waren.

6.2.4 Zerlegbarkeit fördern

Auch gute Zerlegbarkeit des Objektes bezüglich seiner instandsetzungsbedürftigen Komponenten ist wichtig, was vor allem eine Sache gut lösbarer und leicht zu befestigender Verbindungen ist. Dabei sind Verbindungen, die mehrmals benutzt werden können, zu bevorzugen. An erster Stelle muß man an bestimmte formschlüssige Verbindungen denken, wie die meisten Schrauben-, Keil- und Stiftverbindungen. Sehr günstig sind schnell zu schließende Verbindungen u.a. in Form von Steck- und Knebelverbindungen. In allen diesen Fällen muß die Zahl der Verbindungselemente möglichst beschränkt werden.

Auch reibschlüssige Verbindungen können gut lösbar sein, z.B. bei Benutzung von Klemmbüchsen, Spannringen u.ä. Aber zu dieser Kategorie gehören auch schwer lösbare Verbindungen wie Schrumpfverbindungen. Problematisch aus der Sicht der Instandhaltung sind Verbindungen, die zwar lösbar sind, aber nur ein- oder ein paarmal benutzt werden dürfen, wie z.B. über ihre Dehngrenze hinaus vorgespannte Schrauben und bestimmte Rohrverbindungen, denn sie können bei (unzulässiger) Wiederverwendung versagen. Ungünstig sind schwer oder nicht lösbare Verbindungen wie Schrumpf-, Leim-, Schweiß- und Falzverbindungen. Man wird allerdings diese Verbindungen anwenden müssen, falls nicht nur Kraftübertragung, sondern auch Abdichtung gefordert wird.

Beispiel

- Auswechseln der Verschleißbüchsen ist in Bild 6.6a wegen ihrer inneren Lage nur möglich nach Demontage des Gelenks. In Bild 6.6b macht ihre äußere Lage das dagegen überflüssig. In Bild 6.6c braucht auch der Bolzen nicht mehr entfernt zu werden.

Gute Zerlegbarkeit fördert die Instandhaltbarkeit M, ist aber auch von Einfluß auf die Faktoren R_p und R_c. Sie ist eine Voraussetzung, um Beschädigungen beim Austauschen einer Komponente zu vermeiden. Andererseits können gut lösbare Verbindungen mehr präventive Maßnahmen erfordern als nicht lösbare, wenn man an das Nachziehen von sich setzenden Schraubenverbindungen denkt. Außerdem können sie eine geringere Zuverlässigkeit aufweisen und das Folgeschadensrisiko erhöhen, indem z.B. eine Mutter, die sich gelöst hat, an anderer Stelle im Objekt einen Schaden hervorruft.

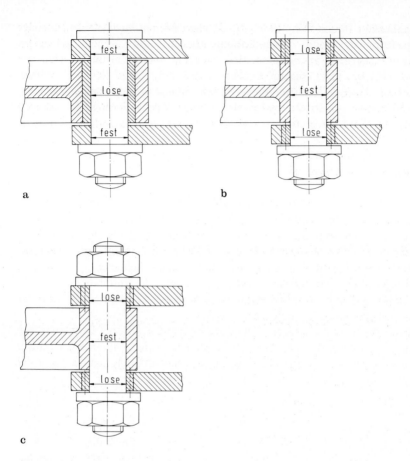

Bild 6.6   Gelenk mit schlecht (**a**), gut (**b**) und sehr gut (**c**) austauschbaren Verschleißbüchsen

6.2.5 Modulare Bauweise anwenden

Einfachheit, gute Zugänglichkeit und Zerlegbarkeit fördern zwar die Effektivität und die Effizienz präventiver und korrektiver Instandhaltungsarbeiten, sind in der Praxis aber vielfach nur in beschränktem Maße zu verwirklichen. Die meisten technischen Objekte müssen nun mal aus vielen Komponenten bestehen, um überhaupt funktionieren zu können. Gute Zugänglichkeit aller instandhaltungsbedürftigen Komponenten erfordert eine offene Baustruktur; dieses kann zu einem voluminösen und teuren Objekt führen, wofür nicht genügend Raum vorhanden ist. Gute Zerlegbarkeit bezüglich aller dieser Komponenten erfordert viele gut lösbare Verbindungen, aber diese können die Zuverlässigkeit des Objektes mehr beeinträchtigen. Auch anderen Forderungen in bezug auf R_p, R_c und/oder M kann man oft schwer gerecht werden, man denke z.B. an gute Lokalisierbarkeit von Komponentenfehlern bis hinunter zu niedrigen Komplexitätsebenen.

In der Praxis kann man vielfach eine gute Lösung erhalten, indem man bestimmte Komponenten auf niedrigen Komplexitätsebenen zu Austauscheinheiten (*Modulen*) gruppiert. Diese Anordnung geschieht derart, daß die notwendigen Beziehungen der Komponenten untereinander möglichst oft innerhalb der Module verlegt werden, damit zwischen den Modulen nur noch wenige Verbindungen benötigt werden. Module sind die kleinsten Funktionseinheiten, die bei präventiven oder korrektiven Maßnahmen am Objekt als Ganzem ersetzt werden. Eine solche modulare Bauweise macht es möglich, Instandhaltungsmaßnahmen an Ort und Stelle auf das Beobachten, Beurteilen und, falls nötig, Ersetzen von Modulen zu beschränken, die auf einfache Weise untereinander verbunden sind.

Beispiele

- Zusammengebaute Wälzlager, eventuell kombiniert mit Abdichtungen, Gehäuse und/oder Flanschen (Bild 6.7).
- Filterdeckel, kombiniert mit Filterelement.
- Meß- und Regelapparatur, z.B. Gassteuerblock für Heizungskessel.

Vor Ort ist der Begriff "Instandhaltbarkeit" eines Objektes nur wichtig bis auf die Ebene der Module. Eine eventuell komplizierte und/oder kompakte Bauweise der einzelnen Module spielt dabei keine Rolle. Bearbeitungsmethoden, die vor Ort unzulässig oder unbrauchbar sind, z.B. das Schweißen in einer explosionsgefährdeten oder magnetischen Umgebung, können gegebenenfalls bei der Instandsetzung des Moduls anderswo wohl angewandt werden. Weiterhin können ohne große Nachteile innerhalb eines Moduls besonders zuverlässige, aber nicht oder nur schwer lösbare Verbindungen benutzt werden. Auch braucht keine Möglichkeit schneller Fehlersuche bis auf Komponentenebene zu bestehen.

Man kann also die Instandhaltbarkeit eines Objektes erhöhen und die Möglichkeit zu Montagefehlern vermindern, indem man "kritische" Instandhaltungsmaßnahmen innerhalb eines Moduls verlegt. Die Kontrolle auf gute Wirkung kann also vor dem Einbau des Moduls stattfinden. Auf der Modulebene bleiben jedoch die schon formulierten Gebote unverkürzt gültig: Einfachheit nach Zahl, Art und Aufbau ebenso

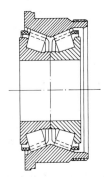

Bild 6.7   Lagermodul

wie gute Zugänglichkeit und Zerlegbarkeit. Auch ergänzende Forderungen, z.B. gute Möglichkeiten zur Identifizierung und Fehlersuche, Ausschalten einer Verwechslungsgefahr usw., bleiben auf dieser Ebene gültig. Modularer Aufbau kann somit M, aber auch R_c erhöhen, ohne R_p nachteilig zu beeinflussen. Die Möglichkeit eines modularen Aufbaus wird auch in Kap. 13 noch angesprochen.

6.3 Instandhaltungsgerechtes Verhalten

6.3.1 Fehlerbeständigkeit fördern

Bereits in Kap. 2 wurde erwähnt, daß das Versagen eines Objektes oft die Folge abnormaler Gebrauchsumstände ist. Innerhalb bestimmter Grenzen sollte das Objekt darauf vorbereitet sein. In den durchweg nicht zu vermeidenden abnormalen Gebrauchsumständen nehmen die, welche aus menschlichen Fehlern hervorgehen, eine wichtige Stelle ein. Der Mensch bleibt, auch bei guter Ausbildung und Instruktion, ein unberechenbarer Faktor im Umgang mit technischen Systemen, u.a. weil er Stimmungen wie Depression, Euphorie und Langeweile unterworfen ist. Er funktioniert zum Teil mittels Gewohnheitshandlungen, an die er sich schon nach kurzer Zeit nicht mehr gut errinnert. Der Mensch macht Fehler: bei Routinehandlungen ab und zu ($1:10^3$ bis $1:10^4$), bei Improvisationen und Panikentscheidungen sogar oft [6.8 - 6.10].

Bei menschlichen Fehlern wird meistens nur an *Bedienungsfehler* gedacht. Um diese einzuschränken, wählt man z.B. Bedienungsorgane von verschiedener Form, baut Verriegelungen gegen eine falsche Bedienungsreihenfolge ein usw. Man strebt dabei eine narrensichere Konstruktion an, damit die menschlichen Fehler nicht zu Schäden führen. Solche Fehlhandlungen kommen aber ebenso bei der Durchführung von Instandhaltungstätigkeiten vor und sind dort als "*Schlüsselfehler*" bekannt. Auch dabei gibt es Routinehandlungen, Panikentscheidungen und alles, was zwischen diesen beiden liegt: Manche Autoren wagen es, dies quantitativ abzuschätzen [6.11].

Wie auch immer, der Konstrukteur sollte bestrebt sein, Schlüsselfehlern vorzubeugen. Es liegt auf der Hand, dazu an erster Stelle die Zahl der Instandhaltungstätigkeiten einzuschränken, nicht nur aus der Sicht der Instandsetzung, sondern besonders auch, was die Wartung betrifft. Meistens ist vollständige Instandhaltungsfreiheit jedoch nicht zu erreichen. Der Konstrukteur sollte deshalb versuchen, die verbleibenden Tätigkeiten zu vereinfachen und besonders auch hierbei "Narrensicherheit" anzustreben. Er sollte probieren, die Konstruktion so einzurichten, daß der Instandhalter gleichsam zu einem richtigen Verlauf der Instandhaltungstätigkeiten geführt wird. Auch Anweisungen am Objekt können dazu nützlich sein.

Besonders sollte man mögliche *Verwechslungsfehler* antizipieren, wie z.B. das Montieren einer Komponente innerhalb des Objektes an falscher Stelle. Dies soll unmöglich gemacht werden durch Unterschiede in Form und/oder Abmessungen der Anschlußstellen derartiger Komponenten. Außerdem ist zu verhindern, daß Komponenten zwar an der richtigen Stelle, aber in falscher Position montiert werden können, z.B. auf dem Kopf. Deshalb sollten symmetrische Anschlußflächen einer Komponente nur bei entsprechenden symmetrischen Eigenschaften vorkommen. Umgekehrt können bei symmetrischen Eigenschaften auch symmetrische Befestigungsmöglichkeiten erwünscht sein, z.B. um die Komponente bei asymmetrischem Verschleiß wenden zu können.

Beispiele

- Laien wissen nicht, wo sie nach Demontage eine Unterlegscheibe anbringen müssen, und sogar Fachleute verwechseln die Reihenfolge einer dicken und dünnen Mutter als Kombination.
- Eine einseitig versteifte Klappe sollte nicht symmetrisch geformt sein, Bild 6.8.

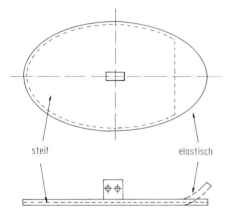

Bild 6.8   Einseitig versteifte, symmetrisch geformte Klappe

Konstruktive Lösungen, die Verwechslungen zulassen, sind als "*Murphys*" bekannt, genannt nach Ed Murphy, einem Entwicklungsingenieur von Wright Field Aircraft, der - konfrontiert mit einem falschen Anschluß - rief: "If anything can go wrong, it will". Diese Worte sind legendär geworden als das sog. Gesetz von Murphy. Dieses "Gesetz" wird oft in Verbindung gebracht mit Situationen, in denen die Möglichkeit eines Fehlers zwar klein ist, das Übel aber dennoch ab und zu eintritt, weil es sich um oft ausgeführte Maßnahmen an einem oder mehreren Objekten handelt. Konstruktive Lösungen, die eine derartige Verwechslung ausschließen, fördern sowohl R_c als auch M. Eine falsche Wahl ist ausgeschlossen, und das zeitaufwendige Suchen nach der richtigen Ausführungsweise entfällt.

6.3.2 Schadensbeständigkeit fördern

Maßnahmen mit dem Ziel, in der Entwurfphase mögliche Schäden ausfindig zu machen, um diese verhüten, beherrschen oder einschränken zu können, werden unter dem Begriff schadensbeständige Konstruktion zusammengefaßt. Das Vorbereiten einer Konstruktion in diesem Sinne hat sowohl hinsichtlich R_c als auch M Vorteile: Die Möglichkeit, daß das Objekt als Ganzes versagt und/oder ein umfangreicher Schaden eintritt, nimmt - vielfach erheblich - ab.

Schädigung eines Objektes kann schon vor der Gebrauchsperiode, während *Transport, Lagerung* und *Montage* eintreten und sofort oder erst später Fehler auslösen. Nicht nur durch Anweisungen wie Beschriftungen und Piktogramme, z.B. für Gewicht, Flüssigkeitsniveau oder Schieberstand, sondern auch durch geeignete konstruktive Vorkehrungen sollte man dem möglichst vorbeugen.

Beispiele

- Transportvorkehrungen, z.B Hebeösen, abmontierbare Komponenten;
- Schutzvorkehrungen für bewegliche Komponenten, Wellenzapfen, Öffnungen usw.;
- Schutzvorkehrungen gegen Klimaeinflüsse, z.B. Staub, Wärme, Seeluft;
- Anweisungen für Auspacken, Montieren, Installieren, Einstellen und Inbetriebnehmen.

Die Benutzung eines Objektes ist mit normalen und abnormalen Belastungen und öfter auch mit daraus hervorgehenden Beschädigungen seiner Komponenten verbunden. Der Konstrukteur wird in erster Instanz versuchen, alle Komponenten so zu gestalten, daß derartige Beschädigungen nicht zu Schaden und somit zum Objektausfall während der Gebrauchsdauer des Objektes führen werden. Das erfordert u.a. die Kenntnis aller auftretenden Belastungen in globaler Form. In Zweifelsfällen wird er eventuell Komponenten *überdimensionieren.*

Sind zeitweise abnormale Objektbelastungen zu befürchten, dann können *Überlastsicherungen* zur Schadensvorbeugung angebracht sein, z.B. eine Rutschkupplung. Bild 6.9 zeigt eine Brechplatte zur Limitierung des Drucks in einem System. Derartige Nebenkomponenten unterbrechen zwar meistens die Funktionserfüllung des Objektes während kürzerer oder längerer Zeit, aber das Objekt bleibt intakt. Manchmal genügt es zur Schadenseinschränkung, eine Komponente, die verhältnismäßig einfach und billig zu reparieren oder auszuwechseln ist, als Sollbruchteil zum "schwachen Glied" zu machen. Dennoch ist eine wirksame Lösung nicht immer technisch bekannt oder wirtschaftlich vertretbar. In solchen Fällen kann man noch versuchen, das Objekt

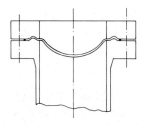

Bild 6.9   Brechplatte

derart zu gestalten, daß die Schadensentwicklung beherrscht oder die Schadensfolgen eingeschränkt werden.

Wenn es auch nicht immer möglich ist, eine Komponente so zu gestalten, daß ein Schaden während der ganzen Gebrauchsdauer des Objektes ausbleibt, so kann dieses Ziel manchmal doch über eine kürzere, relevante Betriebsperiode erreicht werden, z.B. bis zum Termin der nächsten Inspektion. Anschließend wird die Komponente präventiv instandgesetzt, eventuell nachdem Inspektion die Notwendigkeit dazu erwiesen hat. Die zutreffende Komponente sollte gut erreichbar und auswechselbar sein. Bei diesem Vorgehen, daß "sicheres Bestehen" genannt wird und eine Verbindung der Konstruktion mit dem Instandhaltungskonzept herstellt, ist kein Komponentenschaden und folglich auch kein Objektausfall zu erwarten. Die hohe Zuverlässigkeit von Fahrzeugbremsen wird u.a. dadurch erreicht, daß die Bremsbeläge regelmäßig inspiziert und, falls nötig, ersetzt werden.

Falls Versagen einer Komponente während einer bestimmten Betriebsperiode nicht auszuschließen ist, kann dennoch manchmal Objektausfall durch *Redundanz* verhindert werden. Dabei sind mehrere Komponenten vorhanden, die dieselbe Teilfunktion erfüllen können. Die überzähligen Exemplare und eventuellen zusätzlichen Umschaltkomponenten sind als Nebenkomponenten zu betrachten. Weil nur gleichzeitiges Versagen mehrerer Komponenten zum Objektausfall führt, ist die Möglichkeit dazu - falls die Ursachen unabhängig sind - sehr gering. Auch hier muß eine Verbindung mit dem Instandhaltungskonzept bestehen, indem eventuelle schadhafte Komponenten rechtzeitig gefunden und instandgesetzt werden müssen. Als Beispiel kann ein Bremssystem in Doppelausführung, das ein Fahrzeug auch bei einem defekten Schlauch noch sicher zum Halten bringen kann, erwähnt werden. Die Möglichkeit einer redundanten Funktionsstruktur wird auch in Kap. 13 noch angesprochen.

Wenn ein Komponentenschaden unvermeidbar und - wie oft im Maschinen- und Apparatebau - Redundanz nicht gut ausführbar ist, ist mit Objektausfall zu rechnen. Es ist dann wichtig, den Schaden möglichst zu begrenzen. Dieses kann in erster Linie erreicht werden, indem die Komponente so gestaltet wird, daß sie bei der betreffenden Versagensweise in einen Zustand gerät, der bei dem restlichen Objekt Folgeschaden verhütet. In dieser Beziehung spricht man von "*sicherem Versagen*".

Beispiel

- Ventil, Bild 6.10. Wenn sich die Ventilklappe von der Ventilspindel löst, sollte das Ventil einen für das System sicheren Zustand einnehmen. Das kann je nach Umständen "geöffnet" (z.B. beim Löschwasser) oder "geschlossen" (z.B. bei einer gefährlichen Flüssigkeit) sein.

Schließlich besteht noch die Möglichkeit, einer Ausbreitung der Objektschäden durch geeignete Nebenkomponenten vorzubeugen. Als Beispiel können Rücklaufsperren auf Rolltreppen, Förderbändern usw. genannt werden (Bild 6.11).

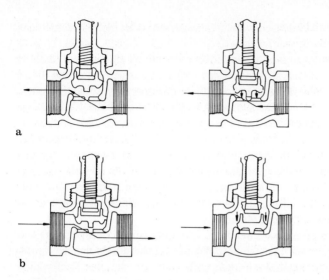

a

b

Bild 6.10   Einbauvarianten eines Ventils zum "sicheren Versagen"

Bild 6.11   Rücklaufsperre

6.3.3 Inspektionsmöglichkeit fördern

Meistens ist der Zustandsabfall einer Komponente und die damit verbundene Instandsetzung weniger ernst als die Tatsache, daß der Schaden und somit der Objektausfall
unerwartet eintritt. Falls man aus Erfahrung von vornherein ziemlich genau weiß, in
welchem Tempo der Abfall sich vollzieht, kann intervallbedingte Instandsetzung
(Abschn. 4.4) einem Ausfall vorbeugen. Oft ist diese Voraussetzung jedoch nicht erfüllt, und es besteht das Bedürfnis, den Zustand kritischer Komponenten während des
Betriebs kennenzulernen, damit rechtzeitig zustandsbedingte Instandsetzung (Abschn.
4.5) stattfinden kann. Auf diese Weise wird nicht nur R_c gefördert, sondern ist es
auch möglich zu verhindern, daß beschädigte Komponenten erhebliche Folgeschäden
verursachen.

Ein zweiter Grund zur Feststellung des Zustands der verschiedenen Komponenten
kann in dem Bedürfnis liegen, Schäden beim Versagen des Objektes schnell lokalisieren zu können, also M zu fördern. Manchmal ist die Ursache sofort deutlich. Das
kann z.B. der Fall sein, wenn Bruch einer Komponente auftritt oder bestimmte Geräu-
sche einen ausreichenden Hinweis geben. Vielfach ist aber die Schadenssuche um-

ständlich, besonders wenn dafür das Objekt (teilweise) demontiert werden muß. Auch aus dieser Sicht sollten gute *Inspektionsmöglichkeiten* gegeben sein, indem die Konstruktion sozusagen ein "offenes Buch" ist, was den Zustand seiner kritischen Komponenten anbelangt.

In manchen Fällen kann man den Zustand einer Komponente auf einfache Weise an der Außenseite des Objektes feststellen, mit dem Auge oder mit anderen Sinnesorganen. Eventuell kann die Komponente darauf vorbereitet werden, z.B. ein Autoreifen, der sich in dem Moment verfärbt, in dem die erforderliche Profiltiefe unterschritten wird. Aber vielfach sind Einrichtungen wünschenswert, mit denen man von außen den Zustand feststellen kann, in dem sich bestimmte Komponenten im Objektinneren befinden. Es werden nun einige Möglichkeiten betrachtet, bei denen das wachsende Raffinement der benötigten Vorkehrungen eine bessere Instandhaltbarkeit (aber leider auch steigende Kosten) zum Ergebnis hat.

Die erste und einfachste Möglichkeit ist wohl, eine Konstruktion aus *durchsichtigen Werkstoffen* herzustellen oder mit Inspektionsöffnungen und ähnlichen Vorkehrungen zu versehen, um - vorzugsweise während des Betriebs und ohne Demontage - mit dem bloßen Auge oder mit irgendwelchen Hilfsmitteln den Zustand von Komponenten festzustellen, die der Abnutzung ausgesetzt sind. Man denke u.a. an durchsichtige Deckel oder abdeckbare Öffnungen.

Beispiele

- Scheibenbremse mit Sattelloch, Bild 6.12. Die Stärke des Bremsbelages ist von außen sichtbar.
- Durchsichtige Flüssigkeitsbehälter für Batterie, Bremsöl, Kühlmittel usw. (siehe Bild 6.13).

Ein zweiter Schritt ist das Anbringen von *Anschlußpunkten* für *Meßgeräte*, eventuell mit Meßleitungen zur Außenseite oder zu einem zentralen Punkt, um geeignete Apparatur auf einfache Weise anschließen zu können, wie das z.B. bei Flugzeugen üblich ist.

Ein dritter Schritt ist das *Einbauen* von *Meßgeräten*, um nebenbei - am liebsten in Betrieb - (semi)kontinuierlich den Zustand ablesen zu können, in dem bestimmte, besonders auch nicht direkt zugängliche Komponenten sich befinden. Man sollte dabei nicht nur an verfeinerte Instrumente denken, sondern auch an einfache mechanische Indikatoren. Oft reicht es aus, daß diese Auskunft diskontinuierlich - auf Aufforderung, z.B. durch Drücken eines Testknopfs - zur Verfügung steht.

Die genannten Möglichkeiten vereinfachen die Schadensüberwachung und fördern also direkt und indirekt R_c. Sie schränken jedoch die Anzahl der benötigten Inspektionen nicht ein und verbessern also R_p nicht. Dazu müßte das Ergebnis einer kontinuierlichen Messung benutzt werden, um Warnsignale oder - wenn es sich um plötzliche, gefährliche Zustandsveränderungen handelt - Alarmsignale zu betätigen. Letztere (visuell, akustisch usw.) warnen den Instandhalter in dem Augenblick, wo der Zustand einer Komponente einen bestimmten, eingegebenen Wert unterschreitet. Inspektion kann also in diesem Fall prinzipiell unterbleiben.

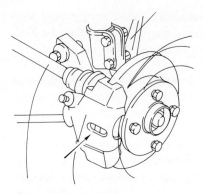

Bild 6.12   Scheibenbremse mit Sattelloch

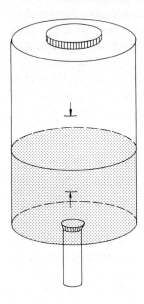

Bild 6.13   Durchsichtiger Flüssigkeitsbehälter

Beispiele

- Vorrat: Druck-, Pegel-, Volumen- und Temperaturmeßgeräte mit Alarmleuchte, z.B. im Ölkreislauf einer Maschine. Bei einer Druckänderung verfärbt sich das sichtbare Segment b des Indikators in Bild 6.14.
- Schadensbildung: Schwingungsmeßgerät mit Hupe, z.B. an einem innenliegenden Walzlager.
- Redundanz: Signalleuchte beim Versagen einer Hälfte eines zweifachen Bremssystems.

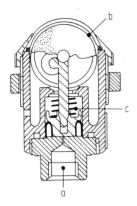

Bild 6.14   Drucksignalierungsgerät

Alle vorhergehenden Maßnahmen ermöglichen es, den Zustand eines Objektes öfter, besser und/oder einfacher festzustellen. Sie erhöhen sowohl R_c als auch M : Das Versagen des Objektes zu unerwarteten Zeitpunkten kann durch zeitiges Eingreifen verhindert und das Lokalisieren von Schäden schneller und einfacher ausgeführt werden. Mit Alarmgeräten wird zusätzlich auch R_p gefördert.

6.3.4 Selbsthilfe anwenden

In den Abschn. 6.3.1 bis 6.3.3 ist beschrieben worden, wie man bestimmte Aspekte des Instandhaltungsverhaltens eines Objektes manchmal mittels Nebenfunktionen, also über Nebenkomponenten, günstig beeinflussen kann. Dies ist ein Vorgehen, das eigentlich gegen das "erste Gebot" der Einfachheit verstößt. Soweit derartige Nebenkomponenten jedoch unumgänglich erscheinen, müssen sie selbst ein ausgezeichnetes Instandhaltungsverhalten aufweisen, im allgemeinen wenigstens eine Zehnerpotenz besser als das der in Frage stehenden Konstruktion. Wenn das nicht der Fall ist, kommt man "vom Regen in die Traufe": Sicherungen z.B., die nicht zuverlässig sind, werden außer Betrieb gesetzt und fragwürdige Alarmgeräte nicht beachtet, auch wenn sie mal zur rechten Zeit warnen.

Die Tatsache, daß jede einzelne Komponente ihr eigenes Fehlverhalten mit sich bringt und zusätzliche Instandhaltung erfordert, zieht theoretische und praktische Grenzen für die Möglichkeit, mittels Nebenkomponenten die Instandhaltungseigenschaften eines Objektes zu verbessern. Wichtig ist dann auch, die Nebenfunktion von einer möglichst einfachen Nebenkomponente ausführen zu lassen. Wenn man nach einer allgemeinen Regel sucht, um dies zu verwirklichen, kommt man dazu, sog. Selbsthilfe zu benutzen. Kennzeichnend für dieses Prinzip ist, daß nur eine einfache Anpassung der schon bestehenden Konstruktion, also auf niedriger Komplexitätsebene, vorgenommen wird und daß die erforderlichen Maßnahmen weitgehend mit schon vorhandenen Mitteln (Materie, Energie oder Information) ausgeführt werden [6.12].

Beispiele

- Selbstnachstellende Scheibenbremse, Bild 6.15. Nach Betätigung der Bremse zieht der elastische Abdichtungsring den Kolben zurück. Bei Verschleiß des Bremsbelags rutscht der Kolben an der Abdichtung entlang.
- Der Mannlochdeckel in einem Druckbehälter in Bild 6.16a wird von einer Schraubenspindel angepreßt mit einer Vorspannkraft, die dem höchsten auftretenden Betriebsdruck angepaßt ist. Nachdem die Packung sich setzt, muß die Spindel nachgezogen werden. Die selbsthelfende Variante in Bild 6.16b macht letzteres überflüssig. Der ovale Deckel wird vom Medium mit einer Schließkraft angepreßt, die dem Betriebsdruck proportional ist, und folgt der sich setzenden Packung.

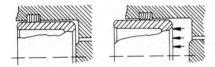

Bild 6.15   Selbstnachstellende Scheibenbremse

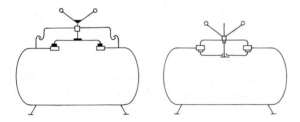

Bild 6.16   Selbstnachstellender Mannlochdeckel

Der Reiz, das Prinzip der "Selbsthilfe" anzuwenden, liegt darin, daß es die Instandhaltungseigenschaften in verschiedener Hinsicht fördern kann. Die vom Instandhalter auszuführenden präventiven Maßnahmen werden eliminiert, was R_p und - indirekt - R_c erhöht. Wenn die automatisch ausgeführten Maßnahmen außerdem ständig an das momentane Bedürfnis angepaßt werden, hat das weniger Verschleiß zur Folge, was auch R_c erhöhen kann.

6.3.5 Instandhaltungsanleitung mitgeben

Um einen zweckmäßigen Gebrauch eines Objektes zu gewährleisten, sind Instandhaltungsvorschriften ebenso unerläßlich wie Betriebsvorschriften. In der Instandhaltungsanleitung muß das Instandhaltungskonzept zum Ausdruck kommen; sie sollte u.a. umfassen:

- Anweisungen für das Auspacken, Montieren, Installieren, Einstellen und Inbetriebnehmen;
- Empfehlungen für die Häufigkeit, mit der präventive Maßnahmen durchzuführen sind;
- Anweisungen bezüglich der Arbeitsmethode bei den präventiven und korrektiven Instandhaltungsmaßnahmen und eventuell der dabei benötigten besonderen Hilfsmittel;
- einen Leitfaden zur Schadenslokalisierung;
- zulässige Zustandsgrenzwerte, die bei der Instandsetzung zutreffen;
- Empfehlungen für Art und Zahl der benötigten Ersatzteile sowie Anweisungen für ihre Beschaffung.

Instandhaltungsanleitungen müssen nicht nur vollständig, sondern vor allem auch deutlich sein für denjenigen, der sie braucht. Manchmal ist das ein Nichttechniker, der keine Schemata versteht. Damit die Anleitungen auch gelesen werden, sollten sie der Landessprache, den Kenntnissen und der Einsicht des Beteiligten angepaßt sein. Leider werden aber auch an sich deutliche Anleitungen nicht immer gelesen. Das rührt zum Teil daher, daß sie lose mitgeliefert werden und im geeigneten Augenblick nicht zur Verfügung stehen. Die Anleitungen sollten deshalb soweit als möglich in den Entwurf eingebaut werden, z.B. in Form von Piktogrammen, Farben u.ä. Das ist vor allem bei Gebrauchsartikeln wichtig.

Eine Instandhaltungsanleitung muß als ein Teil des Entwurfs angesehen werden, als eine Nebenkomponente, die dem Objekt zugefügt wird, um damit gut umgehen zu können und also sein Instandhaltungsverhalten zu verbessern. Es ist nicht mehr möglich, militärische Ausrüstung zu verkaufen, die nicht mit guten Instandhaltungsanleitungen versehen ist. Gebrauchsgüter werden dagegen noch oft ohne oder mit mangelhaften, nicht auf den Benutzer abgestimmten Anleitungen geliefert. Das Fehlen dieser Information behindert eine zweckmäßige Benutzung des Objektes, wird im allgemeinen zu Schäden und unnötigen, umständlichen Instandhaltungsmaßnahmen führen. Das schlägt also früher oder später auf den Konstrukteur zurück. Das Mitgeben einer guten Anleitung kann den Konstrukteur von seiner Haftung entbinden, wenn falsche Arbeitsweisen bei der Instandhaltung zu Schäden führen. Das Abfassen erfordert viel Sorgfalt, denn auch hier schadet Übertreibung: Zu häufiges Inspizieren und Ersetzen kann u.a. Schlüsselfehler (z.B. Eindringen von Schmutz) und Verschleiß an Verbindungsmitteln (z.B. überdrehte Drahtverbindungen) hervorrufen.

Betriebs- und Instandhaltungsanleitungen zeigen gewissermaßen die Probleme, die der Konstrukteur nicht genügend hat lösen können, wie Möglichkeiten zu Bedienungsfehlern und die Notwendigkeit zu Instandhaltungsmaßnahmen; dafür muß die Anleitung Ausgleich bieten. So gesehen kann sie auch für den Konstrukteur selbst ein Hilfsmittel sein, eine Kontrolle, die ihm Einsicht gewährt, um eventuell doch noch bestimmten Lücken oder Schwachstellen abzuhelfen und somit das Ergebnis seiner Arbeit zu verbessern.

6.4   Beispiel

In den vorherigen Abschnitten sind viele Empfehlungen vorgeschlagen worden, um eine instandhaltungsgünstige Konstruktion zu erhalten. Selbstverständlich sind sie nicht alle bei jedem Entwurf relevant und wichtig. Andererseits ist zu erwarten, daß bei fast allen Konstruktionen mehrere dieser Empfehlungen mit Vorteil anwendbar sind. Zur Erläuterung zeigt Bild 6.17 ein einfaches Beispiel in Form einer hydraulischen Plungerkolbendichtung [6.13].

An einem Pumpengehäuse ist ein Zylinder befestigt, der den Plunger führt und nach außen abdichtet, ein Beispiel einer modularen Bauweise (schnell zu ersetzen, fördert M). Die Packung (3) wird durch die Büchse (4) mit einer Kraft angedrückt, die dem Druck im Pumpengehäuse proportional ist (Verschleiß eingeschränkt, fördert R_c); das Nachstellen geschieht automatisch (fördert R_p und R_c). Stift (5) zeigt an, inwieweit die Packung sich gesetzt hat und ob sie erneuert werden muß (fördert R_p). Vom Instandhaltungsstandpunkt aus gesehen ist die Konstruktion günstig. Es ist ein verhältnismäßig gutes Instandhaltungsverhalten zu erwarten. Man beachte, daß zweimal Selbsthilfe angewandt worden ist: beim Andrücken der Packung und beim Anzeigen des Packungsverschleißes.

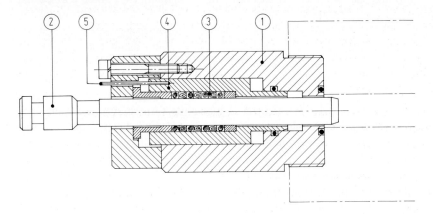

Bild 6.17   Instandhaltungsgerechte Plungerkolbendichtung

7 Instandhaltungsanalyse

7.1 Zweck und Aufbau

Falls in einem Entwurf die im Kap. 6 erwähnten "10 Gebote" in Betracht gezogen sind, ist die Instandhaltungsgerechtheit der erhaltenen Entwurfsalternativen im allgemeinen Sinne gefördert worden. Dennoch stellt sich die Frage, ob die Ergebnisse aus Instandhaltungssicht auch tatsächlich über den ganzen Bereich befriedigen. Wenn nicht, wird man erwägen, das Instandhaltungsverhalten einer oder mehrerer Alternativen durch eine Konstruktionsverbesserung nachträglich zu fördern. Nachdem also zufriedenstellende Alternativen vorliegen, wird man diejenige auswählen müssen, die insgesamt allen Anforderungen am besten genügt.

Um auf diese Weise vorgehen zu können, muß man über eine Methode zur Bewertung der Instandhaltungseigenschaften von Entwurfsalternativen verfügen. Wir stellen an diese Methode, die wir *Instandhaltungsanalyse* nennen werden, die folgenden Forderungen:

- Sie muß zu einer zusammenfassenden Bewertung des Instandhaltungsaspektes der Alternativen führen, so daß man sie untereinander vergleichen kann.
- Sie muß angeben, welche Komponenten innerhalb einer Alternative aus Instandhaltungssicht die Schwachstellen bilden und in welchem Ausmaß, so daß man sie prioritätsgemäß eliminieren kann.
- Die zusammenfassende Bewertung des Instandhaltungsaspektes muß eine Abwägung bezüglich anderer Qualitätsmerkmale ermöglichen, um bei der Optimierung den besten Kompromiß bestimmen zu können.

Um die Analyse gut verwenden zu können, muß sie zu quantitativen Ergebnissen führen; im Abschn. 7.2 werden die dafür in Betracht kommenden Bewertungsskalen erörtert. Zur Ausführung einer Instandhaltungsanalyse kann man u.a. die folgenden Wege benutzen:

- *Checklistenanalyse*, wobei untersucht wird, inwieweit die konstruktiven Merkmale des Objektes den allgemeinen und/oder spezifischen Empfehlungen von Checklisten entsprechen (Abschn. 7.3);
- *Verhaltensanalyse*, bei der aus der Konstruktion und ihren Gebrauchsumständen heraus gefolgert wird, welche Instandhaltungsmaßnahmen ihrer Art und Anzahl nach zu erwarten sind (Abschn. 7.4);

- *Kostenanalyse*, bei der - ausgehend von der Verhaltensanalyse - die Höhe der von den Instandhaltungsmaßnahmen hervorgerufenen Instandhaltungskosten geschätzt wird (Abschn. 7.5).

Dieses Kapitel wird im Abschn. 7.6 mit einer Betrachtung der Anwendungsmöglichkeiten der drei Methoden abgeschlossen.

7.2 Bewertungsskalen

Die Bewertung von Alternativen muß nach einem oder mehreren zutreffenden Qualitätskriterien ausgeführt werden, z.B. Einfachkeit und Zugänglichkeit der Konstruktion. Bei einer quantitativen Beurteilung muß man jeder Alternative mittels einer Zahl auf einer Wertskala einen Platz zuordnen. Man unterscheidet u.a. die folgenden Skalen (Bild 7.1):

- *Nominale Skala*: Die Zahlen dienen nur zur Identifikation der Alternativen. Beispiel: Identitätsnummern, z.B. Rückennummern von Fußballspielern.
- *Ordinale Skala*: Die Zahlen geben die Rangordnung an, in der die Alternativen in größerem oder kleinerem Ausmaß den Qualitätsmerkmalen entsprechen. Beispiel: Vorzug, z.B. die Reihenfolge der zehn besten der Hitparade.
- *Intervallskala*: Die Zahlen geben die Qualitätsunterschiede der Alternativen an, was die Definition einer Qualitätseinheit erfordert. Beispiel: Temperatur in °C.

Skala	schematische Vorstellung	Vorbild	zulässige rechnerische Bearbeitungen
nominale Skala	2 5 1 4 3	Rückennummern	keine
ordinale Skala	Rangordnung keine konstante Einheit 1 2 3 4 5	Hitparade	keine
Intervall-skala	beliebiger Nullpunkt konstante Einheit 0 1 2 3 4 5	Temperatur (°C)	addieren, subtrahieren
Ratio skala	absoluter Nullpunkt konstante Einheit 0 1 2 3 4 5	Länge	addieren, subtrahieren, multiplizieren, dividieren

Bild 7.1   Bewertungsskalen

- *Ratioskala*: Die Zahlen geben das Qualitätsverhältnis von zwei Alternativen an, was die Definition einer Qualitätseinheit und eines Qualitätsnullpunktes erfordert. Beispiel: Zahl, Länge, Zeit, Kosten, Temperatur in K.

Die nominale Skala ist für unsere Ziele unbrauchbar, weil man darauf wohl angeben kann, daß Alternativen zu einer bestimmten Gruppe gehören, nicht aber ihre Qualitätsunterschiede. Die ordinale Skala legt eine Rangordnung der Alternativen fest, ohne ein Urteil über das Ausmaß der Unterschiede oder das Verhältnis ihrer Qualitäten zuzulassen. Logische Folgerungen sind wohl möglich (z.B. wenn A besser ist als B und B besser als C, dann ist A besser als C), rechnerische Bearbeitungen aber nicht. Man kann also nicht angeben, wie groß die Differnz zwischen A und B ist oder wieviel mal A besser ist als B.

Die Intervallskala wird durch eine konstante Qualitätseinheit bestimmt, so daß Addieren und Subtrahieren der gemachten Schätzungen erlaubt ist. Man kann also angeben, daß zwischen A und B eine Differnz von 2 Einheiten besteht oder daß zwischen A und B die Differenz doppelt so groß ist wie die Differenz zwischen B und C. Der Nullpunkt der Skala hat keine physikalische Bedeutung und kann beliebig gewählt werden; deshalb sind Multiplizieren und Dividieren nicht erlaubt; man kan also nicht angeben, daß A doppelt so gut ist wie B.

Die Benutzung einer Ratioskala erfordert nicht nur das Definieren einer konstanten Qualitätseinheit, sondern setzt auch Kenntnis des absoluten Nullpunktes aufgrund von Messungen oder theoretischen Erwägungen voraus, wie das bei physikalischen Größen möglich ist. Die Skala gestattet alle rechnerischen Bearbeitungen, auch Multiplizieren und Dividieren, so daß aus den Zahlen, die auf dieser Skala angegeben sind, nicht nur die Folgerung gezogen werden kann, daß z.B. zwischen A und B eine Differenz von zwei Einheiten liegt, sondern z.B. auch, daß A viermal so gut ist wie B.

In der Praxis wird man die Bewertung der Alternativen meist aufgrund mehrerer Qualitätsmerkmale feststellen wollen. Dabei muß dann eine Anzahl von Teilbewertungen kombiniert werden, z.B. hinsichtlich des Ausmaßes, in dem jedes der "10 Gebote" befolgt worden ist. Daraus ergibt sich, daß das im Grunde nicht möglich ist, falls eine oder mehrere Teilbeurteilungen auf einer ordinalen Skala beruhen, denn diese gestattet eigentlich kein Addieren, und Multiplizieren kommt schon gar nicht in Frage. Wenn das Endergebnis auf einer Ratioskala gebildet werden soll, so müssen auch die zu kombinierenden Merkmale auf Ratioskalen bewertet sein.

Es leuchtet ein, daß das Bewerten von Alternativen in bezug auf eine Anzahl von Qualitätsmerkmalen auf ordinalen, Intervall- und Ratioskalen in dieser Reihenfolge stets höhere Anforderungen an die Ausgangsdaten stellt und immer umständlicher wird. Ist es doch - im Hinblick auf eine bestimmte Eigenschaft - einfacher anzugeben, ob A besser ist als B, als zu schätzen, wie groß der Unterschied oder das Verhältnis zwischen A und B ist. Muß oder will man sich auf kombinierte Bewertungen aufgrund von ordinalen Skalen beschränken, dann muß man damit rechnen, daß Addieren zu verzerrten oder falschen Folgerungen führen kann und Multiplizieren im allgemeinen unzulässig ist.

7.3 Checklistenanalyse

7.3.1   Bewertungskriterien

Eine Checklistenanalyse wird unmittelbar auf den konstruktiven Merkmalen des Objektes gegründet, die dazu mit konstruktiven Empfehlungen verglichen werden können. Für den Entwurf kann man auf allgemeine Empfehlungen, z.B. die "10 Gebote", zurückgreifen. In derartigen Empfehlungen sind einerseits nicht zutreffende Aspekte zu streichen, andererseits können sie wunschgemäß weiter aufgeteilt und spezifiziert werden. Gegebenenfalls sind hierbei auch die in der Beilage aufgezeigten Checklisten zu benutzen. Das Ausmaß, in dem die Alternativen diesen Empfehlungen entsprechen, gibt einen Hinweis auf ihr zu erwartendes Instandhaltungsverhalten.

7.3.2 Ordinale Skala

Wenn der gegenseitige Vergleich aufgrund von nur einem Kriterium gemacht wird, z.B. Einfachheit der Konstruktion, dann kann man ohne weiteres die Alternativen in der Reihenfolge einordnen, in der sie die gewünschte Eigenschaft in abnehmendem Maße besitzen. Wenn es eine große Anzahl Alternativen betrifft, dann ist ihre Rangordnung   einfach zu bestimmen, indem man sie paarweise miteinander vergleicht und jeweils prüft, welche von beiden besser ist, Bild 7.2a. Die Gesamtergebnisse der Spalten geben die gesuchte *Rangordnung* an.

Wenn der Vergleich mehrere Kriterien betrifft, z.B. außerdem die Zugänglichkeit, den modularen Aufbau und die Schadensempfindlichkeit, dann ist erst für jede Eigenschaft die Rangordnung der Alternativen zu bestimmen. Alsdann kann man durch Addieren feststellen, welche Alternative mit dem niedrigsten Gesamtergebnis, also als beste herauskommt, Bild 7.2b. Da aber die Teilskalen ordinale Skalen sind, ist die letztere Bearbeitung zweifelhaft, siehe Abschn. 7.2. Die Rangordnungsnummer einer Alternative ist nämlich nicht ohne weiteres proportional dem Maße, in dem sie dem berücksichtigten Merkmal entspricht.

	Alternative						
	1	2	3	4	5	6	7
im Vergleich 1	-	1	0	1	0	1	0
zur 2	0	-	0	1	0	0	0
Alternative 3	1	1	-	1	0	1	0
4	0	0	0	-	0	0	0
5	1	1	1	1	-	1	1
6	0	1	0	1	0	-	0
7	1	1	1	1	0	1	-
Summe	3	5	2	6	0	4	1
Rang	4	2	5	1	7	3	6

1 = besser   0 = nicht besser

a

Bild 7.2a   Paarweis Vergleich von Alternativen

Kriterien	Alternative						
	1	2	3	4	5	6	7
a	4	2	5	1	3	7	6
b	6	1	5	7	4	3	2
c	5	3	6	4	2	1	7
d	6	4	2	3	7	1	5
e	1	3	6	2	5	4	7
Summe	22	13	24	17	21	16	27
Rang	5	1	6	3	4	2	7

b

Bild 7.2b   Bewertung von Alternativen auf ordinalen Skalen

Mit dieser Bewertungsweise werden alle Merkmale gleichermaßen gewichtet, was meistens unrealistisch ist. Es ist wohl möglich, auch das Gewicht der Kriterien in einer Reihenfolge zu ordnen, ebenfalls durch paarweisen Vergleich. Es ist aber bestimmt unzulässig, die Rangordnungsnummern der Kriterien als einen Gewichtungsfaktor den Rangordnungsnummern der Alternativen zuzuordnen. Die Rangordnungsnummer eines Kriteriums ist ja nicht von vornherein proportional zu seiner Wichtigkeit.

7.3.3 Ratioskala

Bei der Abbildung auf einer ordinalen Skala kann keine Rücksicht auf die Größe der Unterschiede zwischen den Rangordnungsnummern oder die Unterschiede in der Wichtigkeit zwischen den Kriterien genommen werden. Um diesen Nachteil zu beseitigen, kann man versuchen, die Checklistenanalyse auf eine Ratioskala zu gründen. Dazu muß man pro Teilskala eine konstante Bewertungseinheit und einen absoluten Nullpunkt definieren. Beim Bewerten der Teileigenschaften auf den Teilskalen ist es üblich, Punktzahlen von 0 bis 4 oder von 0 bis 10 zu erteilen.

Die Nullpunkte der Teilskalen werden bestimmt, indem man prüft, bei welchem "Wert" der betreffenden Teileigenschaft sein Beitrag zur Qualität des Ergebnisses gerade 0 ist, also noch nicht unannehmbar schlecht. Die höchste Bewertung kann man einer "idealen" Lösung geben. Diese Umwandlung der in erster Linie qualitativen Bewertung in Punktzahlen kann z.B. geschehen, wenn man vorher pro Kriterium jeder Punktzahl eine qualitative Bewertung zuordnet. Im Beispiel von Bild 7.3 ist ein solches System aufgezeichnet. Darin ist die Bewertung in Beziehung gesetzt zu Bewertungskriterien, die den "10 Geboten" entnommen sind.

Wertskala [5.7]		Bewertungskriterien			
Pkt.	Bedeutung	Einfachkeit	Zugänglichkeit	modularer Aufbau	Schadens-unempfindlichkeit
0	unbefriedigend	sehr kompliziert	schlecht	gar nicht	sehr empfindlich
1	gerade noch tragbar	kompliziert	mangelhaft	kaum	empfindlich
2	ausreichend	normal	genügend	ausreichend	genügend
3	gut	einfach	gut	weitgehend	ziemlich unempfindlich
4	sehr gut (ideal)	sehr einfach	ausgezeichnet	vollständig	unempfindlich

Bild 7.3   Bewertungssystem zur Quantifizierung der Instandhaltungsaspekte auf einer 5-Punkte-Skala

Um für jedes Kriterium die gleiche Bewertungseinheit benutzen zu können, sind die Ergebnisse der Bewertung mittels eines Gewichtungsfaktors, der die relative Bedeutung der Teileigenschaften im Ergebnis berechnet, zu korrigieren. Unterschiede in der Gewichtung der Bewertungskriterien kann man dadurch ausdrücken, indem man z.B. 1, 10 oder 100 Punkte über alle Kriterien verteilt. So kann pro Alternative $i(i = 1,...n)$ und für jedes Kriterium $j(j = 1,...m)$ mit Gewicht v_j das erzielte Ergebnis e_{ij} bestimmt werden. Das Produkt $v_j \cdot e_{ij}$ schätzt den Beitrag, der die Eigenschaft j zur Wertigkeit der Alternative i liefert. Die totale Wertigkeit W_i der Alternative i beträgt:

$$W_i = \sum_{j=1}^{m} v_j e_{ij}.$$

Die höchste Wertigkeit, die auf diese Weise gefunden wird, deutet die beste Alternative an, die Qualität der übrigen Alternativen ist im Verhältnis geringer. Im Bild 7.4 werden eine gewichtete und eine ungewichtete Bewertung verglichen.

Kriterium →	Einfachkeit		Zugänglich-keit		modularer Aufbau		Schadensunemp-findlichkeit		Ergebnis	
Gewicht →	30		35		5		20		unge-wichtet	ge-wichtet
Alternative ↓	Wert	Punkte	Wert	Punkte	Wert	Punkte	Wert	Punkte	Punkte	Punkte
A1	3	90	2	70	4	20	1	20	10 (1)	200 (2)
A2	4	120	0	0	2	10	1	20	7 (3)	150 (3)
A3	1	30	4	140	1	5	3	60	9 (2)	235 (1)

Bild 7.4   Gewogene und ungewogene Bewertung von Alternativen

Mit dieser Bewertungsweise wird beabsichtigt, aus der Beurteilung auf einer im Wesen ordinalen Skala möglichst nahe an eine Ratioskala heranzukommen, und zwar dadurch, daß man auf den Teilskalen gleiche Skalenteile anbringt und außerdem den Teilskalen "absolute" Nullpunkte zuordnet. Erwartungsgemäß wird das Ergebnis ungenau sein, denn vor allem bei der Wahl der Nullpunkte kann man ein Fragezeichen setzen. Dennoch wird es im allgemeinen zuverlässiger und besser differenziert sein, als es bei einer Rangordnungsbestimmung möglich ist, so daß sich die zusätzliche Arbeit doch lohnt.

7.4 Verhaltensanalyse

7.4.1 Aufbau

Um das zu erwartende Instandhaltungsverhalten eines Entwurfs näher zu ermitteln, kann man versuchen, die präventiven und korrektiven Maßnahmen aus der Konstruktion abzuleiten und zu prüfen, in welcher Weise diese ausgeführt werden müssen. Um abwägen und entscheiden zu können, muß man anschließend auch schätzen, wie oft die Maßnahmen vorkommen und wie groß der Aufwand ist, den sie erfordern. Die Verhaltenssanalyse eines Objektes kann man somit in drei zusammenhängende Teilanalysen zerlegen, die jede eine qualitative und eine quantitative Phase umfassen und pro Komponente ausgeführt werden (Bild 7.5):

- Präventionsfreiheitsanalyse: Welche vorbeugenden Maßnahmen erfordert die Komponente und wie oft?
- Zuverlässigkeitsanalyse: In welcher Weise kann die Komponente versagen, welche korrektiven Maßnahmen sind dann nötig, und wie oft kommen sie erwartungsgemäß vor?
- Instandhaltbarkeitsanalyse: Wie ist die Arbeitsweise bei den präventiven und korrektiven Maßnahmen, auf welcher Instandhaltungsebene müssen sie ausgeführt werden, welche Hilfsmittel sind dafür nötig, und wie lange dauern sie?

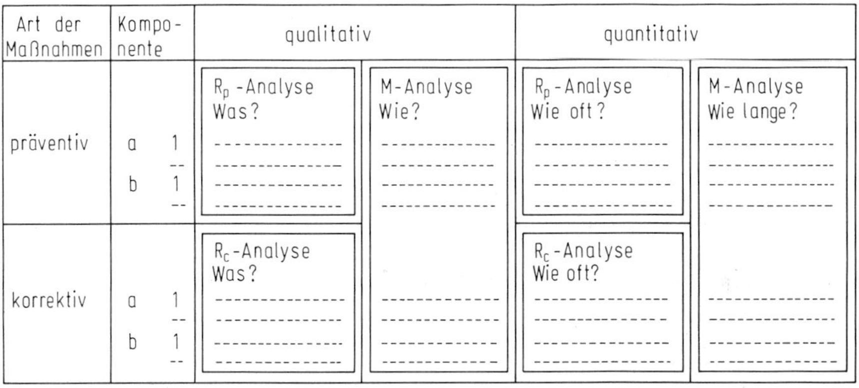

Art der Maßnahmen	Kompo-nente		qualitativ		quantitativ	
			R_p-Analyse Was?	M-Analyse Wie?	R_p-Analyse Wie oft?	M-Analyse Wie lange?
präventiv	a	1	---------------	---------------	---------------	---------------
		--	---------------	---------------	---------------	---------------
	b	1	---------------	---------------	---------------	---------------
		--	---------------	---------------	---------------	---------------
			R_c-Analyse Was?		R_c-Analyse Wie oft?	
korrektiv	a	1	---------------	---------------	---------------	---------------
		--	---------------	---------------	---------------	---------------
	b	1	---------------	---------------	---------------	---------------
		--	---------------	---------------	---------------	---------------

Bild 7.5   Aufbau der Verhaltensanalyse

7.4.2 Durchführung

Die Verhaltensanalyse beginnt qualitativ mit der Frage, welche Komponenten erwartungsgemäß Instandhaltungsmaßnahmen erfordern werden. Die Art der Wartungsmaßnahmen ist meistens aufgrund von Erfahrungen bekannt. Das trifft zum Teil auch auf die präventiven Instandsetzungsmaßnahmen zu. In bezug auf die Zuverlässigkeitsanalyse sollte man die Ausfallarten (Abschn. 2.1.2) des Objektes ausfindig machen. Hier ergibt sich eine Parallele mit der sog. Failure-Mode-And-

Effect-Analyse (*FMEA*), eine systematische Ermittlung der Ausfallsarten "From Bottom To Top" bei technischen Objekten. Der Begriff "Failure" ist auf das Bedürfnis der Wartung und Inspektion, der Begriff "Effect" auf die resultierenden Instandhaltungsmaßnahmen zugeschnitten.

Die qualitative Auflistung muß im quantitativen Sinne fortgesetzt werden. Dazu kann man die präventiven und korrektiven Maßnahmen in mehrere Klassen einteilen, sowohl was die zu erwartende (mittlere) Häufigkeit als auch was den zu erwartenden zugehörigen Aufwand angeht. Die Schätzung der Häufigkeit muß auf eine vorher festzustellende Beobachtungsperiode bezogen werden, z.B. die Lebensdauer oder den Revisionstermin. Das Ergebnis der Zuverlässigkeitsanalyse kann Anlaß zum nachträglichen Zufügen oder Streichen präventiver Maßnahmen geben. Die Abschätzung des Aufwandes, wie dieser durch die Instandhaltbarkeit bestimmt wird, muß auf die zur Verfügung stehenden Instandhaltungsmittel gegründet werden, von denen Art, Zahl und Leistungsvermögen also bekannt sein müssen. Als meßbares Merkmal für die Instandhaltbarkeit kann z.B. die Zeitdauer (Stunden) der betreffenden Instandhaltungsmaßnahmen gewählt werden.

Bei der Einteilung in Klassen kann man die Klassengrenzen und zugehörigen Kennzahlen benutzen, wie sie in Bild 7.6a und b angegeben sind: Die Kennzahlen C_p und C_c bewerten die jährliche Häufigkeit bzw. die Intervalle der präventiven bzw. korrektiven Maßnahmen, die Kennzahl C_m den Aufwand in Stunden für ihre Durchführung. Es ist anzumerken, daß die gewählten Kennzahlen ungefähr mit den Klassendurchschnitten übereinstimmen; hiermit wird eine Ratioskala angestrebt.

Kennzahl C_p, C_c	Klassengrenzen			Kennzahl C_m	Klassengrenzen (Stunden)
	Intervall (Jahr)	Häufigkeit (Jahr^{-1})			
----	-----	-----		-----	-----
1/16	20 - 12	0,05 - 0,1		1/16	< 0,75
1/8	12 - 6,5	0,1 - 0,15		1/8	0,75 - 1,25
1/4	6,5 - 2,5	0,15 - 0,4		1/4	1,25 - 2,5
0,5	2,5 - 1,25	0,4 - 0,75		1/2	2,5 - 6,5
1	1,25 - 0,75	0,75 - 1,25		1	6,5 - 12
2	0,75 - 0,4	1,25 - 2,5		2	12 - 20
4	0,4 - 0,15	2,5 - 6,5		4	20 - 40
8	0,15 - 0,1	6,5 - 12		8	40 - 80
16	0,1 - 0,05	12 - 20		16	> 80
----	-----	-----			

a   b

Bild 7.6   Bewertungskennzahlen für die Häufigkeit (**a**) und die Dauer (**b**) der Instandhaltungsmaßnahmen

7.4.3 Verhaltensprofil

Die Ergebnisse der Verhaltensanalyse können in einem "Verhaltensprofil" graphisch dargestellt werden, Bild 7.7. Darin sind in Spalte 2 und 3 die Komponenten mit ihren

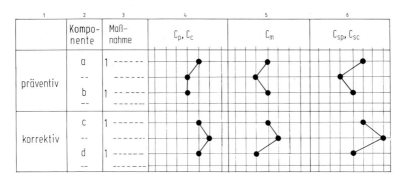

Bild 7.7   Verhaltensprofil

Instandhaltungsmaßnahmen aufgeführt. In den Spalten 4 und 5 sind für alle Maßnahmen die zugehörigen Werte C_p oder C_c und C_m angegeben, in Spalte 6 ihr Produkt

$C_{sp} = C_p\,C_m$ für präventive Maßnahmen,
$C_{sc} = C_c\,C_m$ für korrektive Maßnahmen.

Da die Kennzahlen C_p und C_c proportional zu der Häufigkeit der Maßnahmen sind und die Kennzahl C_m zu ihrer Dauer, bilden die Kennzahlen C_{sp} und C_{sc} ein Maß für die totale Dauer der betreffenden präventiven und korrektiven Maßnahmen während eines Jahres. Die Summenwerte C_{sp} und C_{sc} aller Maßnahmen an allen Komponenten geben also - ohne Rücksicht auf etwaige Überschneidungen - die geschätzte Instandhaltungsdauer des Objektes über ein Jahr an. Weil die Instandhaltungskosten noch außer Betracht geblieben sind, können die Ausreißer nach oben nur als *verdächtige Schwachstellen* angesehen werden.

7.5 Kostenanalyse

Die Instandhaltungskosten umfassen an erster Stelle die direkten Instandhaltungskosten für präventive und korrektive Maßnahmen mit den wichtigsten Bestandteilen Lohn-, Material- und Hilfsmittelkosten. Außerdem muß man zu den Instandhaltungskosten die indirekten Instandhaltungskosten   rechnen, nämlich Ertragsverluste infolge Schäden an den Produktionsmitteln, die sich u.a. in Überstunden, Produktionsverlusten und Produktabwertung auswirken.
   Die Schätzung der Instandhaltungskosten von Alternativen hat zum Zweck, ihre Differenzen gegenüber meistens recht gut bekannten Unterschieden in Anschaffungskosten abwägen zu können. Sie muß deshalb recht genau sein und sich auf eine Verhaltensanalyse stützen. Die Höhe der zu erwartenden direkten Instandhaltungskosten eines Objektes wird durch Addition der Kosten für alle präventiven bzw. korrektiven Maßnahmen bei allen Komponenten errechnet:

$$DIK_\mathrm{p} = \sum_{i=1}^{n} C_\mathrm{sp}(i)g_i l_i + C_\mathrm{p} m_i,$$

$$DIK_\mathrm{c} = \sum_{j=1}^{m} C_\mathrm{sc}(j)g_j l_j + C_\mathrm{c} m_j,$$

DIK_p, DIK_c direkte präventive bzw. korrektive Instandhaltungskosten, C_p, C_c Kennzahlen für die Häufigkeit einer präventiven bzw. korrektiven Maßnahme, C_sp, S_sc Kennzahlen für die Gesamtdauer einer präventiven bzw. korrektiven Maßnahme, g Klassengröße, l Stundenlohn, m materielle Kosten für Ersatzteile, Werkzeug usw., soweit nicht in l enthalten.

Angenommen wird, daß alle Nebenkosten schon in den oben aufgeführten Faktoren l und m verarbeitet sind. Die Kennzahlen C_sp und C_sc sind aus der Verhaltensanalyse bekannt, die übrigen Posten muß der Konstrukteur gemeinsam mit dem Instandhalter schätzen.

Es kann schwierig sein, die indirekten Instandhaltungskosten abzuschätzen, u.a. weil diese sehr von der Marktlage abhängen. Doch ist dies meistens nicht zu umgehen, da die indirekten Instandhaltungskosten im allgemeinen mindestens dieselbe Größenordnung haben wie die direkten Instandhaltungskosten und oft der Anlaß sind, Konstruktionsverbesserungen an bestehenden Objekten vorzunehmen. Im allgemeinen kann man die indirekten Instandhaltungskosten untergliedern in einen Teil, der ausschließlich von der Anzahl der Störungen abhängig ist, und in einen andern Teil, der von ihrer Dauer bestimmt wird, z.B.:

$$IIK_\mathrm{p} = a_\mathrm{p} \sum_{i=1}^{n} C_\mathrm{p}(i) + b_\mathrm{p} \sum_{i=1}^{n} C_\mathrm{sp}(i),$$

$$IIK_\mathrm{c} = a_\mathrm{c} \sum_{j=1}^{n} C_\mathrm{c}(j) + b_\mathrm{c} \sum_{j=1}^{n} C_\mathrm{sc}(j).$$

IIK_p, IIK_c indirekte präventive bzw. korrektive Instandhaltungskosten, a_p, a_c indirekte präventive bzw. korrektive Instandhaltungskosten pro Vorfall, b_p, b_c indirekte präventive, bzw. korrektive Instandhaltungskosten pro Stunde.

Oft führen nicht nur Schäden und die benötigten korrektiven Maßnahmen, sondern auch präventive Maßnahmen zu Folgeschäden für das Objekt selbst und für seine Umgebung. Man denke dabei u.a. an materielle und personelle Schäden, wie sie in Abschn. 2.1.3 erwähnt worden sind. Soweit diese Schäden nach Häufigkeit und Umfang meßbar sind, kann man diese in die Kostenanalyse einbeziehen. Das Ergebnis der Kostenanalyse kann auf übersichtliche Weise in Kostenstrukturen und Kostenprofilen sichtbar gemacht werden. Die Ausreißer nach oben lassen die Instandhaltungsschwachstellen erkennen.

7.6 Anwendungsmöglichkeiten

Die auf Bewertung konstruktiver Merkmale beruhende Checklistenanalyse führt in der einfachsten Form zu Darstellungen auf einer ordinalen Skala. Simultane Beurteilung aufgrund mehrerer Eigenschaften ist dann eigentlich nicht erlaubt, also sind die Ergebnisse nur beschränkt brauchbar. In der Entwurfsphase erscheint eine gute Annäherung an eine Ratioskala jedoch ebenfalls erreichbar; der zusätzlichen Arbeit steht ein zuverlässigeres und besser differenziertes Ergebnis gegenüber. Eine Checklistenanalyse gewährt auf einfache Weise ein Urteil über das Objekt als Ganzes und macht also einen Vergleich von Objekten untereinander möglich (erste Forderung in Abschn. 7.1).

Will man eine Alternative verbessern, weil sie schlecht abschneidet, dann kann man zwar prüfen, an welchen Eigenschaften das liegt, man hat aber keinen direkten Hinweis auf die Komponenten, die daran schuld sind und in welchem Maße (zweite Forderung). Insofern man das Urteil auf einer ordinalen Skala erhält, ist dies für eine Kombination mit anderen Eigenschaften bei der Auswahl der besten Alternative weniger geeignet (dritte Forderung). Die Methode entspricht also nur zum Teil den gestellten Anforderungen und ist nur beschränkt brauchbar, kann aber wohl auf einfache, schnelle und billige Weise ausgeführt werden.

Die Verhaltensanalyse gründet sich auf einer Auflistung der zu erwartenden präventiven und korrektiven Instandhaltungsmaßnahmen an den Komponenten. Man könnte das Ergebnis auf ordinalen Skalen darstellen, aber mit geringer zusätzlicher Arbeit ist Darstellung auch auf Ratioskalen möglich, nämlich durch geeignete Wahl der Kennziffern für die Häufigkeit und den Umfang der Instandhaltungsmaßnahmen. Auf diese Weise kann der gesamte Instandhaltungsaufwand pro Komponente in der Beobachtungsperiode berechnet werden, und es lassen sich die Ergebnisse für alle Komponenten zusammenzählen.

Eine Verhaltensanalyse ist in der Entwurfphase gut ausführbar, wenn die konstruktiven Einzelheiten bekannt sind, und führt zu einer Bewertung des Verhaltens der Komponenten (zweite Forderung) und des Objektes als Ganzes (erste Forderung). Die zusammenfassende Bewertung erscheint, in Stunden ausgedrückt, bei der Optimierung beschränkt brauchbar (dritte Forderung). Die Methode entspricht recht gut den gestellten Forderungen, ist aber ziemlich aufwendig, also auch verhältnismäßig teuer. Eine auf der Verhaltensanalyse aufbauende Kostenanalyse wird im allgemeinen wenig zusätzliche Zeit und Kosten erfordern. Letzteres Verfahren liefert eine Kostenabschätzung des Instandhaltungsbedarfs einer Alternative im ganzen und auch der jeweiligen Beiträge ihrer Komponenten. Hiermit sind die in Abschn. 7.1 formulierten drei Forderungen alle völlig erfüllt worden.

Alle drei Methoden haben mehr oder weniger heuristischen Charakter, am meisten die Checklistenanalyse. Als "heuristisch" bezeichnen wir eine Vorgehensweise, die allerdings nicht beweisbar die beste Lösung ergibt, von der man aber erfahrungsgemäß weiß, daß sie meistens zu guten Lösungen führt. Man darf erwarten, daß diese Vorgehensweise besser ist als eine intuitive Wahl, weil alle möglichen Aspekte nacheinander an die Reihe kommen und hinsichtlich ihres Zutreffens und ihrer Wichtigkeit geprüft werden. Auch bei diesen Methoden sind jedoch Kenntnis und Erfahrung unentbehrlich. Um das Risiko auf Unausgeglichenheit zu verringern, muß der Konstrukteur die Analyse vorzugsweise in Rücksprache mit Fachleuten aus verschiedenen Interessengebieten durchführen, im besonderen auch mit dem Instandhalter.

8 Präventionsfreiheit fördern

8.1 Maßnahmen

Zur Erhöhung der Präventionsfreiheit R_p eines Objektes muß die Zahl der benötigten präventiven Instandhaltungsmaßnahmen an seinen Komponenten verringert werden. Zur Verringerung dieser Maßnahmen, wozu Wartung, präventive Instandsetzung und Inspektion zu rechnen sind (Abschn. 2.2.1), sollte man an erster Stelle das angewandte *Instandhaltungskonzept* kritisch betrachten. Dabei liegt es auf der Hand, erst zu versuchen, die Intervalle präventiver Maßnahmen besser auf das übergeordnete Instandhaltungskonzept und aufeinander abzustimmen, so daß sie z.b. alle gleich oder ein Mehrfaches des kürzesten Intervalls sind. Man sollte jedoch auch mehr in die Tiefe gehen. Nicht selten werden in Unkenntnis der eintretenden Schadensvorgänge präventive Maßnahmen zu oft durchgeführt, z.B. weil Lieferanten jedes Risiko vermeiden wollen und zu einem übertriebenen Vorgehen raten. Wie schon in Abschn. 3.2.5 erwähnt, bestehen dagegen jedoch Bedenken: Nicht nur kosten unnötige Tätigkeiten selbst Geld, sie können auch zusätzliche Schäden durch Schlüsselfehler auslösen.

Man sollte also bei der Erhöhung von R_p zuerst versuchen, Einblick in Art und Intensität der Schadensvorgänge zu gewinnen - u.a. aufgrund von Messungen - und daraus Art und Häufigkeit der präventiven Maßnahmen ableiten. Das trifft besonders auf die Instandhaltungsstrategie zu, der man bei präventiver Instandsetzung einer Komponente folgt. Nicht nur muß eine präventive Aktion billiger ausfallen als eine korrektive, inklusive der indirekten Instandhaltungskosten, sie muß auch nachweislich zu einer Verbesserung des Fehlverhaltens der Komponente und des Objektes führen. Wie in Kap. 4 erwähnt, müssen dazu mehrere Bedingungen erfüllt sein. Zuerst soll feststehen, daß die Komponente eine steigende Ausfallrate (Alterserscheinung) aufweist. Ist das der Fall, so bestimmen auch das Instandhaltungsverhalten anderer Komponenten, die funktionelle und materielle Struktur des Objektes sowie sein gesamtes Instandhaltungskonzept, ob die Aktion für das Objekt als Ganzes Vorteile aufweist, und wenn ja, wie groß diese sind. Dabei sollten auch die Möglichkeiten einer gelegenheitsbedingten Strategie ausgenutzt werden (Abschn. 4.5).

Hat sich die Straffung des Instandhaltungskonzeptes als nicht sinnvoll oder nicht ausreichend erwiesen, so bleibt nur die Möglichkeit, R_p zu erhöhen durch Änderung der Konstruktion des Objektes. Weil Verringerung der präventiven Instandsetzungsmaßnahmen selbstverständlich auf dieselben konstruktiven Empfehlungen zurückzuführen ist wie Förderung der Zuverlässigkeit, wird hierfür auf Kap. 9 verwiesen. Auch der Inspektionsbedarf ist eng mit dem Instandsetzungsbedarf verbunden. Wir beschränken uns in diesem Kapitel deshalb auf die Wartung, also auf Förderung der *Wartungsfreiheit*.

Wartungsmaßnahmen werden an Komponenten vorgenommen, um einer unzulässigen Beeinträchtigung ihrer Funktionserfüllung und/oder einer Verkürzung ihrer Standzeit vorzubeugen. Gleitkontakt z.B. erfordert gewöhnlich regelmäßig Schmierung, um rapiden Verschleiß zu verhindern. Als Wartungstätigkeiten sind u.a. zu unterscheiden: Nachfüllen, Schmieren, Konservieren, Nachstellen und Reinigen. Zur Forderung der Wartungsfreiheit gilt es also, derartige unerwünschte Tätigkeiten zu eliminieren oder zumindest ihre Häufigkeit herabsetzen. Man wird dabei vorrangig Komponenten unter die Lupe nehmen, die sich bei der Instandhaltungsanalyse als Schwachstellen erwiesen haben. Erleichterung der Wartungsarbeiten, z.B. durch einen modularen Aufbau, bleibt dabei noch außer Betracht, weil das eine Sache der Instandhaltbarkeit ist (Kap. 10).

8.2 Lösungsfeld

Bei der Suche nach geeigneten Konstruktionsverbesserungen zur Verringerung des Wartungsbedarfs einer Komponente (*j*) braucht man sich grundsätzlich nicht auf die Komplexitätsebene (*j*) zu beschränken. Es wäre ja möglich, dazu auf höhere Ebenen zurückzukehren und dort nachträglich andere Arbeits- oder Bauweisen zu wählen (siehe Bild 5.5). Falls es sich um die Eliminierung der Schmierung der Gleitlager (*j*) eines Kolbenkompressors handelt, könnte man u.a. erwägen, ein Arbeitsprinzip (*j*-1) zu bevorzugen, das die Anwendung schmierungsfreier Wälzlager besser ermöglicht, z.B. einen Zentrifugalkompressor.

Es ist jedoch klar, daß derartig tiefgreifende Änderungen hinterher praktisch meistens nicht machbar sind. Vielmehr sollte man auf jeder Komplexitätsebene bei der Wahl der Konstruktionsparameter schon von vornherein den eventuellen Bedarf an präventiven Maßnahmen prüfen, wie in Kap. 13 besonders für das Objekt als Ganzes noch näher erörtert wird. Wir lassen deshalb die Arbeits- und Bauweisen bis auf die Ebene (*j*) außer Betracht und nehmen an, daß nur die Konstruktionsparameter ab der Ebene (*j*) hinunter noch zu ändern sind. Außerdem beschränken wir uns besonders auf das Arbeits- und Bauprinzip der Komponenten (*j*) sowie auf die Beigabe von Nebenkomponenten. Die Frage ist nun, welche Wege man beschreiten kann, um systematisch Verbesserungsmöglichkeiten zu generieren.

Wartungsmaßnahmen sollen eine Schadensbildung verhüten oder zumindest verzögern. Sie sind erforderlich infolge einer *Fehlwirkung*, die bei der Komponente (*j*) von einer bestimmten *Ursache* ausgelöst wird, etwa irgendwelcher Belastung (Abschn. 2.1.2). In einem Gleitlager z.B. löst die mechanische Belastung (Ursache) abrasiven Verschleiß der Lauffläche aus (Wirkung), die durch Schmieren gehemmt werden muß. Um den Anlaß zu präventiven Maßnahmen zu beseitigen, gibt es also zwei *Lösungswege* (Bild 8.1):

Bild 8.1 Lösungswege

- die *Ursache* wegnehmen, damit die schadhafte Wirkung erst gar nicht ausgelöst wird;
- die *Wirkung* unterbinden, so daß die Belastung nicht zu dem unerwünschten Effekt (Schaden) führt.

Die Belastung der Komponente (j) als *Ursache* einer bestimmten Fehlwirkung ist auf die Objektbelastungen zurückzuführen. Diese lassen sich im allgemeinen nicht beseitigen, insofern sie funktioneller Art (d.h. sie gehen aus der eigentlichen Funktionserfüllung hervor) und normal sind. Abgesehen von funktionellen und/oder abnormalen Belastungen lassen sie sich im Prinzip mittels einer Nebenkomponente mildern oder eliminieren. Durch Filtrieren des zugeführten verschmutzten Mediums z.B. kann sich wiederholte Reinigung eines Apparates erübrigen.

Kann die Ursache nicht beseitigt werden, so ist zu versuchen, die *Wirkung* der Komponenten zu unterbinden. Hierzu ist die Komponente (j) selbst zu ändern, also ihr Arbeits- und/oder Bauprinzip (j), was selbstverständlich zu Anpassungen ihrer Arbeits- bzw. Bauweise ($j+1$) führt. Schmieren eines Lagers z.B. läßt sich u.U. beseitigen, wenn Gleitkontakt durch Anwendung eines anderen Arbeitsprinzips vermieden wird, wie in einem magnetischen Lager, elastischen Gelenk, Gummifederelement usw.

Es kann sein, daß auch keine geeignete Lösung zur Unterbindung der unerwünschten Wirkung der Komponente (j) gefunden wird. In dem Fall bleibt nur noch die Möglichkeit, statt den Anlaß für die präventiven Maßnahmen zu beseitigen, die *Folge* für das Objekt als Ganzes aufzuheben. Dieser *dritte Lösungsweg* impliziert, daß die notwendigen präventiven Maßnahmen automatisch vom Objekt vorgenommen werden. Hierzu müssen Nebenkomponenten (j) beigegeben werden.

Die drei erwähnten Lösungswege sind als *Teilziele* anzusehen, die zusammen mit den zur Verfügung stehenden *Konstruktionsparametern* auf der Komplexitätsebene (j) das *Lösungsfeld* (j) zur Förderung der Wartungsfreiheit definieren (Bild 8.2). Die Benutzung des Lösungsfeldes zur Verringerung der erwähnten Wartungsmaßnahmen wird in den nächsten Abschnitten kurz erörtert und durch Beispiele erläutert, nämlich:

- Nachfüllen verringern, Abschn. 8.3;
- Schmieren verringern, Abschn. 8.4;
- Konservieren verringern, Abschn. 8.5;
- Nachstellen verringern, Abschn. 8.6;
- Reinigen verringern, Abschn. 8.7.

Selbstverständlich sollte man immer im Auge behalten, daß die vorgenommenen Konstruktionsverbesserungen im allgemeinen nicht mit einer Zunahme anderer präventiver oder - durch verstärkte Schadensbildung - sogar korrektiver Maßnahmen verbunden sein dürfen. Besonders bei der Anwendung von Nebenkomponenten ist

Konstruktions- parameter ↓ Teil- ziele ↓ (1)	Komponenten				Struktur		
	Teil- funktion (2)	Arbeits- prinzip (Werkstoff*) (3)	Bau- prinzip (Form*) (4)	Zahl u. Haupt- abmes- sungen (Abmessung*) (5)	funkti- onell (6)	materi- ell (7)	Neben- kompo- nenten (8)
Ursache ↓							
Wirkung ↓							
Folge ↓							

* Einzelteile

Bild 8.2   Lösungsfeld zur Förderung der Wartungsfreiheit

sicherzustellen, daß diese selbst ein sehr gutes Instandhaltungsverhalten aufweisen, damit das Objekt als Ganzes dabei nicht verliert. Die Anwendung des Prinzips der Selbsthilfe kann dazu nützlich sein (Abschn. 6.3.4).

8.3 Nachfüllen

Prozeß- und Hilfsstoffe wie Kesselwasser, Kühlflüssigkeit und Schmieröl werden vielfach im Betrieb verbraucht, so daß ihre Menge und/oder ihre Zusammensetzung sich durch Verdunstung, Leckage usw. allmählich ändert. Zur Wiederherstellung des richtigen Vorrats und/oder der Zusammensetzung dieser Stoffe kann man u.a.:

- Nachfüllen, z.B. eine Batterie.
- Abzapfen, z.B. Wasser und Luft aus Dampfleitungen.
- Wechseln, auch um die Zusammensetzung anderen Betriebsumständen, z.B. Klimaänderungen, anzupassen.

Zur Verringerung des Nachfüllbedarfs sollte man an erster Stelle versuchen, die Qualität dieser Stoffe zu verbessern, z.B. Schmieröl und Kühlflüssigkeit mit breitem Anwendungsbereich wählen. Sonst sind Konstruktionsänderungen zu erwägen.

Beispiele

- Wirkung unterbinden
  - Statt normaler Bleibatterien, die regelmäßig nachzufüllen sind, wartungsfreie Batterien (Blei-Kadmium) anwenden (Arbeitsprinzip/Werkstoff).
  - Geschlossenen Kühlkreislauf vorsehen, damit keine Verdunstung des Kühlmittels stattfindet (Bauprinzip).

- Folgen aufheben (Nebenkomponente)
  - Batterie mit einem Automaten nachfüllen.
  - Dampfleitungen mit automatischem Wasserabscheider entwässern (Bild 8.3). Wenn an dem Zufluß a Wasser statt Dampf in das Gehäuse eindringt, entrollt sich das Bimetall b und öffnet das Ventil c, so daß das Wasser in den Abfluß d gedrückt wird.

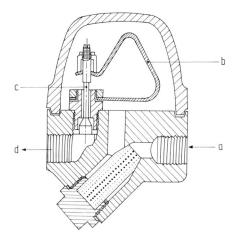

Bild 8.3   Automatischer Wasserabscheider

8.4 Schmieren

Schmieren mit Öl, Fett u.ä. hat meistens zum Ziel, den Verschleiß durch Gleitkontakt von sich berührenden Oberflächen zu vermindern. Schmiermittel können aber auch schützen gegen Überhitzung, Angriff durch korrosive Medien und Eindringen von Schmutz. Zur Verringerung des Schmierbedarfs sollte man zuerst versuchen, Gleit- kontakt zu vermeiden oder ein besser geeignetes Schmiermittel zu verwenden. Sonst sind Konstruktionsänderungen zu erwägen.

Beispiele

- Wirkung unterbinden
  - Materialpaarung wählen, die wenig oder keinen abrasiven Verschleiß aufweist, z.B. Stahl auf Kunststoff (Arbeitsprinzip/Werkstoff).
  - Metallische und keramische Werkstoffe anwenden, die auf Lebensdauer mit Schmiermittel gefüllt sind, z.B. in Textilmaschinen (Arbeitsprinzip/Werkstoff).
  - Geschlossene Lagerkonstruktion wählen, die auf Lebensdauer mit Schmiermittel gefüllt ist (Bauprinzip).

- Folgen aufheben (Nebenkomponente)
  - Prozeßflüssigkeit als Schmiermittel benutzen, z.B. in einer Zentrifugalpumpe (Selbsthilfe, Bild 8.4). Der geringe Rückfluß über a, b und c schmiert die Lager.
  - Automatische, zentrale Schmieranlage vorsehen.

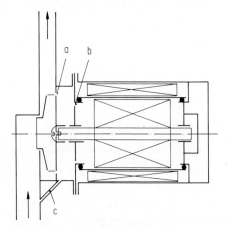

Bild 8.4   Selbstschmierende Zentrifugalpumpe

8.5 Konservieren

Mit Konservieren ist gemeint, die Materialoberflächen mit einer Schutzschicht zu versehen, um mechanische und/oder chemische Angriffe zu verzögern. Die Schutz-schicht kann aufgebracht werden durch Spritzen, Anstreichen, Imprägnieren usw.

Zur Verringerung des Konservierungsbedarfs sollte man zuerst versuchen, besser geeignete Werkstoffe oder Schutzmittel zu finden. Sonst sind Konstruktionsänderun-gen zu erwägen.

Beispiele

- Wirkung unterbinden
  - Korrosion vorbeugen durch Wählen anderer Werkstoffe: Aluminium, rostfester Stahl, Kunststoffe usw. (Arbeitsprinzip/ Werkstoff).
  - Scharfe Ecken bei anzustreichenden Oberflächen vermeiden, Bild 8.5 (Bauprinzip/Form).

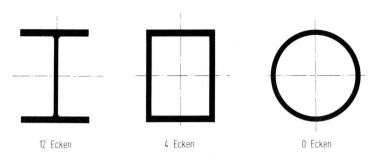

12 Ecken   4 Ecken   0 Ecken

Bild 8.5   Bauprofile mit weniger Ecken

8.6 Nachstellen

Mit Nachstellen sind Tätigkeiten gemeint wie Einstellen, Ausrichten, Verkürzen usw., die zum Ziel haben, die materielle Struktur des Objektes rechtzeitig zu korrigieren, damit sie nicht durch Verschleiß, plastische Verformung usw. verlorengeht.

Zur Verringerung des Nachstellbedarfs ist vor allem die Belastbarkeit von Einzelteilen zu steigern (Abschn. 9.8), damit die unerwünschte Wirkung nicht eintritt. Oft erscheint das nicht gut möglich; ein Bremsbelag z.B., der nicht verschleißt, bremst auch nicht. Es bleibt dann nur zu erwägen, den Effekt automatisch zu beheben.

Beispiele

- Folge aufheben (Nebenkomponente)
  - selbstnachstellende Kupplung.
  - selbstspannender Riementrieb (Bild 8.6).

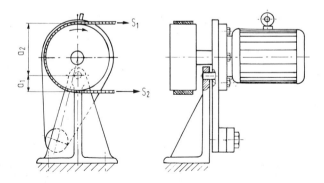

Bild 8.6   Selbstspannender Riementrieb

8.7 Reinigen

Das Reinigen von Komponenten hat zum Ziel, Ablagerungen wie Bewuchs, Boden-
satz u.ä. zu entfernen. Es geschieht durch Spülen, Spritzen, Klopfen, Vibrieren, Pik-
ken, Schaben usw. Präventives Reinigen kann aus zweierlei Gründen notwendig sein:

- um das ordnungsgemäße Funktionieren des Objektes zu sichern, indem freie Strö-
  mung, guter Wärmedurchgang usw. gewährleistet bleiben;
- um zu verhindern, daß unter den Ablagerungen verstärkte Korrosion eintritt und
  zum frühzeitigen Versagen des Objektes führt.

Falls die diesbezügliche Belastung nicht funktionell ist, sollte zur Verringerung des
Reinigungsbedarfs zuerst versucht werden, die Ursache zu eliminieren. Dazu ist zu
verhindern, daß Fremdteile dem Objekt zugeführt werden oder sich im Objektinnern
bilden. Wenn das nicht möglich ist, kann man versuchen, die Wirkung zu unterbinden. Vielfach genügt es, die Fremdteile mittels Beimischungen schwebend zu halten.
Ist auch das nicht realisierbar, so sollten die Folgen behoben werden. Dazu müssen
die Ablagerungen sich nicht unkontrolliert, sondern konzentriert an vorher bestimmten Stellen bilden. Oft genügt es, die konzentrierten Ablagerungen während normaler
Betriebsunterbrechungen diskontinuierlich zu entfernen. Falls das nicht ausreicht,
sollten sie während des Betriebs von einer Nebenkomponente automatisch beseitigt
werden.

Beispiele

- Ursache eliminieren (Nebenkomponente)
  - Raum unter Überdruck bringen, z.B. Kontrollraum.
  - Schutzkasten anbringen, z.B. um einen Kettenantrieb.
  - Kratzer, Abstreicher u.ä. auf Kolbenstangen, Führungsbahnen usw. vorsehen.
- Wirkung unterbinden
  - Rohrleitungen mit stetigem Gefälle verlegen (Bauprinzip).
  - Säcke, tote Ecken u.ä. in Behältern, Förderanlagen usw. vermeiden oder abdek-
    ken (Bauprinzip, Bilder 8.7 und 8.8).

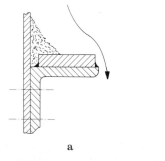   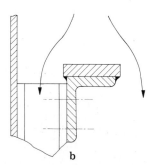

a   b

Bild 8.7   Selbstreinigende Laufbahn eines Kettenförderers

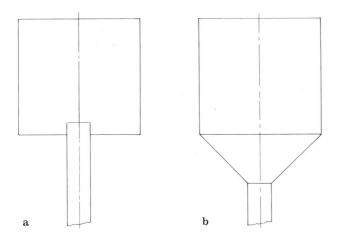

a   b

Bild 8.8   Selbstreinigender Gefäßboden

- Werkstoffe anwenden, an denen kein Schmutz haftet, z.B. bestimmte Kunststoffe (Arbeitsprinzip/Werkstoff).
- Folge aufheben (Nebenkomponente)
  - Sammelstellen für Schlamm in Rohrleitungen;
  - magnetischer Stopfen zum Einfangen von Eisenteilchen;
  - selbstreinigendes Staubfilter mit Klopfanlage;
  - selbstreinigendes Doppelfilter mit automatischer Umschaltung und Rückspülung.

9 Zuverlässigkeit fördern

9.1 Belastungen

Zur Erhöhung der Zuverlässigkeit R_c eines Objektes muß die Zahl seiner Ausfälle verringert werden. Die Ausfälle sind auf das Fehlverhalten seiner Komponenten (*j*) infolge von *Belastungen* zurückzuführen. Die Belastungen können mechanischer, chemischer, thermischer und anderer Art sein und nicht nur gleichmäßig, sondern auch variabel ablaufen. Schon vor der Gebrauchsphase, während *Transport, Lagerung* und *Montage* des Objektes, können Belastungen eintreten, die sofort oder erst später Fehler auslösen, z.b. infolge einer ungeeigneten Hebeweise (Abschn. 6.3.2). In der Gebrauchsphase gehen sie nicht nur aus der eigentlichen *Funktionserfüllung*, sondern auch aus *Umgebungseinflüssen* und aus *Instandhaltungstätigkeiten* hervor.

Wie schon in Abschn. 2.1.3 erwähnt ist, muß man in allen diesen Fällen nicht nur mit *normalen*, sondern auch mit *abnormalen* Gebrauchsumständen und eventuell damit verbundenen zusätzlichen Belastungen rechnen. Bei einem Walzenbrecher für körniges Material (Bild 9.1) sind z.B. zu berücksichtigen:

- funktionelle Belastungen infolge normaler Betriebsumstände, in diesem Fall das Knacken der Körner, und infolge abnormaler Betriebsumstände, etwa durch Verunreinigung der Körner mit Schrottresten;
- Umgebungsbelastungen infolge normaler Gebrauchsumstände, z.B. durch schwebenden Staub, und infolge abnormaler Gebrauchsumstände, etwa durch eine Überschwemmung;
- Instandhaltungsbelastungen normaler Art, z.B. das Entfernen von Ablagerungen durch Abspülen, und abnormaler Art, etwa das unsachgemäße Demontieren eines Lagers.

Zu dem normalen Betrieb sind auf jeden Fall Starten und Stoppen zu rechnen, eventuell auch Teil- oder Nullastfahren. Mögliche Bedienungsfehler sollten ebenfalls berücksichtigt werden. Die bisher genannten Belastungen haben ihren direkten *Ursprung außerhalb* des Objektes, sie sind *exogen*. Es treten jedoch auch Belastungen auf, die ihren unmittelbaren *Ursprung innerhalb* der Objektgrenze haben. Derartige *endogene* Belastungen können durchaus funktionsgebunden sein, der gewählten Arbeitsweise inhärent. Zu denken ist z.B. an die Schwingungen eines Vibrationssiebes, wie sie von einem Unwuchtmotor oder Elektromagneten erzeugt werden. Auch dabei können neben normalen auch abnormale Belastungsfälle eintreten, etwa durch Überladung, Blockierung usw.

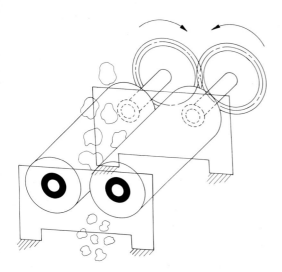

Bild 9.1   Walzenbrecher

Endogene Belastungen von Bauteilen werden manchmal absichtlich induziert, z.B. durch Verspannen von Schraubenverbindungen. Meistens sind sie jedoch unerwünscht und treten additionell auf infolge unbeabsichtigter Gestaltsänderungen der belasteten Konstruktion, z.B. durch Eigengewicht oder Wärmedehnung. Bei einem Walzenbrecher kann man u.a. denken an zusätzliche Kräfte auf den Walzenlagern infolge einer Durchbiegung der belasteten Walzenwellen. Endogene Belastungen können sich ebenfalls ergeben aus Fertigungsabweichungen, etwa nicht fluchtenden Wellen oder Unrundheit rotierender Körper, aus Beschädigungen, z.B. Leckstellen, und aus Schmutzablagerungen.

Es sei bemerkt, daß die genannten Begriffe "exogene Belastung" und "endogene Belastung" auf die Herkunft dieser Belastungen hinweisen und also nicht

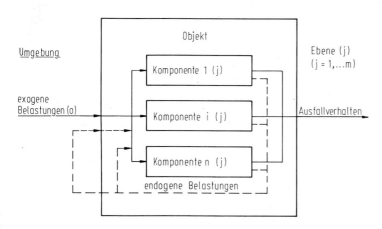

Bild 9.2   Lösungswege

korrespondieren mit den aus der Statik bekannten Rechengrößen "äußere Kraft" bzw. "innere Kraft". Wie Bild 9.2 erläutert, können äußere Kräfte auf ein System endogener Herkunft sein, z.B. die Kräfte, die das Fundament des Brechers auf sein Gestell ausübt infolge einer Unwucht der Wälzkörper. Innere Kräfte auf Teile eines Systems, z.B. auf die Wälzlager des Brechers, können sowohl exogener als endogener Herkunft sein. Die vorgeschlagene Einteilung ist zwar im Maschinenbau weniger üblich, schafft aber einen besseren Ausgangspunkt für die systematische Förderung der Zuverlässigkeit eines Objektes.

9.2 Lösungsfeld

Die Zuverlässigkeit eines Objektes kann nur erhöht werden durch Konstruktionsänderungen, die das Fehlverhalten seiner Komponenten verbessern und/oder die Folgen eines Komponentschadens für das Objekt als Ganzes reduzieren. Man wird sich dabei besonders den Komponenten (*j*) und zugehörigen Ausfallarten, die sich aus der Instandhaltungsanalyse als Schwachstellen erwiesen haben, zuwenden mit dem Ziel, die unerwünschten Ausfälle zu eliminieren oder zumindest ihre Häufigkeit herabzusetzen. Dazu soll die Schadensbildung verzögert oder sogar beseitigt werden.

Wie schon im Abschn. 8.2 begründet, lassen wir bei der Suche nach Konstruktionsverbesserungen die Arbeits- und Bauweisen bis auf die Ebene (*j*) außer Betracht und beschränken uns auf die Konstruktionsparameter von der Ebene (*j*) abwärts, in diesem Fall besonders auf die Art der Komponenten (*j*) (Teilfunktion, Arbeitsprinzip und Bauprinzip), ihre Zahl und Hauptabmessungen, die Struktur (*j*) (funktionell und materiell) sowie die Anwendung von Nebenkomponenten. Wiederum ist dann die Frage, wie man auf systematische Weise alle Verbesserungsmöglichkeiten generieren kann.

Die Schadensbildung einer Komponente tritt infolge einer *Fehlwirkung* ein, die von einer bestimmten primären *Ursache* ausgelöst wird; dies kann irgendeine Belastung des Objektes sein, die auf die Komponente übertragen wird (Abschn. 2.1.2). In dem Walzenbrecher werden die Brechkräfte (Ursache) auf die Lager verteilt (Übertragung), was zur Abnutzung von deren Lauffläche (Wirkung) führt (Bild 9.3). Um die Komponentenausfälle zu beseitigen, gibt es also drei *Lösungswege*:

- Die *Ursache* beseitigen, also die exogenen und endogenen Belastungen auf das Objekt wegnehmen;
- die *Übertragung* verhindern, damit die Objektbelastungen nicht zu der Komponente gelangen;
- die *Wirkung* unterbinden, indem die Belastbarkeit der Komponente ihren Belastungen gegenüber erhöht wird.

Falls keiner dieser Wege eine geeignete Lösung bringt, bleibt nur noch die Möglichkeit, die *Folge*, also den Fehleffekt für das Objekt als Ganzes aufzuheben und

Bild 9.3   Berechnungsmodell

dafür zu sorgen, daß der Komponentenschaden nicht zum Versagen des Objektes führt. Dieser vierte Lösungsweg impliziert, daß die von der defekten Komponente erfüllte Teilfunktion von anderen Komponenten übernommen wird. Somit wird die *Fehlstruktur* des Objektes verbessert. Die vier erwähnten Lösungswege sind als *Teilziele* anzusehen, die zusammen mit den zur Verfügung stehenden *Konstruktionsparametern* das *Lösungsfeld* (*j*) (*j* = 1...*m*) zur Förderung der Zuverlässigkeit definieren.

Die Benutzung dieses Lösungsfeldes (*j*) wird in den nächsten Abschnitten erörtert und an Beispielen erläutert. Wir beschränken uns dabei weitgehend auf mechanische Belastungen. Gemäß der üblichen Vorgehensweise bei einer Festigkeitsrechnung betrachten wir nacheinander (Bild 9.4):

- exogene Belastungen auf das Objekt (0) senken, Abschn. 9.3;
- exogene Belastungen auf die Komponente (*j*) senken, Abschn. 9.4;
- Belastbarkeit der Komponente (*j*) steigern, Abschn. 9.5;
- endogene Belastungen auf die Komponente (*j*) senken, Abschn. 9.6;
- Fehlstruktur (*j*) des Objektes (0) verbessern, Abschn. 9.7.

Konstruktions-parameter \\ Teil-ziele	Komponenten				Struktur		Neben-kompo-nenten
	Teil-funktion	Arbeits-prinzip (Werkstoff*)	Bau-prinzip (Form*)	Zahl u. Haupt-abmes-sungen (Abmessung*)	funkti-onell	materi-ell	
(1)	(2)	(3)	(4)	(5)	(6)	(7)	(8)
exogene Belastung Objekt (0)							
exogene Belastung Komponente (j)							
Belastbarkeit Komponente (j)							
endogene Belastungen Komponente (j)							
Fehlstruktur j							
Belastbarkeit Einzelteil (m)							

* Einzelteile

Bild 9.4   Lösungsfeld zur Forderung der Zuverlässigkeit

Obwohl diese Möglichkeiten für Komponenten (*j*) auf allen Komplexitätsebenen (*j*) zutreffen, nehmen dabei die einfachsten Komponenten, die Einzelteile auf der Ebene (*m*) gewissermaßen eine Sonderstellung ein. Deshalb betrachten wir zum Schluß:

- Belastbarkeit der Einzelteile steigern, Abschn. 9.8.

Selbstverständlich sollte man wiederum im Auge behalten, daß die vorgenommenen Konstruktionsverbesserungen im allgemeinen nicht mit einer Zunahme präventiver oder anderer korrektiver Maßnahmen verbunden sein dürfen. Besonders bei der Anwendung von Nebenkomponenten sollte man sicherstellen, daß diese selbst ein sehr gutes Instandhaltungsverhalten aufweisen, damit das Objekt als Ganzes nicht verliert. Die Anwendung des Prinzips der Selbsthilfe kann dazu nützlich sein (Abschn. 6.3.4).

9.3 Exogene Belastungen des Objektes senken

An erster Stelle sind abnormale Belastungen, die sich aus der Funktionserfüllung ergeben, zu verringern oder am besten zu eliminieren. Normale funktionelle Belastungen, die mit dem Arbeits- und Bauprinzip verbunden sind, können zwar nicht beseitigt, aber, falls sie variieren, manchmal reduziert oder zeitlich geglättet werden. Außerdem ist zu erwägen, normale und abnormale Belastungen, die aus Umgebungseinflüssen oder aus der Instandhaltung hervorgehen, herabzusetzen oder sogar zu beseitigen. Sind somit die exogenen Belastungen minimiert, so kann vielleicht die Belastungslage des Objektes noch verbessert werden, indem die Belastungen günstiger auf das Objekt verteilt werden.

In allen diesen Fällen werden irgendwelche Nebenkomponenten benötigt.

Beispiele

- Funktionserfüllung
  - Verunreinigungen (Steine, Schrott u.ä.) aus Rohstoffen für Pressen, Brecher u.ä. entfernen mit Hilfe von Sieben, Magneten usw.
  - Überhöhten Arbeitsdruck in Druckbehältern vermeiden durch Anbringen eines Sicherheitsventils.
  - Schwankungen in der Fördermenge nach Pressen, Brechern usw. ausgleichen, z.B. mittels eines Dosierbunkers.
  - Druckluft trocknen, z.B. mit Zyklonen oder Silikagel.
- Umgebungseinflüsse
  - Rohrleitungen, Schiffe, Bohrinseln usw. kathodisch schützen.
  - Objekt vor tropfenden Flüssigkeiten schützen mittels einer Schutzhaube.
  - Blitzeinschlag vorbeugen mittels eines Blitzableiters.
- Instandhaltung
  - Objekt mit Hebeösen versehen für einen Kran, Gabelstapler usw.
  - Objekt wasserdicht machen, um durch Abspritzen reinigen zu können.

9.4 Exogene Belastungen der Komponenten senken

Falls die exogene Belastung des Objektes (0) festliegt, kann man die auf die Komponente (j) übertragenen Belastungen in folgender Weise herabsetzen:

- Die Belastungen senken, indem man abnormale Belastungen eliminiert und/oder normale Belastungen glättet oder reduziert. Hierzu müssen Nebenkomponenten beigegeben werden.
- Die verbleibenden Belastungen günstiger auf die Komponenten verteilen und dazu
  - die Teilfunktion (j) untergliedern und auf mehrere, einfachere Komponenten (j) verteilen, also die Funktionszuteilung ändern;
  - die Teilfunktion (j) auf mehr ähnliche Komponenten (j) verteilen, also die Komponentenzahl ändern;
  - die Struktur (j) funktionell und/oder materiell ändern, d.h. Schaltung bzw. Orientierung, Position und/oder Abstand.

Sind somit die exogenen Belastungen minimiert, so kann vielleicht die Belastungslage einer Komponente noch verbessert werden. Dazu sind die Belastungen mittels Nebenkomponenten günstiger auf die Komponente zu verteilen.

Beispiele

- Übertragene Belastungen senken
  - Zeitweise Überbelastung eines Backenbrechers vermeiden mittels federnder Drehpunkte (Nebenkomponente, Bild 9.5).
- Belastungen günstiger verteilen
  - Die bei einem einzelnen Wälzlager kombiniert auftretende radiale und axiale Belastung auf ein Radiallager und ein Axiallager verteilen (Funktionszuteilung).
  - Mehr gleichartige, nicht redundante Motoren, Übertragungen, Pumpen usw. parallelschalten (Zahl).

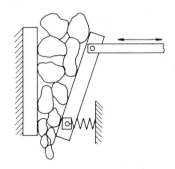

Bild 9.5   Gegen Überbelastung gesicherter Backenbrecher

- Stahlprofile mit der offenen Seite nach unten anbringen, damit kein Regenwasser stehen bleibt (materielle Struktur, Bild 9.6).

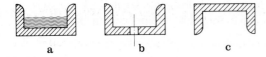

a   b   c

Bild 9.6   Stahlprofile schützen gegen Regenwasser

- Belastungslage verbessern
  - Belastung eines Lagerhauses verteilen, damit die örtliche Belastungsspitze auf Wälzkörper und Laufbahnen abgeschwächt wird (Nebenkomponente, Bild 9.7).

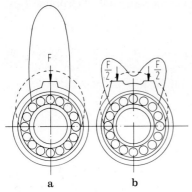

a   b

Bild 9.7   Verteilung der Belastung eines Wälzlagers

9.5 Belastbarkeit der Komponenten steigern

Kann die Belastung der Komponente (j) nicht weiter heruntergesetzt werden, so bleibt nur zu versuchen, ihre Belastbarkeit den Belastungen gegenüber zu steigern. Hierzu ist die Komponente selbst zu ändern, wobei ihr Arbeits- und Bauprinzip (j) sowie alle ihre Konstruktionsparameter auf der darunterliegenden Ebene ($j + 1$) herangezogen werden können.

Bei gegebenen exogenen Belastungen einer Komponente (j) kann man ihr Fehlverhalten verbessern, indem man ihre Konstruktion ändert mit dem Ziel:

- die exogenen Belastungen auf Komponenten ($j + 1$) zu verringern;
- die Fehlstruktur ($j + 1$) zu verbessern;
- die Belastbarkeit der Komponenten ($j + 1$) zu steigern.

Der erste Weg entspricht den in Abschn. 9.4 genannten Maßnahmen auf Ebene (j), bezieht sich nun aber auf die darunterliegende Ebene ($j + 1$). Es ist also zu erwägen:

- die auf die Komponenten (j + 1) übertragenen Belastungen zu senken;
- die verbleibenden Belastungen günstiger auf Komponenten (j + 1) zu verteilen;
- die Belastungslage der Komponenten (j + 1) zu verbessern.

Die in Abschn. 9.4 erwähnten Beispiele treffen also wiederum auf der Ebene (j + 1) zu.

Der zweite Weg, die Verbesserung der Fehlstruktur (j + 1), entspricht der Vorgehensweise zur Verbesserung der Fehlstruktur (j). Diese wird in Abschnitt 9.7 behandelt.

Der dritte Weg, die Steigerung der Belastbarkeit der Komponenten auf der unterliegenden Ebene (j + 1), ist letzten Endes zurückzuführen auf Erhöhung der Belastbarkeit von Einzelteilen (m), durch Änderung von Wirkstoff, Form und Abmessungen, siehe Abschn. 9.8.

Weitere Beispiele

- Übertragene Belastungen herabsetzen
  - Elastische Kupplung anbringen zwischen Antrieb und Lastverfahren gegen das Weiterleiten von Schwingungen (Nebenkomponente).
- Belastungen günstiger verteilen
  - Ist eine Stoßbelastung nicht zu vermeiden, so wäre ein Gleitlager statt eines Rollenlagers in Erwägung zu ziehen (Arbeitsprinzip).
  - Kraft- und Dichtungsfunktion von Rohrverbindungen, Deckel u.ä. trennen (Funktionszuteilung).
  - Mehr Lager in einem Stromabnehmer anbringen, um die Stromstärke per Lager zu beschränken (Zahl).
- Belastungslage verbessern
  - Schraubenbolzen nicht exzentrisch, sondern zentrisch belasten (Neben-komponente).

9.6 Endogene Belastungen der Komponente senken

Endogene Belastungen finden ihren Ursprung innerhalb von Komponenten des Objektes (Abschn. 9.1). Auch wenn sie funktionell und normal sind, können sie andere Komponenten beschädigen. Zur Verringerung von Schäden an Komponente B infolge endogener Belastungen aus Komponente A können wiederum vier Lösungswege angestrebt werden (Abschn. 9.2):

- Die *Ursache* beseitigen, also das Entstehen endogener Belastungen in der Komponente A verhindern. Hierzu sind besonders das Arbeitsprinzip (j) und/oder das Bauprinzip (j) der Komponente A zu ändern.
- Die *Übertragung* der Belastung aus der Komponente A auf die Komponente B unterbinden (Vgl. Abschn. 9.4). Hierzu kommen besonders die funktionelle und materielle Struktur (j), die Komponentenzahl und Nebenkomponenten in Betracht.

- Die *Wirkung* unterbinden, indem die Belastbarkeit der betroffenen Komponente B erhöht wird (Vgl. Abschn. 9.5). Hierzu können grundsätzlich alle seine Konstruktionsparameter auf der Ebene (*j* + 1) angewandt werden.
- Die *Folgen* für das Objekt als Ganzes aufheben (Vgl. Abschn. 9.6). Hierzu ist die Fehlstruktur des Objektes zu verbessern, siehe Abschn. 9.7.

Beispiele

- Ursache beseitigen (Komponente A)
  - Rotierende Körper auswuchten.
  - Eine biegsame Welle steif machen, damit die Lager nicht schief belastet werden.
  - Deckel eines Druckbehälters steif machen, damit die Bolzen nicht exzentrisch belastet werden.
  - Kompensationskräfte vorsehen, z.B. Entlastungsscheiben für Kreiselpumpen.
  - Überlastungsventile für eingeschlossene Flüssigkeitsmengen.
- Übertragung verhindern (von Komponente A auf Komponente B)
  - Schwingungsdämpfer zwischen Motor und Chassis eines Wagens.
  - Fluchtlinienfehler ausgleichen mittels einer flexiblen Kupplung.
  - Flexibler Lagerstuhl, damit das Lager der Durchbiegung einer Welle folgen kann (Bild 9.8).
  - Schleuderscheibe c auf eine Welle, damit Stopfbuchsleckage auf eine harmlose Stelle abfließt (Bild 9.9).

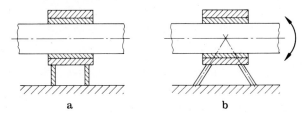

a   b

Bild 9.8   Flexibeler Lagerstuhl

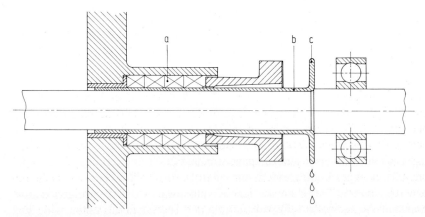

Bild 9.9   Schleuderscheibe

- In einer Verbindungsleitung zwischen Komponenten, die sich ausdehnen, Balgen, Kompensatoren, Expansionsstücke usw. aufnehmen (Bild 9.10).
- Hitzeschild zwischen Wärmequelle und wärmeempfindlicher Komponente.
- Wirkung unterbinden (Komponente B)
- Wälzlager einstellbar machen, um Winkeldrehung der Welle aufnehmen zu können.
- Komponente gegen Tropfwasser wasserdicht ausführen.

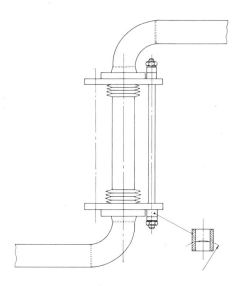

Bild 9.10   Ausdehnungsbalgen

9.7 Fehlstruktur des Objektes verbessern

Meistens führt bei einem Objekt das Versagen jeder einzelnen Komponente (j) infolge exogener und/oder endogener Belastungen zum Versagen des Objektes (0) als Ganzem. Was sein Ausfallverhalten angeht, so stehen die Komponenten sozusagen "in Serie" wie die Glieder einer Kette. Das Ausfallverhalten eines Objektes kann also im Prinzip verbessert werden durch Verringerung der Zahl seiner "in Serie" geschalteten Komponenten (Vgl. Abschn. 6.2.1). Weil aus dem Arbeitsprinzip (j) bestimmte Teilfunktionen hervorgehen, müßte dazu eine Teilfunktion auf weniger Komponenten verteilt werden, oder es müßten mehrere Teilfunktionen derselben Komponente zugewiesen werden. Die Gefahr dabei ist, daß gleichzeitig die Zuverlässigkeit der verbleibenden Komponenten absinkt.

Andererseits besteht die Möglichkeit, ein und dieselbe Teilfunktion von mehreren Komponenten "parallel" erfüllen zu lassen, und zwar so, daß wenigstens eine Komponente nicht zur vollständigen Erfüllung der Teilfunktion benötigt wird. Die Ausfalleigenschaften eines Objektes können im Prinzip verbessert werden durch

Vergrößerung der Zahl parallelgeschalteter Komponenten (*j*). Die Extrakomponenten sind als Nebenkomponenten anzusehen. Man spricht in diesem Falle von Überzähligkeit oder Redundanz. Diese Möglichkeit wurde schon in Abschn. 6.3.2 erwähnt und wird in Kap. 13 noch näher betrachtet.

Beispiele

- Weniger Komponenten "in Serie"
  - Übertragung mit weniger Stufen versehen (Bild 6.2);
  - Motor, Kupplung und Zahnradkasten ersetzen durch einen Motorreduktor.
- Mehr Komponenten "parallel"
  - Redundanz in Meß-, Regel-, Lenkungs- und Sicherheitssystemen;
  - Ringleitung statt einfacher Verteilleitung in einem Kraftwerk (Bild 9.11).

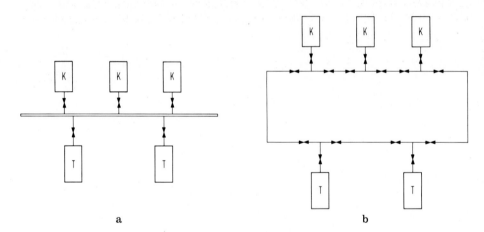

a   b

Bild 9.11   Ringleitung zur Sicherung der Dampfzufuhr

9.8 Belastbarkeit von Einzelteilen steigern

Was bis jetzt in bezug auf Komponenten (*j*) gesagt wurde, trifft auch zu auf die Komplexitätsebene (*m*), auf Einzelteile. Sie sind exogenen und endogenen Belastungen ausgesetzt, und ihr Fehlverhalten ist letzten Endes Anlaß zum Versagen des Objektes. Es hängt einerseits ab von der Belastung des Einzelteils und andererseits von seiner Belastbarkeit gegenüber Fehlmechanismen wie Verschleiß, Korrosion, Ermüdung (Abschn. 2.1.2).

Falls die Zuverlässigkeit eines Einzelteils ungenügend ist, kann man versuchen, seine exogene Belastung zu verringern. Die in Abschn. 9.4 dazu erwähnten Möglichkeiten treffen auch hier zu: Abnormale Belastungen eliminieren, normale Belastungen reduzieren, glätten und günstiger verteilen. Als zur Verfügung stehende

Konstruktionsparameter kommen besonders die Funktionszuteilung und die Zahl der Einzelteile in Betracht, sowie die Struktur (m) (funktionell und materiell) und die Anwendung von Hilfskomponenten.

Beispiele

- Einen querbelasteten Bolzen ersetzen durch einen längsbelasteten Bolzen und einen querbelasteten Paßstift (Funktionszuteilung);
- Mehr Keilriemen in einer Übertragung, mehr Schrauben in einem Deckel usw. wählen (Zahl);
- Abstand l zwischen Stützpunkten, z.B. einer Konsole, vergrößern (materielle Struktur, Bild 9.12);
- Unterlegscheibe unter Schraubenkopf und Mutter anbringen (Nebenkomponente).

Ebenso kann man versuchen, den Einfluß endogener Belastungen zu senken (Vgl. Abschn. 9.6). Als Beispiel zeigt Bild 9.13, wie die Enden von Schlauchverbindungen

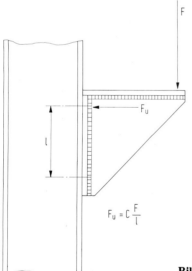

Bild 9.12   Senkung der Belastung von Konsolenbolzen

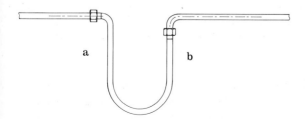

Bild 9.13   Senkung endogener Belastungen eines Schlauches

senkrecht statt waagerecht anzubringen sind, damit keine zusätzlichen Biegespannungen eintreten.

Auch auf dieser Ebene besteht die Möglichkeit, Redundanz zur Verbesserung der Fehlstruktur des Objektes anzuwenden (vgl. Abschn. 9.7). Das ist z.B. der Fall, wenn mehrere Kabel, Riemen usw. vorgesehen werden, die nicht alle zur Funktionserfüllung benötigt sind. Es sollte jedoch klar sein, daß beim Versagen eines Einzelteils die verbleibenden schwerer belastet werden.

Wenn die Belastungen nicht mehr gesenkt und die Fehlstruktur nicht mehr verbessert werden können, bleibt nur noch die Möglichkeit, die Belastbarkeit des Einzelteils zu erhöhen. Dazu ist seine Konstruktion zu ändern, also seine Gestalt und/oder sein Werkstoff. Die Werkstoffeigenschaften werden übrigens nicht nur von der Materialzusammenstellung, sondern auch von der Materialverarbeitung (z.B. polieren) und von eventuellen Materialbehandlungen (z.B. härten) bestimmt. Die Gestaltsänderung kann die Abmessungen (Zahl) und/oder die Form (materielle Struktur) betreffen. Eine Konstruktionsänderung in diesem Sinne ist z.B. die Anwendung eines speziell geformten Dehnbolzens aus Sonderstahl statt eines Normalbolzens.

Im Maschinen- und Apparatebau gibt es klassische Theorien zur Bestimmung der Belastbarkeit von Oberflächen und Querschnitten von Einzelteilen, je nach der Art der Belastung (mechanisch, thermisch, chemisch, konstant, variabel usw.). Vielfach sind diese Theorien noch deterministischer Art und bezwecken, eine "unendliche" Standzeit zu verwirklichen. Sie basieren auf den mittleren Werten, die Belastung und Belastbarkeit aufweisen, und berücksichtigen die Streuung dieser Größen infolge unterschiedlicher Betriebs- bzw. Herstellungsbedingungen mittels eines Sicherheitsfaktors. Neuerdings machen sich auch Betrachtungen stochastischer Art geltend, die eine bestimmte Zuverlässigkeit voraussagen, indem sie nicht nur die erwähnten Mittelwerte, sondern auch die zugehörige Verteilungsfunktion quantifizieren.

Mit Kenntnis dieser deterministischen und stochastischen Theorien kann man die in Abschn. 9.5 und 9.7 erwähnten Möglichkeiten verfolgen, um durch Änderung der Konstruktionsparameter auf der Ebene (m + 1) - Werkstoff, Form und Abmessungen - die Zuverlässigkeit eines Einzelteils (m) zu steigern. Dazu ist die Belastung von Materialelementen (m + 1) zu verringern, ihre Belastbarkeit zu steigern und/oder die Fehlstruktur zu verbessern. Zur Verringerung der Belastung ist zu erwägen:

- die mittlere Belastung auf den Elementen (m + 1) zu senken. Dies führt zu größeren Abmessungen von Wirkflächen und Querschnitten;
- die Belastungsunterschiede zu verringern, also die Belastung günstiger zu verteilen. Zu denken ist an Formänderungen, die sich besser dem Kraftfluß anschließen, z.B. durch Vermeidung von scharfen Durchmesserübergängen;
- die endogenen Belastungen zu senken, z.B. durch Abbauen von Fertigungsspannungen mittels Glühen.

Zur Steigerung der Belastbarkeit von Elementen kann man:

- die mittlere Belastbarkeit erhöhen, also einen hochwertigeren Werkstoff und/oder andere Verarbeitung und Behandlung wählen;

- unbeabsichtigte Belastbarkeitsunterschiede verringern. Zu denken ist an homogenere Werkstoffe und/oder besser kontrollierte Verarbeitung und Behandlung;
- die Belastbarkeit örtlich dem Bedarf anpassen, z.B. eine verschleißfeste Schicht bilden durch Oberflächenhärtung oder Aufspritzen.

Auch auf der Ebene $(m + 1)$ ist Steigerung der Belastbarkeit durch Verbesserung der Fehlstruktur mittels redundanter Elemente vorstellbar. Zu denken ist an Einzelteile, die eine gewisse Rißbildung zulassen, und an ein geflochtenes Stahlkabel, das zu 10% Drahtbrüche erlaubt.

10 Instandhaltbarkeit fördern

10.1 Instandhaltungsmittel

10.1.1 Anpassung

Das Instandhaltungssystem umfaßt meistens mehrere Instandhaltungsebenen mit unterschiedlichen personellen und materiellen Mitteln und Arbeitsweisen (Abschn. 2.2.3). Im allgemeinen kann man die Instandhaltbarkeit M eines Objektes durch richtige Anpassung seiner Konstruktion an die vorhandenen Mittel oder umgekehrt fördern. Der Konstrukteur sollte sich dazu fragen, welche Instandhaltungsmaßnahmen auf welcher Ebene vorzunehmen sind.

Wir beschränken uns in diesem Kapitel auf den ersten Weg und betrachten besonders Konstruktionsänderungen mit dem Ziel, das Objekt besser an die vorhandenen Instandhaltungsmittel anzupassen. Manchmal ist es jedoch vorteilhaft, auch die Anpassung der Instandhaltungsmittel an das Objekt zu erwägen. Man denke z.B. an Fortbildung und Einweisung des Personals und an Anschaffung von Sonderausrüstung. Die damit verbundenen Ausgaben sind im Prinzip den Anschaffungskosten des Objektes zuzuordnen.

10.1.2 Personelle Mittel

Die Anpassung eines Objektes an die personellen Mittel ist in erster Linie auf allgemeine ergonomische Anforderungen zurückzuführen, wie sie aus der Arbeitsweise des Menschen hervorgehen [10.1]. Sie sind physiologischer, biomechanischer und psychologischer Art und werden in den Abschn. 10.2 bis 10.8 näher betrachtet. Spezielle Anforderungen ergeben sich auf jeder Instandhaltungsebene aus dem individuellen fachmännischen Können des künftigen Instandhalters: Seine Ausbildung und Erfahrung müssen für seine Arbeit ausreichen. Man sollte z.B. erwägen, ob statt elektronischer nicht besser mechanische oder pneumatische Regelgeräte in einem Produkt für ein Entwicklungsland zu verwenden wären. Bedienungsleuten fehlt es vielfach an technischem Geschick und Erfahrung, wie sie z.B. für das Einstellen eines Spiels erforderlich sind.

Außer dieser qualitativen Abstimmung können auch quantitative Überlegungen eine Rolle spielen. Es kann wichtig sein, daß eine Instandhaltungstätigkeit von möglichst wenig Personen durchgeführt werden kann, u.U. nur von einer oder höchstens zwei. Das geschieht dann nicht nur aus Kostengründen, sondern auch, weil so Abstimmungsfehler, z.B. beim entfernten Ablesen von Meßgeräten, oder Unfälle, z.B. bei der Sicherung von Maschinen und Apparaten, vermieden werden können.

10.1.3 Materielle Mittel

Als materielle Mittel sind näher zu unterscheiden: Ausrüstung wie Handwerkzeug, Hebemittel und persönliche Schutzmittel; Hilfsstoffe; Ersatzteile. Sie können in zwei Kategorien eingruppiert werden:

- *Allgemeine Mittel*, die auch bei anderen Objekten benutzt werden können und beim Entwurf gewissermaßen als Randbedingungen zu berücksichtigen sind;
- *spezielle Mittel*, die nur für das betrachtete Objekt brauchbar sind und zum Entwurf gerechnet werden müssen.

Aus Kostengründen möchte man den Umfang beider Kategorien, besonders den der speziellen Mittel, beschränken. Was Ersatzteile und Hilfstoffe anbelangt, ist Normung und Standardisierung auch hinsichtlich der Sollwerte und Toleranzen angebracht, wie schon in Abschn. 6.2.2 erwähnt worden ist. Spezielle Ersatzteile werden nicht selten am Ende der Gebrauchsdauer des Objektes unbenutzt verschrottet. Ihre Verfügbarkeit ist unterdessen mit jährlichen Kosten für Abschreibung, Zinsverlust und Lagerhaltung bis zu 30% ihres Anschaffungswertes verbunden gewesen. Dennoch kann ihre Anschaffung manchmal gerechtfertigt sein, um gegebenenfalls hohen Ausfallkosten vorzubeugen.

Auch für die Ausrüstung sollte man versuchen, mit den üblichen Mitteln für Montage und Demontage auszukommen. Spezialausrüstung kann jedoch manchmal vorteilhaft sein für die zweckmäßige Ausführung von öfter wiederkehrenden Instandhaltungsarbeiten. Man denke z.B. an einen Zündkerzenschlüssel, an Hilfsstücke zur (De-)Montage und an ortsfeste Hebebalken über schweren Komponenten.

Auf niedrigeren Ebenen ist der Instandhalter im allgemeinen mit wenigem und universellem Werkzeug ausgerüstet. Das stellt besondere Anforderungen an die Konstruktion in bezug auf Instandhaltungsmaßnahmen, die auf diesen Ebenen ausgeführt werden müssen, z.B. Anwendung möglichst wenig verschiedener und ausschließlich genormter Schraubenmaße. Als Beispiel kann ein Auto gelten, das Schrauben und Muttern in nur vier Abmessungen hat, mit zwei Schlüsseln zu hantieren. Bedienungspersonal verfügt im allgemeinen nur über einen Schraubenzieher und einen verstellbaren Schlüssel.

10.1.4 Methoden und Daten

Der Konstrukteur sollte auch vielerlei Vorschriften hinsichtlich der künftigen Instandhaltung Rechnung tragen. Dazu gehören allgemein gültige Prozeduren, die die Gesetzgeber (Arbeitsinspektion, Gewerbeaufsichtsamt) in bezug auf die Sicherheit innerhalb und außerhalb des Betriebes erläßt. Man denke z.B. an die zwei- bzw. vierjährliche Überprüfung von Druckbehältern. Auch interne Betriebsvorschriften, z.B. hinsichtlich Benutzung von persönlichen Schutzmitteln, sind zu berücksichtigen.

Derartige allgemeine Bestimmungen müssen im Instandhaltungskonzept verarbeitet werden. Das trifft auch zu für besondere praktische Vorgehensweisen, die bei der Instandhaltung berücksichtigt werden müssen, z.B. für das Abkühlen und Anwärmen von Ofenausmauerungen. Wie bereits in Abschn. 2.5 erwähnt, sollte schon der Konstrukteur sich bemühen, ein vorläufiges Instandhaltungskonzept für das Objekt aufzustellen. Er wird besonders auch die Instandhaltungsstrategien einbeziehen müssen, die auf die Komponenten des Objektes angewandt werden (Kap. 4). Deren Wahl stellt ja besondere Anforderungen an die Konstruktion, z.B.:

- ausfallbedingte Instandsetzung: kein Folgeschaden, gute Instandhaltbarkeit der betroffenen Komponenten;
- intervallbedingte Instandsetzung: gut voraussagbare Standzeiten der Komponenten, die vorzugsweise Vielfache voneinander sind;
- zustandsbedingte Instandsetzung: Anwendung von Komponenten, die nicht plötzlich versagen und deren Zustand gut überwachbar ist.

Im Entwurf und dem zugehörigen Instandhaltungskonzept sind noch viele besondere Instandhaltbarkeitsanforderungen, z.B. hinsichtlich verfügbarer Zeitlimite, zu berücksichtigen, wie in Kap. 12 noch näher erörtert wird.

10.2 Arbeitsumstände

Gute Instandhaltbarkeit heißt für den Instandhalter vor allem, daß die Konstruktion eines Objektes eine sichere und bequeme Ausführung seiner Tätigkeiten ermöglicht. Zweifellos kommt dabei die *Sicherheit* an erster Stelle. Man denke in diesem Zusammenhang an schädliche Umwelteinflüsse (Hitze, Strahlung, Gase, Asbest usw.), die die primären, organisch bestimmten Lebensfunktionen des Menschen, wie Atmen und Wärmeabgeben, gefährden können.

In gesetzlichen Vorschriften und Genehmigungen sind viele Sicherheitsanforderungen festgelegt. Sie werden von Betriebsvorschriften ergänzt. Die ergonomische Literatur gibt dazu Anhaltspunkte.

Beispiele

- Unsichere Standorte, z.B. auf Leitern, vermeiden durch Anbringen fester Treppen und Absätze bei Maschinen und Apparaten;
- Konstruktion beim Öffnen des Gehäuses automatisch elektrisch spannungsfrei machen;
- Kombination Teflon/Stahl vermeiden bei Komponenten, an denen später geschweißt werden muß (schädliche Gase).

Die Instandhaltungsarbeiten sollten jedoch nicht nur sicher, sondern auch *bequem* auszuführen sein. Diese beiden Ziele überschneiden sich übrigens weitgehend in ihren konstruktiven Konzequenzen. Unfälle sind oft auf schlechte Arbeitsumstände, wie z.B. schwere Erreichbarkeit, zurückzuführen. Schwierige und unangenehme Arbeitsumstände sind daher soweit als möglich zu beseitigen. Genügend Licht, Luft und Platz sind zu beschaffen, beschwerliche Arbeitshaltungen wie bücken, hocken, liegen usw. zu vermeiden. Man sollte ebenfalls bedenken, daß ein großes Verantwortlichkeitsgefühl verlangt wird, wenn auch unter schlechten Arbeitsumständen gute Arbeit geleistet werden soll. Umgekehrt kommt Bequemlichkeit bei der Ausführung von Instandhaltungsarbeiten ihrer Qualität zugute. Dazu kann auch ein gutes Äußeres des Objektes (Form, Farbe usw.) beitragen.

Bei der Förderung der Arbeitsumstände spielen viele Faktoren eine Rolle. Was die Konstruktion eines Objektes angeht, sollte man besonders auf die Orientierung achten (horizontal oder vertikal), auf gute Zugänglichkeit durch eine offene materielle Struktur und auf genügend freien Raum ringsum, z.B. um Rohre aus einem Wärmetauscher ziehen zu können.

Beispiele

- Komponenten nicht von unten, sondern seitlich oder von oben erreichbar machen zum Reinigen (z.B. vertikale Wärmeaustauscher), Schmieren (z.B. Traktor) usw.
- Objekt kippbar machen, so daß längeres Arbeiten in einer gebückten Haltung vermieden wird, z.B. Extruder.

10.3 Lösungsfeld

Nach den Arbeitsumständen im allgemeinen wenden wir uns nun besonders den eigentlichen Instandhaltungsverrichtungen am Objekt zu. Es liegt nahe, die Anpassung des Objekts an den Menschen auf bewährten ergonomischen Ausgangspunkten zu gründen. Diese berücksichtigen die primären Funktionen, welche bei der menschlichen Arbeit eine Rolle spielen:

- Wahrnehmen: sehen, hören, riechen, fühlen,
- Denken: analysieren, deduzieren, kombinieren, konkludieren,
- Handeln: heben, ziehen, schieben, drehen usw.

Diese drei Vorgänge spielen auch eine Rolle in den aufeinanderfolgenden Stadien der Wartung, Instandsetzung und Inspektion, nur mit unterschiedlichen Akzenten. Zuerst ist festzustellen, welche Komponenten zu behandeln sind, was Wahrnehmen und Identifizieren voraussetzt, gegebenenfalls auch die Möglichkeit, einen Schaden zu lokalisieren. Die Schadenssuche wie auch das Bedenken, welche Handlungen angebracht sind, erfordern eine gute Durchschaubarkeit der Arbeits- und Bauweise, besonders der funktionellen Struktur des Objektes. Die Ausführung der Handlungen macht gute Erreichbarkeit, gegebenenfalls auch gute Auswechselbarkeit oder Bearbeitbarkeit der Komponenten notwendig.

Aus diesen Überlegungen ergeben sich als *Teilziele* zur Förderung der Instandhaltbarkeit eines Objektes (Bild 10.1):

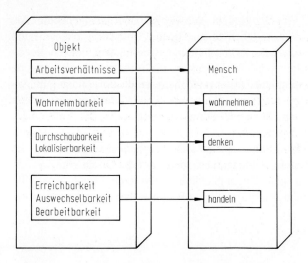

Bild 10.1   Maßgebende Merkmale für die Instandhaltbarkeit

- Wahrnehmbarkeit verbessern, Abschn. 10.4;
- Durchschaubarkeit verbessern, Abschn. 10.5;
- Lokalisierbarkeit von Schäden verbessern, Abschn. 10.6;
- Erreichbarkeit fördern, Abschn. 10.7;
- Auswechselbarkeit fördern, Abschn. 10.8;
- Bearbeitbarkeit fördern, Abschn. 10.9.

Konstruktions-parameter → / Teil-ziele ↓ (1)	Komponenten				Struktur		
	Teil-funktion (2)	Arbeits-prinzip (Werkstoff*) (3)	Bau-prinzip (Form*) (4)	Zahl u. Haupt-abmes-sungen (Abmessung*) (5)	funkti-onell (6)	materi-ell (7)	Neben-kompo-nenten (8)
Wahrnehmbarkeit ↑							
Durchschaubarkeit ↑							
Lokalisierbarkeit ↑							
Erreichbarkeit ↑							
Auswechselbarkeit ↑							
Bearbeitbarkeit ↑							

* Einzelteile

Bild 10.2   Lösungsfeld zur Förderung der Instandhaltbarkeit

Diese Teilziele und die zur Verfügung stehenden *Konstruktionsparameter* definieren auf jeder Komplexitätsebene (*j*) (*j* = 1,...*m*) des Objektes das *Lösungsfeld* (*j*) (Bild 10.2). Die Benutzung dieses Lösungsfeldes wird in den nächsten Abschnitten kurz erörtert und mit Beispielen erläutert.

Selbstverständlich sollte man immer im Auge behalten, daß die vorgenommenen Konstruktionsverbesserungen im allgemeinen nicht mit einer Zunahme präventiver oder korrektiver Maßnahmen verbunden sein dürfen. Besonders bei der Anwendung von Nebenkomponenten ist sicherzustellen, daß diese selbst ein sehr gutes Instandhaltungsverhalten aufweisen, damit das Objekt als Ganzes nicht darunter leidet. Die Anwendung des Prinzips der Selbsthilfe kann dazu nützlich sein (Abschn. 6.3.4).

10.4 Wahrnehmbarkeit verbessern

Die Ausführung präventiver und korrektiver Maßnahmen an einem Objekt erfordert in erster Instanz gute Sichtbarkeit seiner Komponenten. Man muß feststellen können, wo sie sich befinden und in welchem Zustand sie sind. Dazu ist eine Konstruktion anzustreben, die

- nach außen hin offen ist oder von außen betrachtet werden kann durch Luken, Gucklöcher, Fenster u.ä.;
- ausreichend Licht hereinfallen läßt oder innen mit Lichtpunkten versehen ist;
- innen ein freies Blickfeld bietet, indem genügend Raum zwischen den Komponenten vorhanden ist.

Die Wahrnehmbarkeit von Komponenten hängt besonders von ihrer Anordnung, ihrem Abstand und ihrer Position, also von der materiellen Struktur des Objektes ab.

Beispiel

- Inspektionsluken, z.B. in einem Flugzeugrumpf, um Aggregate und in einem Kessel, um die Ausmauerung betrachten zu können.

10.5 Durchschaubarkeit verbessern

Gut wahrnehmbare Komponenten sind eine notwendige, aber nicht ausreichende Voraussetzung, um die Arbeitsweise eines Objektes leicht erkennen zu können. Dabei spielt seine Durchschaubarkeit ebenfalls eine wichtige Rolle. Sie kann durch gute Identifizierbarkeit, eine einleuchtende Struktur und Eindeutigkeit gefördert werden.

Um eine Komponente zu identifizieren, also ihre Art kennenzulernen, betrachtet man in erster Instanz ihre Form und Größe. Zusätzliche Hilfsmittel wie Aufschriften und andere Kennzeichen können nützlich oder sogar nötig sein, z.B. wenn Komponenten mit verschiedenen Funktionen sich äußerlich ähneln. Was die Struktur anbelangt, muß man eine einleuchtende Anordnung der Komponenten anstreben, die Folgerungen über die Art der Teilfunktionen, die sie erfüllen, zuläßt. Das kann gefördert werden, indem man das Objekt aus einer geringen Anzahl von Komponenten aufbaut und diese logisch und in deutlichem Zusammenhang anordnet. Man hüte sich vor unnötigen Unterschieden in Funktion, Leistung und Gestaltung der Komponenten, weil dadurch die Komplexität der Konstruktion erhöht wird (Abschn. 6.2.1). Besonders sollten auch die gegenseitigen Verknüpfungen zwischen den Komponenten durch Flüsse von Materie, Energie und Information klar sein.

Mit Eindeutigkeit ist u.a. gemeint, daß die materielle Struktur des Objektes Verwechslungsfehlern vorbeugt, indem sie verbietet, eine Komponente an einer falschen Stelle oder in einer falschen Lage zu montieren (Abschn. 6.3.1). Die Einsicht dazu kann von auf oder in dem Objekt angebrachten Schemata und von einer Anleitung unterstützt werden.

Beispiele

- Identifizierbarkeit
  - Komponenten mit Farben, Symbolen, Piktogrammen u.ä. markieren, z.B. Leitungen an Bord von Schiffen;
  - bewegende Teile mit einer abweichenden Farbe versehen.
- Struktur
  - Es muß deutlich sein, welche Schrauben für das Abbauen und welche für das Einstellen einer Komponente benutzt werden müssen, z.B. bei einem Autoschweinwerfer.
- Eindeutigkeit
  - Es ist zu verhüten, daß der Sicherungsstift, statt in das Sicherungsloch a, in das Loch b des Hohlbolzens der Fahrgestellstütze eines Flugzeugs gesteckt werden kann (Bild 10.3) [10.2].

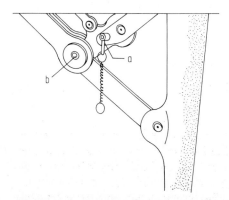

Bild 10.3   Verwechselungsmöglichkeit beim Anbringen eines Sicherungsbolzens

10.6 Lokalisierbarkeit von Schäden verbessern

Gut wahrnehmbare Komponenten in einer durchschaubaren Struktur sind notwendige, aber keine ausreichenden Bedingungen, um Schäden zweckmäßig lokalisieren zu können. Das braucht meistens nur bis auf Komponenten oder Modulenebene stattzufinden. Handelt es sich um Komponenten, die nicht ausgewechselt werden, so ist auch die Beschädigung der Komponente näher zu bestimmen. Manchmal manifestieren sich Beschädigungen direkt durch den veränderten äußeren Zustand einer Komponente (z.B. Bruch oder Anlauffarben) oder durch ihr deutlich erkennbares, abweichendes Verhalten (z.B. Leckage). Oft ist das aber nicht der Fall, und dann ist Schadenssuche unvermeidlich.

Schadenssuche ist nicht selten zeitaufwendig, besonders wenn auch Folgeschaden vorliegt und man die Ursache ausfindig machen muß. Es kann sich deshalb lohnen, nicht nur zur Verringerung des Inspektionsbedarfs (Abschn. 6.3.3), sondern auch zur Zeitersparnis bei der Suche nach einer defekten Komponente Hinweise vorzusehen. Ein Leitfaden zur Schadenssuche sollte auf jeden Fall Bestandteil der Instandhaltungsanleitung sein und eine Auflistung öfters eintretender Schäden mit ihren Symptomen, Fehlerbäumen und zulässigen Zustandsgrenzwerten enthalten (Abschn. 6.3.5).

Oft kann nur das abweichende Betriebsverhalten einer Komponente Aufschluß über seine Beschädigung geben, denn viele Symptome verschwinden beim Stillstand, z.B. Lagergeräusche. Es ist dann wichtig, daß die Gelegenheit zur ungefährlichen Kontrolle von in Betrieb befindlichen Objekten gegeben ist. Auch aus dieser Sicht sollte man an die Möglichkeit zum Anschluß einer Meßapparatur, an eine eingebaute Testapparatur und an Meßgeräte zur Zustandsüberwachung denken.

Was die Beschädigung einer Komponente anbelangt, die vor Ort festzustellen ist, sollte ihre Gestaltung die Prüfung durch dafür geeignete Geräte zulassen. Besondere Aufmerksamkeit verdient dabei die Schadensprüfung von Guß- und Schweißteilen mittels zerstörungsfreier Meßmethoden.

Beispiele

- Lokalisieren von beschädigten Komponenten;
- Anschlüsse zur Diagnose von Autos, Flugzeugen usw.;
- Lokalisieren von Beschädigungen an Komponenten;
- zur zerstörungsfreien Inspektion der Schweißnaht eines Flansches sollte die Größe l nicht zu klein sein (Bild 10.4).

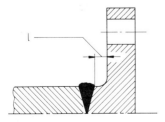

Bild 10.4   Maß l bestimmt die Inspektionsgerechtheit der Schweißnaht

10.7 Erreichbarkeit fördern

Die zu behandelnden Komponenten des Objektes sollten von außen und gegebenenfalls auch von innen erreichbar sein für notwendige Wartungs-, Inspektions- und Instandsetzungsarbeiten. Gute Erreichbarkeit ist nicht nur auf die Hand oder auf den ganzen Körper des Menschen, sondern auch auf seine Hilfsmittel zu beziehen. Besonders wichtig sind die Werkzeuge und persönlichen Schutzmittel, die er brauchen wird. Das trifft auch zu, wenn die Komponenten an der Innenseite behandelt werden müssen, wie Silos, Behälter usw.

Wie schon in Abschn. 6.2.3 erwähnt wurde, sollte die Erreichbarkeit einer Komponente um so besser sein, je öfter sie eine Instandhaltung braucht. Es kann zweckmäßig sein, alle instandhaltungsbedürftigen Komponenten von einer Seite aus erreichbar zu machen. Schwer erreichbare Komponenten können gegebenenfalls auf Schlitten montiert werden, so daß sie nach einer gut zu erreichenden Stelle gleiten können. Man sollte insbesondere vermeiden, daß man gut funktionierende Komponenten abbauen oder auseinandernehmen muß, um defekte Komponenten erreichen zu können, weil das zusätzliche Schlüsselfehler mit sich bringen kann. Das trifft auch zu für elektrische Komponenten, die entfernt werden müssen, um mechanische zu erreichen.

Wie die Wahrnehmbarkeit hängt auch die äußere Erreichbarkeit von Komponenten besonders von ihrer Anordnung, vom Abstand und von der Position, also von der materiellen Struktur des Objektes ab. Die innere Erreichbarkeit von Komponenten wird besonders von ihrer Lage und Form und von ihren Abmessungen bestimmt.

Äußere Erreichbarkeit: Beispiele

- Den Motor eines Lastwagens erreichbar machen mittels einer Kippkabine;
- genügend Platz zwischen den Komponenten und um sie herum lassen für Werkzeuge zum
  - Inspizieren, z.B. Instrumente zur zerstörungsfreien Prüfung;
  - Nachfüllen, Abzapfen und Schmieren, z.B. Trichter oder Fettspritze (Bild 10.5);
- Auswechseln: Abbauen, z.B. Abziehgerät für Riemenscheiben; Hantieren, z.B. Handflaschenzug; Anbauen, z.B. Instrumente zum Positionieren;
- Bearbeiten, z.B. Glätten der Sitzfläche eines eingeschweißten Absperrschiebers (Bild 10.6).

Innere Erreichbarkeit: Beispiele

- Gucklöcher für ein Endoskop, z.B. in Gasturbinen;
- Trommelbremsen durch Zugangsöffnung mit Abdeckstopfen nachregelbar gestalten;
- Objekt waagerecht oder senkrecht teilen, z.B. Extruder.

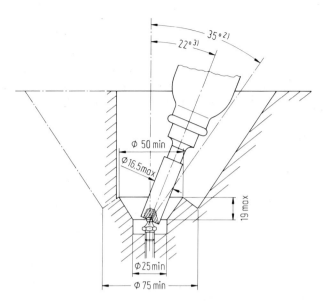

Bild 10.5 Benötigter Raum zum Hantieren einer Fettspritze

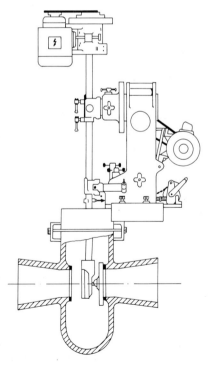

Bild 10.6 Glätten der Sitzflächen eines Absperrschiebers vor Ort erfordert äußere Erreichbarkeit für Werkzeuge

10.8 Auswechselbarkeit fördern

Das Auswechseln einer Komponente erfordert das Demontieren (Lösen und Abbauen), Hantieren und Montieren (Positionieren, Anbauen und Justieren).
Gute *Lösbarkeit* wird gefördert durch wenige, schnell lösbare Verbindungsmittel. Manchmal können Knebel, Münzschrauben, Schrauben mit kombiniertem Schlitzkreuzkopf u.ä. problemlos verwendet werden. Falls die Verbindungsmittel klein sind, kann es nützlich sein, sie bleibend mit dem Objekt zu verbinden, durch entsprechende Wahl ihrer Form oder z.b. mit einem Kettchen. Man sollte übrigens kleine Schrauben und Stiftschrauben vermeiden, die festrosten und beim Losdrehen abbrechen und ausgebohrt werden müssen, z.b. beim Auspuff eines Autos.

Besonders zu beachten sind schwer lösbare Klemm- und Preßverbindungen. Sie führen nicht nur oft zur Verzögerung der Instandhaltungsarbeiten, sondern auch zu kostspieligen Beschädigungen. Deshalb sollten Hilfsmittel zur Demontage vorgesehen sein. Man denke z.b. an Kanäle, um Öl in die Verbindung zu drücken, und an Angriffspunkte, z.B. Drahtlöcher, zum Abziehen von Deckeln, Bremstrommeln u.ä.

Zur guten *Demontierbarkeit* sollten die Komponenten einfach und schnell, ggf. mit geeigneten Werkzeugen, aus dem Objekt entfernt werden können. Das kann eine besondere Form erfordern, z.b. eine abgestufte Welle. Es sollte wiederum nicht nötig sein, auch andere Komponenten auszubauen.

Gute *Hantierbarkeit* setzt voraus, daß die Komponenten dem Menschen und seinem Werkzeug gegenüber nicht zu schwer und nicht zu sperrig sind. Falls Komponenten von einer Person durch Greifen, Schieben, Heben usw. versetzt werden müssen, sollte ihr Gewicht 25 kg nicht übersteigen. Manchmal lohnt es, schwere Komponenten zu teilen. Falls nötig, müssen Angriffspunkte in Form von Handgriffen, Hebeösen usw. angebracht werden.

Gute *Montierbarkeit* erfordert u.a. geeignete Möglichkeiten zum Positionieren und Justieren. Man denke an Anschläge und Suchränder für Deckel, Stifte, Löcher, Befestigungsmittel usw. Die Justierung kann wesentlich vereinfacht werden mittels Paßstiften, Abstandsringen, Markierungsstrichen u.ä. Somit kann man auch Schlüsselfehlern vorbeugen. Man versuche, die Montage durch Benutzung von flexibelen Komponenten zu vereinfachen, z.B. Kabel statt Stangen oder Schläuche statt Rohre.

Beispiele

- Zugringe hinter Wälzlagern zur schadensfreien Demontage (Bild 10.7);
- angepaßte Formen zum vereinfachten Justieren, z.B. bei einer Meßscheibe (Bild 10.8);
- Keilriemen fliegend auf der Welle statt zwischen den Lagern anbringen;
- Schnellkupplungen in Rohrleitungen aller Art benutzen, sowohl in kleinen (z.B. Meßleitungen) wie großen (z.B. Erdölleitung) (Bild 10.9).

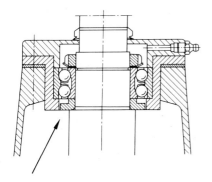

Bild 10.7   Zugring ermöglicht schadensfreie Demontage des Wälzlagers

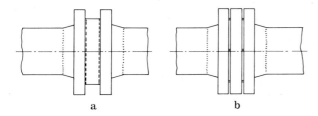

a   b

Bild 10.8   Meßscheibe **b** ist einfacher zu justieren als Meßscheibe **a**

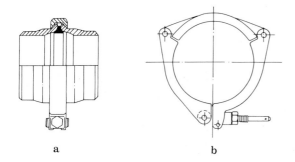

a   b

Bild 10.9   Schnellschlußkupplung für Rohrleitungen

10.9 Bearbeitungsmöglichkeit fördern

Die Bearbeitung einer Komponente vor Ort wird meist das Reinigen und Instandsetzen betreffen.

Reinigen geschieht u.a. durch Spülen, Spritzen, Klopfen, Vibrieren, Picken und
Schaben. Bei der Gestaltung eines Objektes sollte man sich schon im klaren sein,
welche Arbeitsmethode in Betracht kommt. Die Reinigung eines Tanks durch Spülen,
Spritzen oder Picken bestimmt, ob eine Luke vorzusehen ist und - wenn ja -, ob diese

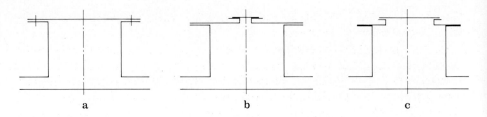

a   b   c

Bild 10.10   Gestaltung eines Tanks bei Reinigung durch Spülen (a), Spritzen (b) und Picken (c)

klein oder groß sein muß (Bild 10.10). Falls man Rohrleitungen mit einem sog. "Wiesel" reinigen möchte, sollten die verwendeten Absperrschieber das zulassen.

Manchmal erfordert richtiges Funktionieren eines Objektes eine besondere Beschaffenheit der Wirkfläche mancher Komponenten, z.B. eine polierte Trommel in einer Schleuder. Falls eine solche Oberfläche ab und zu gereinigt werden muß, z.B. nach Betriebsstörungen, sollte die Reinigung schonend ausgeführt werden. Wenn eine solche Arbeitsweise unmöglich sein sollte, müssen diese Wirkflächen auswechselbar sein.

Im allgemeinen sollten Komponenten gut instandsetzbar sein, besonders die, welche im Stillstand vor Ort repariert werden müssen und/oder sehr teuer sind. *Instandsetzen* geschieht hauptsächlich durch:

- Aufarbeiten, Abrichten und Verbüchsen, sowohl von innen wie von außen;
- Aufschweißen mit verschleißfesten und/oder korrosionsfesten Schichten;
- Zuschweißen, Kleben und Verriegeln von Rissen und Spalten.

Das Abrichten von Wirkflächen, wie Laufflächen und Dichtungsflächen, das Nachschneiden von Schraubengewinden usw. ist nur möglich, falls genügend Material vorhanden ist und die restliche Konstruktion der Gestaltsänderung angepaßt wird durch Verwendung von Komponenten mit Übermaß. Das trifft z.B. zu auf einen Abzapfstopfen (Bild 10.11) oder ein Rohr in einem Wärmeaustauscher.

Damit das ursprüngliche Maß behalten bleibt und somit die Austauschbarkeit von Komponenten nicht verlorengeht, wird oft Verbüchsen oder eine ähnliche Arbeitsweise bevorzugt. Dafür gilt um so mehr, daß die Gestaltung dies ermöglichen muß.

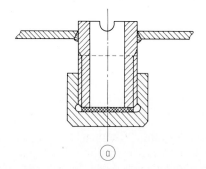

Bild 10.11   Aufarbeiten des Drahtes eines Abzapfstopfens erfordert genügend Wanddicke

Falls das gelegentliche Verbüchsen nötig ist, sollten von Anfang an handelsübliche Überziehbüchsen vorgesehen werden.

Für das Auf- und Zuschweißen spielt die Gestaltung ebenfalls eine wichtige Rolle: Zu dünnes Material z.B. ist schwierig zu schweißen. Das kann ein Problem sein beim Ersetzen von Rohren in einem Wärmetauscher: Weder Rollen noch Schweißen ist dann gut möglich. Zum Reparaturschweißen sollte aber vielmehr auch die Art des Werkstoffs in Betracht gezogen werden: Stahlsorten, die schlecht schweißbar sind oder die beim Schweißen eine anschließende Wärmebehandlung erfordern, sind möglichst zu vermeiden.

In manchen Fällen läßt sich die Konstruktion zwar gut schweißen, aber das ist wegen Explosionsgefahr verboten. Seltener ist der Fall, da bestimmte Arbeitsweisen beim Schweißen nicht in Betracht kommen wegen Anwesenheit eines magnetischen Feldes, z.B. bei einem Elektro-Ofen. Das sollte aus dieser Sicht dazu führen, das Objekt zu modularisieren und Schraubenverbindingen anzuwenden

11 Konstruktionsoptimierung

11.1 Konstruktionsstrategie

Nach Anwendung allgemeingültiger konstruktiver Richtlinien (Kap. 6) sollten die erhaltenen Entwurfsvarianten als vorläufig betrachtet und einer Instandhaltungsanalyse (Kap. 7) unterzogen werden, um eventuelle Schwachstellen aufzudecken. Auf der Suche nach möglichen Konstruktionsverbesserungen ist Vollständigkeit anzustreben, wobei man sich der aus Denkmodellen hervorgehenden Empfehlungen bedienen sollte (Kap. 8, 9 und 10). Aus den auf diese Weise verbesserten Lösungsvarianten muß schließlich die optimale gewählt werden.

Diese Arbeitsschritte kann der Konstrukteur nicht rein diskursiv, nach einem von vornherein festlegten Algorithmus durchlaufen, sondern er muß z.t. auf heuristische oder sogar intuitive Weise vorgehen. Dabei braucht er eine bestimmte *Konstruktionsstrategie*, besonders weil die ihm zur Verfügung stehenden Mittel (Zeit, Geld) beschränkt sind und er bestrebt sein muß, damit das bestmögliche Ergebnis zu erreichen.

Als erster Schritt sollte der Konstrukteur prüfen, ob das diesbezügliche Objekt tatsächlich aus der Sicht der Instandhaltung wichtig erscheint. Erfahrungen mit ähnlichen Objekten unter vergleichbaren Gebrauchsumständen können hier Auskunft geben. Aber auch die Bestimmung kann ausschlaggebend sein: Es kann sich z.B. um einen Engpaß im Produktionsvorgang handeln oder auch nicht.

Falls die Antwort positiv ist, sollte der Konstrukteur sich darüber im klaren sein, daß Förderung bzw. Verbesserung des Instandhaltungsverhaltens einer Entwurfsalternative bei gegebenen Gebrauchsumständen und vorliegendem Vorentwurf im Prinzip auf drei Wegen erreichbar ist, und zwar durch Anpassungen an (Abschn. 2.2):

- das Instandhaltungssystem, z.B. durch Anschaffung von Spezialwerkzeugen zur Erhöhung von M;
- das Instandhaltungskonzept, z.B. durch Übergehen von intervallbedingter auf zustandsbedingte Instandsetzung zur Erhöhung von R_p und/oder R_c;
- die Konstruktion, z.B. durch Wahl einer Komponente mit höherer Belastbarkeit zur Erhöhung von R_c.

Führen diese Überlegungen zu der Schlußfolgerung, daß (auch) eine instandhaltungsgerechte Konstruktion anzustreben ist, dann muß man versuchen, während des Konstruierens zuerst die wichtigsten Teilprobleme anzufassen, bis die Mittel erschöpft sind. Dazu kann man auf eine Instandhaltungsanalyse zurückgreifen und vorrangig die Komponenten bearbeiten, welche im qualitativen und/oder quantitativen Sinne einen dominierenden Beitrag zum Instandhaltungsbedarf des Objektes liefern. Die Prioritätsbestimmung sollte dabei aufgrund der Resultate einer Verhaltensanalyse (Abschn. 7.4.3) geschehen, namentlich von

- C_p, C_c und C_m separat,
- C_{sp} und C_{sc} separat,
- C_{sp} und C_{sc} zusammen.

Falls vorhanden, wird man es selbstverständlich vorziehen, statt dessen die Ergebnisse einer Kostenanalyse zu berücksichtigen.

Bei diesem Vorgehen wird sich immer wieder herausstellen, daß die konstruktiven Empfehlungen nur bedingt befolgt werden können, an erster Stelle, weil sie manchmal technisch nicht ausführbar sind, z.B. weil ein besseres Material zur Erhöhung von R_c nicht bekannt ist. Sind Teillösungen wohl vorhanden, dann sind technische und wirtschaftliche Abwägungen, wie in den nächsten beiden Abschnitten behandelt, meistens unumgänglich. Zum Schluß dieses Kapitels wird die Prozedur zum instandhaltungsgerechten Konstruieren zusammengefaßt.

11.2 Technische Abwägungen

Ziel des instandhaltungsgerechten Konstruierens sollte eine Lösung sein, die minimale Eigentumskosten aufweist (Abschn. 2.6). Was den Instand- haltungskostenanteil anbelangt, so kann man dazu sowohl die Zahl der präventiven und korrektiven Maßnahmen senken, also eine instandhaltungsarme Konstruktion anstreben, als auch die Instandhaltungsmaßnahmen billiger durchführbar machen, also sich um eine instandhaltungsfreundliche Konstruktion bemühen, Bild 5.10. Obwohl beide Wege die Kosten senken, liegt es auf der Hand, an erster Stelle eine instandhaltungsarme Lösung anzustreben, also nicht zu tun, was nicht nötig ist (R_p und R_c, siehe Kap. 8 und 9) und danach zu versuchen, für die verbleibenden Maßnahmen eine instandhaltungsfreundliche Lösung zu realisieren, also leicht und schnell zu tun, was nötig ist (M, siehe Kap. 10).

Diese Vorstellung ist aber zu einfältig. Wenn die konstruktiven Empfehlungen an sich technisch schon realisierbar sind, dann sind sie doch manchmal gegensätzlich und unvereinbar. Das kann schon zutreffen für die Empfehlungen als solche: Anwendung von Selbsthilfe z.B. ("Gebot 9", Abschn. 6.3.4) erfordert Neben- komponenten und führt also zu mehr statt zu weniger Komponenten ("Gebot 1", Abschn. 6.2.1).

Falls die Empfehlungen selbst nicht strittig sind oder sogar miteinander übereinstimmen, so können sie doch in ihrer konstruktiven Ausarbeitung unvereinbar sein, weil dieselbe Lösung sich auf die eine Instandhaltungseigenschaft günstig, auf die andere aber ungünstig auswirken kann. Inspektionsöffnungen z.B. können in einem Flugzeugrumpf oder einem Druckbehälter die Instandhaltbarkeit zwar fördern, aber der Zuverlässigkeit schaden. Deshalb wird der Konstrukteur in jedem besonderen Fall aufs neue zu spezifischen Abwägungen gezwungen. Das erklärt auch, weshalb es nicht möglich ist, die in den Kap. 8, 9 und 10 genannten Empfehlungen in bezug auf R_p, R_C und M gleichsam "ineinanderzuschieben" zu allgemeingültigen Gestaltungsregeln, aus denen ohne weiteres instandhaltungsgerechte Lösungen folgen.

Falls es dem Konstrukteur nicht gelingt, auf befriedigende Weise eine Schwachstelle zu eliminieren, weil keine Lösung bekannt ist oder Unverträglichkeit dies verhindert, kann er nur noch die Folgen einzuschränken versuchen, indem er Ausgleich anstrebt, z.b. eine gefährdete Komponente (R_C niedrig) gut austauschbar macht (M hoch).

Wie oft bei Konstruktionsproblemen werden auch hier unterschiedliche Lösungsvarianten zu denselben Teilzielen führen können, z.b. R_C erhöhen mittels einer zuverlässigeren Komponente oder Redundanz. Man wird dann zuerst feststellen, welche Variante aus der Sicht der Instandhaltung im technischen Sinne zu bevorzugen ist, aber in die endgültige Wahl auch betriebswirtschaftliche Überlegungen einbeziehen.

11.3   Technisch-wirtschaftliche Abwägungen

11.3.1 Entscheidungskriterien

Lösungsvarianten müssen den Fest- und Mindestforderungen und - so weit als möglich - auch den Wünschen der Anforderungsliste gerecht werden. Meistens weist eine zusammenfassende Bewertung vielerlei Qualitätsunterschiede zwischen den Varianten, auch aus der Sicht der Instandhaltung, auf. Dabei stellt sich vielfach heraus, daß eine höhere technische Qualität mit einem höheren Preis verbunden ist.

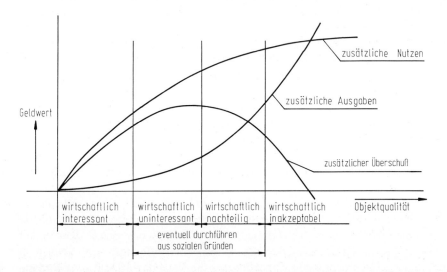

Bild 11.1   Beschränkter wirtschaftlicher Spielraum bei der Erhöhung der Objektqualität

Dies führt zu folgendem Entscheidungsproblem: Ist eine technisch bessere Lösung zu bevorzugen, weil dem Mehraufwand genügend zusätzlicher Nutzen gegenübersteht? Die Antwort wird von zwei Faktoren bestimmt (Bild 11.1):

- Die Art des Qualitätsunterschieds: Eine Sicherheitsvorkehrung wird mit anderen Maßstäben gewertet als eine äußerliche Verschönerung.
- Die Größe des wirtschaftlichen Profits: Der zur Verfügung stehende Etat kann für dieses, aber auch für andere Projekte angewandt werden.

Meistens sind die zusätzlichen Anschaffungskosten für eine aus der Sicht der Instandhaltung bessere Lösung von vornherein gut bekannt. Falls auch die zu erwartenden Unterschiede im Instandhaltungsverhalten aufgrund einer Instand-haltungskostenanalyse in Geld ausgedrückt werden können, kann die Wahl nach den üblichen betriebswirtschaftlichen Kriterien getroffen werden. Damit wird geprüft ob die Investition nicht nur wettgemacht wird, sondern auch genügend Profit bringt (Bild 11.2).

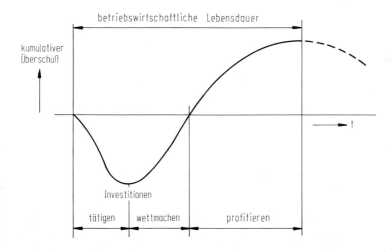

Bild 11.2   Geldstrom bei der Durchführung eines Projektes

Eine erste Anweisung gibt der *Rückzahlungstermin* als Quotient der Mehrinvestition und des (konstanten) jährlichen Nutzungsvorteils

$$p = \frac{\delta I}{\delta E},$$

p Rückzahlungstermin (Jahre); δI Mehrinvestition (DM); δE jährlicher Nutzungssvorteil (DM).

Der Rückzahlungstermin soll nicht zu lang sein, damit das Risiko, daß die Mehrinvestition nicht wieder hereingebracht werden kann, klein genug ist (Bild 11.3b, Kurve a).

Annahmen	keine Inflation, keine Steuer										
⟵	keine Zinsen						Zinssatz 15%				
Geldstrom ↓	Jahr						Jahr				
	0	1	2	3	4	5	0	1	2	3	4	5
jährlich	-100	30	30	30	30	30	-100	26	23	20	17	15
kumulativ	-100	-70	-40	-10	20	50	-100	-74	-51	-31	-14	1
Bewertungs-kriterium	Rückzahlungstermin p = 3,3 Jahr						wirtschaftlicher Rückzahlungstermin q = 5 Jahr					

a

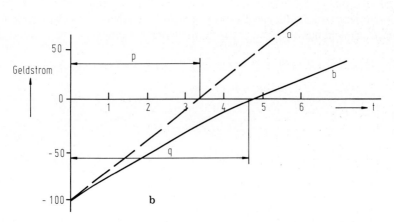

b

Bild 11.3   Rückzahlungstermin ohne und mit Beachtung des Zinsverlustes

Bei längeren Laufzeiten (über 5 Jahre) sollte man auf jeden Fall auch den Zinsverlust berücksichtigen, und es ist statt *p* der *diskontierte Rückzahlungstermin q* zu bestimmen. Dazu ist der Nennwert künftiger Einnahmen und Ausgaben mit dem Diskontfaktor herunterzusetzen, um ihren sog. *kontanten Wert* zum Zeitpunkt der Investition zu erhalten. Es gilt

$$\epsilon = \left[1 + \frac{i}{100}\right]^{-j},$$

ε Diskontfaktor; *i* Zinssatz (%); *j* Diskontierungstermin (Jahre).

Selbstverständlich schiebt das Diskontieren den Rückzahlungstermin hinaus (Bild 11.3b, Kurve b).

Eine zweite Anweisung geht aus der zu erwartenden Rentabilität α der Mehrinvestition hervor. Unter Rentabilität ist der prozentuale Erlös über die gesamte Gebrauchsdauer zu verstehen. Die Rentabilität soll nicht zu klein sein, damit der vorgesehene Einsatz des Geldes anderen möglichen Projekten gegenüber interessant

$p = \dfrac{\delta I}{\delta E}$

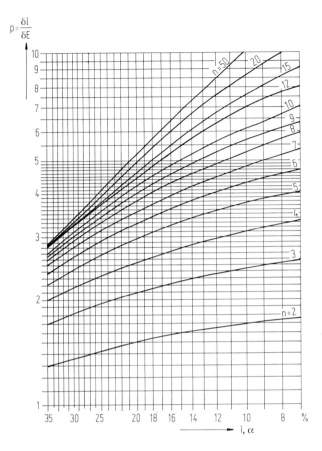

Bild 11.4   Diagramm als Entscheidungshilfe aus wirtschaftlicher Sicht

genug ist. Der Zusammenhang zwischen der Mehrinvestition δI, dem jährlichen Nutzungsvorteil δE, der Laufzeit n und der erreichten Rentabilität α zeigt Bild 11.4. Dieses Diagramm kann als Entscheidungshilfe benutzt werden. Es läßt sich auf mehrere Weisen lesen und zeigt u.a auch, wie hoch die jährlichen Einsparungen sein müssen, um eine Mehrinvestition genügend rentabel zu machen.

Es kann sein, daß mehrere Alternativen einen akzeptablen Rückzahlungstermin und eine genügende Rentabilität aufweisen. Es liegt dann auf der Hand, *minimale Eigentumskosten* anzustreben und also die Summe der Anschaffungskosten und der diskontierten Instandhaltungskosten als Entscheidungsmaß zu verwenden. Das heißt, daß die höheren Anschaffungskosten einer technisch besseren Alternative so gering sein müssen, daß sich per Saldo niedrigere Eigentumskosten für das Objekt ergeben. Eventuell können dabei auch andere Kostendifferenzen berücksichtigt werden, z.B. der Betriebskosten infolge unterschiedlichen Wirkungsgrads der Varianten. Aus betriebswirtschaftlichen Handbüchern ist bekannt, wie man auch andere Faktoren, etwa Steuer und Inflation, in eine derartige Berechnung einbeziehen kann.

11.3.2 Bewertungsfeld

Oft sind die zusätzlichen Anschaffungskosten einer technisch besseren Alternative wohl bekannt, aber der Unterschied im Instandhaltungsverhalten ist nicht von vornherein in Geld auszudrücken. Für ein ähnliches Problem hat Kesselring eine Methodik angegeben. Er betrachtete den Fall, daß einerseits die Unterschiede in Herstellkosten mehrerer Alternativen gegeben, andererseits die zugehörigen funktionellen Unterschiede zwar bekannt sind, jedoch nicht in Geld gewertet werden können [5.7].

Als Variante seiner Betrachtungsweise kann ein Bewertungsfeld aufgezeichnet werden, Bild 11.5. Der senkrechten Achse wird eine Bewertungsskala zwischen 0 (sehr hoch) und 1 (sehr niedrig) für die Anschaffungskosten, der waagerechten Achse eine Bewertungsskala zwischen 0 (sehr schlecht) und 1(sehr gut) für das Instandhaltungsverhalten zugeordnet. Die Anschaffungskosten und das Instandhaltungsverhalten jeder Lösungsvariante können nun bewertet und die Resultate in das Bewertungsfeld eingetragen werden. Auch in diesem Fall ist es möglich, die Anschaffungskosten für andere, meßbare Kostenfaktoren zu korrigieren. Die Instandhaltungsnoten können aus einer Checklistanalyse, besser noch aus einer Verhaltensanalyse abgeleitet werden.

Nachdem die Alternativen ins Feld eingezeichnet sind, wird man bei der Wahl folgendes überlegen:

- Lösungen, die sowohl von den Anschaffungskosten als vom Instandhaltungsverhalten her gut abschneiden, liegen in der Ecke rechts oben. Die Linien a, b und c können eventuell betrachtet werden als Minima, die nicht zu unterschreiten sind.
- Falls es sich um ein Objekt handelt, dessen kumulative Instandhaltungskosten im Vergleich zu den Anschaffungskosten erfahrungsgemäß
  - etwa gleich hoch sind: bevorzuge Lösungen entlang Gerade d,
  - wesentlich höher sind: bevorzuge Lösungen rechts von d,
  - wesentlich niedriger sind: bevorzuge Lösungen links von d.

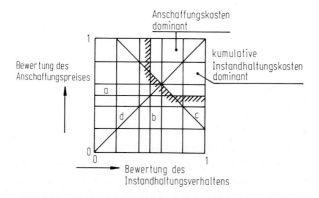

Bild 11.5   Bewertungsfeld

11.4 Vorgehensweise

Ausgangspunkt für das instandhaltungsgerechte Konstruieren kann sowohl ein auszuarbeitender neuer Vorentwurf als auch ein zu verbessernder bestehender Entwurf sein. Nachdem festgestellt worden ist, daß das Objekt instandhaltungsrelevant ist und daß dabei seine Konstruktion (auch) eine wichtige Rolle spielt, ist wie folgt vorzugehen (Bild 11.6).

- Lösungsalternativen bedenken
  Strebe eine instandhaltungsgerechte Lösung an. Erwäge allgemeine, konstruktive Empfehlungen, wie sie aus den "10 Geboten" in Kap. 6 hergeleitet und in den Checklisten ausgearbeitet sind.

- Lösungsalternativen bewerten
  Bewerte die Lösungsalternativen mittels einer Instandhaltungsanalyse und führe dazu zuerst eine Checklistenanalyse durch (Abschn. 7.3). Falls es das Ergebnis oder andere Überlegungen verlangen, sind außerdem eine Verhaltensanalyse (Abschn. 7.4), eventuell auch eine Kostenanalyse (Abschn. 7.5) durchzuführen und die Schwachstellen zu identifizieren. Stelle fest, ob Verbesserung des Instandhaltungsverhaltens erwünscht ist und ob dies (auch) durch Anpassung der Konstruktion oder auf andere Weise angestrebt werden muß, z.B. durch Anpassung des Instandhaltungskonzeptes und/oder des Instandhaltungssystems.

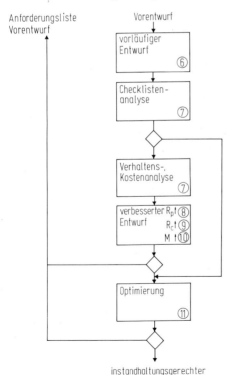

Bild 11.6
Vorgehensweise beim
instandhaltungsgerechten Konstruieren

- Lösungsalternativen verbessern
  Ordne die identifizierten Schwachstellen nach Prioritäten, wie sie vom Verhaltens-
  oder Kostenprofil bestimmt wurden. Wende spezifische konstruktive
  Empfehlungen an, wie Sie aus den Denkmodellen in den Kap. 8, 9 und 10
  hergeleitet und in den Checklisten ausgearbeitet sind. Dabei kann wie folgt
  vorgegangen werden:
  - Strebe eine instandhaltungsarme Konstruktion an (R_p und R_c): Die Zahl der
    präventiven und korrektiven Instandhaltungsmaßnahmen ist möglichst gering.
  - Soweit dies nicht machbar ist: Strebe eine instandhaltungsfreundliche
    Konstruktion an (M): Die verbleibenden Maßnahmen sind sicher, einfach, schnell
    und billig durchzuführen.
  - Soweit auch das nicht machbar ist: Strebe Ausgleichslösungen an: Die
    verbleibenden Schwachstellen werden möglichst neutralisiert, indem Komponen-
    teneigenschaften, die schlecht abschneiden, durch überdurchschnittlich gute
    kompensiert werden (Bild 11.7):
    - Falls R_p und/oder R_c niedrig, mache M hoch;
    - falls M niedrig, mache R_p und R_c hoch.
- Optimale Alternative auswählen
  - Wähle aus den eventuell verbesserten Lösungsalternativen diejenige, die aus
    technischer und wirtschaftlicher Sicht den besten Kompromiß darstellt, und führe
    dazu eine Entscheidungskalkulation durch mit den niedrigsten Eigentumskosten
    als Optimierungskriterium.
  - Falls dies nicht ausführbar ist: Wähle aufgrund eines Bewertungsfeldes unter
    Einbeziehung des zu erwartenden Verhältnisses zwischen Anschaffungskosten
    und kumulativen Instandhaltungskosten.

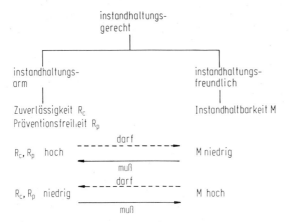

Bild 11.7   Kompensierung von Schwachstellen

Ob diese aus der Sicht der Instandhaltung günstigste Variante auch tatsächlich als optimale Lösung des Konstruktionsproblems zu bevorzugen ist, wird mitbestimmt von
anderen Qualitätsanforderungen, denen der Konstrukteur ebenfalls gerecht werden

muß. Bei dieser *Gesamtoptimierung* soll dem Instandhaltungsverhalten anderen technischen und wirtschaftlichen Eigenschaften gegenüber, wie z.B. Leistungsvermögen und Betriebskosten, genügend Gewicht beigemessen werden. Dazu kann der vorgeschlagenen Vorgehensweise eine quantitative Bewertung des Instandhaltungsaspektes entnommen werden.

Inwieweit man mit dieser Strategie zu instandhaltungsgünstigen Lösungen geraten kann, hängt an erster Stelle vom Ausgangspunkt, bei Neukonstruktionen also vom Konzept ab. Kapitel 12 und 13 enthalten Empfehlungen, wie man beim Aufstellen der Anforderungsliste bzw. beim Konzipieren schon die Voraussetzungen vorgeben kann, um anschließend, beim Ausarbeiten, instandhaltungsgerechte Objekte realisieren zu können. Zur Abrundung wird in Kap. 14 erwähnt, wie man den richtigen organisatorischen Rahmen schafft, um das instandhaltungsgerechte Konstruieren innerhalb eines Unternehmens auch wirklich praktizieren zu können.

III Instandhaltungsgerechtes Projektieren

12 Anforderungsliste

12.1 Ziel und Vorgehen

Neubau, Anpassung und Modifikation technischer Anlagen werden im allgemeinen im Rahmen eines *Projektes* durchgeführt und sind meistens mit Konstruktionsarbeiten verbunden. Man kann als Unternehmen die Konstruktionsarbeiten in eigener Hand behalten oder - das andere Extrem - völlig einem Dritten, nicht notwendigerweise dem Lieferanten, überlassen. Vielfach wird beim Projektieren jedoch ein Zwischenweg begangen, indem man selbst nur das Konzept des Objektes bearbeitet und das Konstruieren seiner Komponenten aufgrund einer Produktbeschreibung anderen in Auftrag gibt. Wir werden in diesem Teil von der letzteren Möglichkeit ausgehen.

Aber welchen Weg man auch wählt, zuerst sollte der Auftraggeber selbst eine *Anforderungsliste* erarbeiten. Diese ist im Grunde genommen eine Aufzählung von erforderlichen bzw. erwünschten Eigenschaften. Sie stellt eine erste, noch abstrakte, verbale Beschreibung des Objektes dar und ist die Basis für dessen Konkretisierung. In den nachfolgenden Konstruktionsphasen ist sie wiederholt nicht nur der Ausgangspunkt für das Entwickeln von Lösungsvarianten, sondern auch der Maßstab zu deren Bewertung. Die Anforderungsliste bestimmt also nicht nur das Lösungsfeld, sondern auch, welche Alternative daraus als optimale bevorzugt wird. Sie beeinflußt demnach bereits wesentlich die Möglichkeiten zum Erreichen einer instandhaltungsgerechten Lösung. Bei ihrer Erstellung sollte man deshalb schon Instandhaltungsaspekten Rechnung tragen, denn geschieht dies nicht, so können sie nicht in eine Abwägung einbezogen werden, und die Lösung wird ausschließlich von anderen (Kosten-)-Faktoren wie Anschaffungs- und Betriebskosten bestimmt.

Bei der Erstellung einer Anforderungsliste kann man nur iterativ vorgehen. Anfangs ist die Aufzählung von Anforderungen noch sehr unvollständig. Überdies sind ihre Formulierungen teils ungenau, manchmal auch überspannt. Während des Konstruierens, nachdem die konstruktiven Implikationen allmählich hervortreten, wird man Anforderungen nachtragen oder streichen, verschärfen oder mildern. Die Anforderungsliste ist somit erst definitiv, wenn der Entwurf fertig ist. Um einen zweckmäßigen Ablauf des Konstruktionsprozesses zu gewährleisten, sollte sie jedoch in jeder Konstruktionsphase schon möglichst komplett und präzise sein, damit nur wenig Fehlentscheidungen und sich daraus ergebende nachträgliche Konstruktionsänderungen eintreten. Auch beim Entwickeln und Anpassen einer Anforderungsliste sollte man deshalb *methodisch* vorgehen. Dabei sind eine richtige Formulierung und Gewichtung der Anforderungen sowie ein systematischer Aufbau der Liste besonders zu beachten.

Das Erstellen einer Anforderungsliste ist eine Aufgabe, die im allgemeinen nicht von dem Konstrukteur allein, sondern nur nach Rücksprache mit anderen von ihm gelöst werden sollte. Dazu gehören an erster Stelle der zukünftige Benutzer und Instandhalter. Auch der Verfahrensingenieur, der Sicherheitsbeauftragte, der Betriebswirt und andere Sachverständige kommen dafür in Frage, weil sie wertvolle Beiträge liefern können. Sie sollten sich gemeinsam zum Ziel setzen, die Liste zu vervollständigen und zu präzisieren. Andererseits sollten sie sich davor hüten, leichtfertig Forderungen und Wünsche hinzuzufügen, die im Grunde genommen unwesentlich und also überflüssig sind, denn sie erschweren die Konstruktionsaufgabe und können einer besseren Lösung im Wege stehen.

Bei der Erarbeitung einer Anforderungsliste können Suchfelder (Abschn. 5.3.4) und Checklisten (Abschn. 5.4.3) ebenfalls wertvolle Hilfsmittel sein. Es gibt Checklisten in Form eines Verzeichnisses allgemeiner technischer Eigenschaften [12.1], aber auch solche, die sich auf Objekte bestimmter Art oder auf besondere Aspekte des Objektverhaltens, z.B. seine Instandhaltungseigenschaften, beziehen.

In diesem Kapitel wird zuerst kurz erörtert, wie im allgemeinen *Produktanforderungen* formuliert und gewichtet werden können (Abschn. 12.2) und wie der Aufbau einer Anforderungsliste vorgenommen werden kann (Abschn. 12.3). In den Abschn. 12.4 und 12.5 wird aufgezeigt, wie man bei der Aufzählung der Anforderungen und Wünsche besonders dem Instandhaltungsaspekt im allgemeinen oder dem spezifischen Sinne Rechnung tragen kann. Die Vorgehensweise beim Erarbeiten der Anforderungsliste wird in Kap. 14 noch näher diskutiert.

Außer Produktanforderungen werden im allgemeinen auch Anforderungen hinsichtlich des *Konstruktionsprozesses* beigegeben, z.B. in bezug auf die verfügbaren Mittel wie Konstrukteure, Prüfstände usw. Sicher wird auch die Lieferzeit erwähnt. Derartige Anforderungen lassen wir zwar außer Betracht, aber sie können ebenfalls die Instandhaltungsgerechtheit des Objektes beeinflussen. Wird z.B. die Lieferzeit sehr knapp bemessen, so wird der Konstrukteur sie völlig in Anspruch nehmen, um eine Lösung zu bedenken, die überhaupt funktioniert und die Abnahmeprüfung übersteht. Es bleibt ihm keine Zeit, um auch Qualitätsaspekten, die sich erst langfristig bemerkbar machen wie Zuverlässigkeit und Instandhaltbarkeit, gebührende Aufmerksamkeit zu schenken.

12.2 Formulierung

Wie erwähnt, hat die Anforderungsliste an erster Stelle zum Ziel, das vollständige Lösungsfeld des Problems zu erschließen, damit auch die optimale Lösung erfaßt wird. Dazu sollten vor allem Ziele und Randbedingungen klar unterschieden werden. *Ziele* beziehen sich auf Eigenschaftswerte, die möglichst genau zu erreichen sind. Als solche können außer der erwünschten Funktion und der erforderlichen Leistung z.B. ein minimales Gewicht und minimale Eigentumskosten angemerkt werden. *Randbe-*

dingungen sind Grenzwerte, die bei der Lösungssuche nicht über- oder unterschritten werden sollten, z.B. ein gewisses Volumen. Manchen Eigenschaften kann sowohl ein Ziel als auch eine Randbedingung zugeordnet werden. Die benötigte Bauhöhe z.B. kann zu minimieren sein unter der Bedingung, daß ein bestimmter Höchstwert nicht überstiegen wird.

Als Randbedingungen bei seiner Arbeit erfährt der Konstrukteur ebenfalls die Grenzen, die ihm der Stand der Technik setzt, z.B. die verfügbaren Werkstoffe. Diese Kenntnisse gehören zu seinen fachmännischen Voraussetzungen und werden selbstverständlich nicht erwähnt. Zu verweisen wäre jedoch auf zutreffende Berechnungs- und Sicherheitsvorschriften, wie sie vom Gesetzgeber vorgegeben werden, und auf zwingende interne Betriebsvorschriften z.B. hinsichtlich der Benutzung von persönlichen Schutzmitteln. Derartige Vorschriften können auch auf Instandhaltungsarbeiten anwendbar sein. Neben diesen allgemein gültigen Randbedingungen werden noch besondere gestellt von der künftigen Umgebung des Objektes, z.B. in bezug auf den verfügbaren Raum. Auch das Instandhaltungssystem, falls schon vorhanden, ist weitgehend als solches zu betrachten.

Die Anforderungen sollten sich in erster Linie auf das Objekt als Ganzes beziehen. Am wenigsten sollte man Teilziele zum Erreichen der Endziele vorgeben, also Lösungswege in Form von Lösungsprinzipien oder sogar Teillösungen für die Komponenten oder Werkstoffe, weil dadurch bessere, gegebenenfalls auch instandhaltungsgünstigere Lösungsvarianten von vornherein ausgeklammert werden könnten. Somit bleibt dem Konstrukteur maximale Freiheit zum Erarbeiten der besten Gesamtlösung. Man sollte z.B. wohl die Leistung eines Wärmeaustauschers vorschreiben, aber nicht seine Bauweise, es sei denn aus klaren, verfahrenstechnischen Gründen. Ausgenommen dabei sind selbstverständlich konstruktive Teillösungen, wie sie vom Gesetzgeber der Sicherheit wegen vorgeschrieben sind.

Die Anforderungsliste hat außerdem zum Zweck, Maßstäbe zu setzen zur Eliminierung untauglicher Lösungsvarianten und zur Wahl der optimalen Variante. Deshalb sollte man sich bemühen, die Anforderungen nicht nur qualitativ, sondern möglichst quantitativ zu formulieren, z.B. nicht als "dauerhaft", sondern als "Lebensdauer X Jahre". Dies schließt Fehldeutungen aus und ermöglicht Abwägungen. Bei dem letzteren Ziel ist es auch von Bedeutung, die Anforderungen nach *Wichtigkeit* zu klassifizieren, z.B. wie folgt:

- *Festforderungen*: unbedingt zu erfüllen, z.B. das Leistungsvermögen;
- *Mindestforderungen*: dürfen nach der günstigen Seite über- oder unterschritten werden, z.B. ein maximales Gewicht, und sind meistens im Kompromiß mit anderen Anforderungen zu erfüllen;
- *Wünsche*: nur zu erfüllen, falls die zusätzlichen Kosten vertretbar sind, z.B. eine Klimaanlage.

Bei dieser Einordnung von Forderungen und Wünschen sollte man prüfen, ob sie bei näherer Betrachtung nicht doch unwichtig sind und deshalb gestrichen werden können, z.B. weil sie nur dem Status, aber nicht dem Produkt dienen.

Auch aus der Sicht der Instandhaltung sind Ziele und Randbedingungen verschiedener Wichtigkeit zu formulieren. Eine Festforderung kann z.B. sein, daß die Dreharbeiten bei einer Ausbesserung in der eigenen Werkstatt mit den dort vorhandenen

Mitteln vorgenommen werden können. Eine gute Zugänglichkeit kann als variabele Forderung einer Einschränkung des benötigten Raumes gegenübergestellt werden. Und ein System zur Zustandsüberwachung kann als Wunsch vorgesehen werden, falls die zusätzlichen Kosten von den Einsparungen übertroffen werden oder über einen bestimmten Grenzwert nicht hinausgehen.

12.3 Aufbau

Eine Anforderungsliste wird primär aus dem vorausgesetzten Bedürfnis hergeleitet. Das gesuchte Objekt soll dazu eine Funktion erfüllen ohne unakzeptable Nebenwirkungen und zu einem angemessenen Preis. Wichtiger Ausgangspunkt ist außerdem die *Bestimmung* des Objektes, die die Umstände bei dem Gebrauch und der Instandhaltung diktiert. Dementsprechend können folgende *Produktanforderungen* unterschieden werden:

- Funktionelle Gebrauchsanforderungen
  Diese beziehen sich primär auf die *Funktion* des Objektes: Welche Art der Umwandlung soll bei den Operanden bewirkt werden? Nach dieser qualitativen Aussage soll im quantitativen Sinne das *Leistungsvermögen* festgelegt werden: Wie intensiv (viel, groß, schnell usw.) soll die Umwandlung erfolgen? Schließlich sind auch die direkt mit der Funktionserfüllung verbundenen *Gebrauchsumstände* zu erwähnen, weil sie die Belastungen auf das Objekt mitbestimmen.

- Umgebungsanforderungen
  Außer den schon erwähnten funktionellen Gebrauchsanforderungen muß das Objekt auch Anforderungen genügen, die in weiterem Sinne aus der Wechselwirkung mit seiner Umgebung hervorgehen, und das nicht nur beim Gebrauch, sondern auch in anderen Lebensphasen. Diese Beziehungen sind teils rein technischer Art, teils auch auf soziale und andere nichttechnische Gründe zurückzuführen. Zu der Umgebung ist auch das Instandhaltungssystem zu rechnen.

- Wirtschaftliche Anforderungen
  Das Objekt muß besonders auch wirtschaftlichen Anforderungen genügen, weil es sonst anderen Lösungen gegenüber nicht lebensfähig ist. Diese Anforderungen können direkt bestimmte Kostenposten betreffen, z.B. die Fertigungskosten oder den Energieverbrauch, aber auch indirekter Art sein und sich z.B. auf die Verfügbarkeit oder die Eigentumskosten beziehen.

Von Fall zu Fall verschieden, sollten noch Produktanforderungen anderer Art aufgenommen werden, z.B. kommerzielle Anforderungen in bezug auf die äußerliche Gestaltung oder die Patentlage. Vielfach beziehen sich Produktanforderungen und -wünsche in allen diesen drei Gruppen zumindest indirekt auch auf den Instandhaltungsaspekt. Falls die funktionellen Gebrauchsanforderungen z.B. nur unvollständig der zur Bestimmung des Objektes gehörenden Gebrauchslage entsprechen, kann es unvorhergesehenen Belastungen ausgesetzt werden, die seine Zuverlässigkeit beeinträchtigen. Das trifft ebenfalls auf die sonstigen Umgebungsumstände zu. Wenn z.B. die künftigen Instandhaltungsmittel nicht erwähnt worden sind, ist eine gute Abstimmung des Objektes auf diese Mittel nicht möglich, was besonders zum Nachteil der Instandhaltbarkeit geht. Die wirtschaftlichen Anforderungen können einer instandhaltungsgerechten Lösung im Wege stehen, falls sie sich einseitig auf einen anderen Kostenaspekt, z.b. die Fertigungskosten, beziehen.

Diese Klassifizierung bietet eine gute Basis zur systematischen Aufdeckung aller zutreffenden Produktanforderungen. Sie wird auch in den nächsten Abschnitten als solche behandelt. Man sollte sich jedoch klar sein, daß die verschiedenen Kategorien einander nicht ausschließen, sondern zum Teil überdecken und also teilweise zu denselben Anforderungen führen können. Das heißt aber auch, daß die Aufteilung wohl geeignet ist, um Anforderungen ausfindig zu machen, aber daß man sich nicht umgekehrt "quälen" muß mit der Frage, in welcher Kategorie eine bestimmte Anforderung eindeutig unterzubringen ist.

12.4 Allgemeine Instandhaltungsanforderungen

In diesem Abschnitt werden Vorschläge unterbreitet zur impliziten Berücksichtigung von Instandhaltungsaspekten bei der Formulierung von Produktanforderungen in bezug auf Funktion, Leistung, Gebrauchsumstände, Umgebungsumstände und Wirtschaftlichkeit [12.2].

Funktion

Die Funktion sollte möglichst einfach gehalten werden. Zusätzliche funktionelle Anforderungen erfordern meistens kompliziertere Lösungen oder Kompromisse, die teuer sind und nicht selten eine niedrigere Zuverlässigkeit und Instandhaltbarkeit aufweisen. Das ist z.B. der Fall, wenn zwei oder mehr mögliche Einsatzziele gefordert werden, z.B. daß verschiedene Rohstoffe verarbeitet werden können. Auch überhöhte Qualitätsanforderungen, die im Labor relativ leicht, in industriellem Maßstab jedoch schwierig zu realisieren sind, können dazu führen.

Kompliziertere Lösungen sind unvermeidbar, falls außer der eigentlichen Hauptfunktion noch zusätzliche (Teil-) Funktionen gefordert werden. Eine regelbare Übersetzung, z.B. bei einem Fahrrad, gibt mehr Instandhaltungsprobleme als eine konstante. Falls doch derartige Nebenfunktionen gefordert werden, sollte die Hauptfunktion noch - wenn auch nicht optimal - beim Ausfall einer Nebenfunktion erfüllt werden können. Ein gegenteiliges Beispiel ist ein Auto mit automatischem Getriebe, das sich bei einem defekten Anlasser nicht ankurbeln oder anschleppen läßt.

Leistungsvermögen

Die Wahl des Leistungsvermögens für den geplanten Einsatz muß sorgfältig überlegt sein. Es liegt auf der Hand, daß ein zu geringes Leistungsvermögen im Betrieb zu

Überlastung führt. Das schadet der Zuverlässigkeit, steigert also die Instand-haltungskosten, und macht vielfach hohe Modifikationskosten nach der Inbetrieb-nahme nötig. Damit die Belastung nicht zum frühzeitigen Verschleiß führt und Opti-mierung nach minimalen Eigentumskosten möglich ist, sollte die angestrebte *Ge-brauchsdauer* erwähnt werden.

Weniger Beachtung finden meist die Nachteile, die mit einem zu großen Leistungs-vermögen verbunden sein können. Zwar sind die Belastungen niedrig, aber nicht nur die Anschaffungskosten, sondern auch die Kosten zur Durchführung der Instand-haltungsarbeiten höher als bei einem besser angemessenen Leistungsvermögen. Zu einer (manchmal erheblichen) Überdimensionierung kann es kommen, wenn ver-schiedene Beteiligte (Projektingenieur, Konstrukteur, Einkäufer usw.) nacheinander sicherheitshalber mit Zuschlägen rechnen, z.B. bei der Auswahl von Elektromotoren, Pumpen usw. Das kann übrigens auch zu beträchtlichen Verlusten infolge eines nied-rigeren Wirkungsgrads führen, weil die Maschine in einem ungünstigen Betriebs-punkt arbeitet. Bei Kreiselpumpen droht überdies die Gefahr von Beschädigungen durch Kavitation.

Betriebsumstände

Die Betriebsumstände sind mitbestimmend für die funktionellen Belastungen. Wie schon in den Kap. 2 und 9 erwähnt wurde, wird der Ausfall eines Objektes oft durch unvorhergesehene Umstände bei seiner Benutzung hervorgerufen. Die Anforderungs-liste sollte deshalb nicht nur die normalen Umstände bei der Funktionserfüllung, son-dern auch abnormale erfassen, wie sie z.B. aus verunreinigten Rohstoffen und abwei-chenden Prozeßzuständen hervorgehen. Vor allem zu beachten sind abnormale Be-triebsumstände infolge von Bedienungsfehlern, besonders wenn das Objekt von meh-reren und/oder unterschiedlich qualifizierten Personen bedient wird, wie es z.B. bei einem Kopiergerät gegeben ist. Man sollte sich übrigens nicht in dem Problem verlie-ren, wo in einem besonderen Fall die Grenzen zwischen normalen und abnormalen Umständen zu ziehen wären. Wesentlich ist nur die Frage, welche Gebrauchslagen mit zugehörigen Belastungen das Objekt noch aushalten sollte. Inwieweit derartige Anforderungen tatsächlich zu erfüllen sind, wird danach, beim Konstruieren, meistens von wirtschaftlichen Überlegungen entschieden.

Umgebungseinflüsse

Aus der Bestimmung des Objektes läßt sich herleiten, welchen Umgebungseinflüssen es in der Gebrauchsphase ausgesetzt sein wird. Besonders ist dabei zu denken an kli-matologische Einwirkungen: Es macht viel aus, ob es im Landesinneren benutzt wird oder in Meeresnähe. Auch ist meistens von vornherein klar, ob es bei der gegebenen Bestimmung innerhalb eines Gebäudes, nur überdacht oder völlig im Freien stehen wird. Das kann in dieser Reihenfolge in zunemendem Maße Feuchtigkeitsschäden, Einfrierungsgefahr und schlechte Arbeitsumstände herbeiführen. Man muß sich also fragen, wie man durch angemessene Forderungen künftigen Instandhaltungspro-blemen möglichst vorbeugen kann.

Die Gefahr besteht, daß bei der Bearbeitung einer Anforderungsliste besonders den direkten funktionellen Gebrauchsanforderungen verhältnismäßig viel Aufmerksamkeit geschenkt wird, die sonstigen Umgebungsanforderungen im weiteren Sinne dagegen zu wenig Beachtung finden. Um dieser Unausgeglichenheit vorzubeugen und Vollständigkeit anzustreben, sollte man wiederum systematisch vorgehen. Auch aus der Sicht der Instandhaltung ist es angebracht, sich dabei nicht auf die Gebrauchsphase mit der damit verbundenen Instandhaltung zu beschränken. Es ist ja durchaus möglich, daß der Anlaß zu späteren Schäden schon in der Fertigung oder Distribution liegt, z.B. durch ungenügende Stoßbeständigkeit beim Transport. Auch die Lebensphasen der Anpassung (Modifikation) und Beseitigung sind interessant, weil sie gewissermaßen auch zu den Eigentumskosten eines Objektes beitragen.

Aufgrund dieser Überlegungen ist das Suchfeld in Bild 12.1 aufgestellt [12.3]. Senkrecht sind alle dem Konstruieren folgenden Lebensphasen des Objektes eingetragen: Fertigen (Bearbeiten, Montieren); Distribuieren (Transportieren, Lagern); Betreiben; Instandhalten; Ändern; Beseitigen (Wiederverwenden, Wegwerfen). Waagerecht gelesen zeigen die Spalten zutreffende Umgebungsaspekte. Als solche sind in diesem Fall gewählt: andere Objekte, der Mensch, die (Betriebs-)Umgebung, die Gesellschaft und die Umwelt. Das Suchfeld kann angewandt werden, indem man für jedes Teilfeld bedenkt, welche Eigenschaften des Objektes in der Wechselwirkung mit dem zutreffenden Umgebungsaspekt in der diesbezüglichen Lebensphase eine Rolle spielen und welche Anforderungen damit zu verbinden sind. Wie schon

Lebens-phasen ⟱ Umgebungs-aspekte ⟹	andere Objekte	Mensch	Betrieb	Gesellschaft	Umwelt
fertigen (bearbeiten und montieren)					
distribuieren (transportieren und lagern)					
betreiben					
instandhalten					
ändern					
beseitigen (wiederverwenden und wegwerfen)					

Bild 12.1   Suchfeld zur Inventarisierung von Umgebungseinflüssen

erwähnt, können Checklisten ein gutes Hilfsmittel sein beim Ausfüllen derartiger Suchfelder. Im Teilfeld Instandhalten - Betrieb z.B. wird man sich u.a. fragen, ob das Objekt bei der gegebenen Bestimmung im Freien stehen wird und dementsprechende Anforderungen formulieren. Es kann zweckmäßig sein, ein Teilfeld dazu noch zu verfeinern. Bild 12.2 zeigt als Beispiel eine Aufteilung des Teilfeldes Instandhalten - Mensch, wie sie auch den Instandhaltbarkeitsbetrachtungen in Kap. 10 zugrunde liegt.

	wahrnehmen	denken	handeln
inspektieren			
(de)montieren			
instandsetzen			
schmieren			
reinigen			
konservieren			

Bild 12.2   Teilfeld Instandhalten - Mensch

Wirtschaftliche Anforderungen

Ziel des Konstruierens ist es, diejenige Lösung zu erreichen, welche am besten den teilweise konträren Anforderungen entspricht. Weil es sich dabei um einen Kompromiß handelt, hängt das Ergebnis u.a. von dem gewählten Optimierungskriterium ab. Als solches dienen oft (stillschweigend) die zu minimierenden Anschaffungskosten. Manchmal auch wird der Anschaffungspreis quasi als Restriktion bewertet, indem man für diesen vorgegebenen Betrag z.B. maximales Leistungsvermögen anstrebt. Es sollte klar sein, daß für ein auf solche Weise optimiertes Objekt keine instand- haltungsgerechte Lösung zu erwarten ist. Es ist dennoch möglich, daß andere Überle- gungen, z.B. ein Mangel an Liquidität, den Benutzer dazu zwingen, eine Lösung zu bevorzugen, die im Kauf billig, aber im Betrieb teuer ist, weil er sonst auf das Projekt verzichten muß.

Wie schon in Abschn. 2.5 erwähnt, wären im Grunde genommen minimale Lebens- zykluskosten das beste Optimierungskriterium für ein Objekt, denn diese führen auf längere Sicht zu den niedrigsten Kosten pro Einheit Produkt oder Dienstleistung. Mit den Lebenszykluskosten werden alle zutreffenden Teilkosten, auch die künftigen Instandhaltungskosten, erfaßt und in die Abwägung einbezogen. Leider ist eine Be- rechnung aller Elemente der Lebenszykluskosten vielfach nicht möglich und dieses Kriterium deshalb nicht praktisch anwendbar, so daß man den nächstbesten Ausweg suchen muß.

Lassen die Art und/oder die Gebrauchumstände des Objektes erwarten, daß seine Instandhaltungskosten wichtig sein werden, so sollte man auf jeden Fall ein Abwä-

gungsverfahren anstreben, das diese mit einbezieht. Normalerweise sind die Anschaffungskosten einer Alternative gut abzuschätzen. Ist das auch mit den Instandhaltungskosten der Fall, so können die Eigentumskosten über der zu erwartenden Gebrauchsdauer als zu minimierendes Optimierungskriterium in der Anforderungsliste
aufgenommen werden (Abschn. 11.3.1).

In einer Optimierung nach Lebenszyklus-, bzw. Eigentumskosten sind die kumulativen Ausgaben über die gesamte Gebrauchsperiode enthalten. Die Länge dieses Zeitabschnitts ist also mitbestimmend für den Ausgang der Konstruktionsoptimierung:
Eine längere Gebrauchsperiode rechtfertigt einen höheren Anschaffungswert, denn
die Produkteinheitskosten (Gesamtausgaben bezogen auf die Gesamtproduktion)
können niedriger ausfallen u.a. wegen niedriger Instandhaltungskosten (Bild 12.3).
Die zu erwartende Gebrauchsperiode stellt somit auch die optimale Gebrauchdauer
dar, denn sowohl Unter- als Überschreitung dieser Periode führen zu höheren
Produkteinheitskosten.

Ist ein rein wirtschaftliches Optimierungskriterium nicht möglich, so kann der Konstrukteur die Bewertung der Lösungsvarianten mittels einer Bewertungstabelle vornehmen und den Anforderungen eine Gewichtung zuordnen (Abschn. 11.3.2). Dazu
kann man schon in der Anforderungsliste manche Richtwerte für deren Einstufung
aufnehmen und somit zum Ausdruck bringen, daß z.B. das Instandhaltungsverhalten
anderen Eigenschaften gegenüber, wie dem Leistungsvermögen und dem Anschaffungspreis, gebührend Gewicht anzumessen ist.

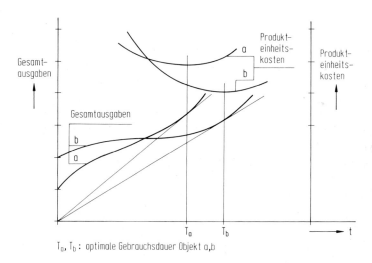

T_a, T_b : optimale Gebrauchsdauer Objekt a,b

Bild 12.3   Optimale Gebrauchsdauer von zweierlei Objekten

12.5 Besondere Instandhaltungsanforderungen

Außer den erwähnten allgemeinen Empfehlungen können auch Anforderungen in bezug auf angemessene Instandhaltungseigenschaften angegeben werden. Diese gehen aus der besonderen Bestimmung des Objektes hervor, denn es soll sich ja in ein Produktionssystems einordnen, was eine gewisse Sicherheit und Verfügbarkeit voraussetzt. Weil die Gewährleistung dieser Eigenschaften mit Instandhaltung verbunden ist, muß das Objekt also dem künftigen Instandhaltungssystem angepaßt sein. Als erster, sehr wichtiger Punkt ist zu betonen, daß genügend *Raum* für das Objekt reserviert werden muß. Der verfügbare Platz soll nicht nur Produktionstätigkeiten, wie Beschicken, Bedienen usw. sondern auch eine zweckmäßige Durchführung aller Instandhaltungsmaßnahmen ermöglichen. Der Raum ringsum und über dem Objekt muß später Einbau, Ausbau und Transport von Komponenten, z.B. Wellen und Rohren, sowie Einsatz von geeigneten Instandhaltungsmitteln zulassen. Ein zu knapp bemessener Raum führt nicht nur selten zu einer schlechten äußeren Erreichbarkeit, z.B. für effektive mobile Hebemittel, sondern veranlaßt auch zu einer kompakten Bauweise des Objektes, also zu einer schlechten inneren Zugänglichkeit.

Wie schon in Abschn. 2.5 erwähnt, sollte der Konstrukteur dazu die Konstruktion des Objektes weitgehend auf das *Instandhaltungssystem* abstimmen und das Instandhaltungskonzept in seine Überlegungen einbeziehen. Dazu müssen die auf den unterschiedlichen Instandhaltungsebenen zur Verfügung stehenden Mittel nach Art und Umfang global beschrieben werden. Was die *personellen Mittel* angeht, sollte z.B. klar werden, welche Fachleute mit besonderen Fachkenntnissen vorhanden sind. Bei den *materiellen Mitteln* sollten die wichtigsten Daten der zur Verfügung stehenden Instandhaltungsmittel erwähnt werden, z.B. welcher Art und Tragfähigkeit die vorhandenen Hebemittel sind. Die Instandhaltungsgerechtheit des Objektes kann sehr beeinträchtigt werden, falls durch Unwissentheit des Konstrukteurs eine Instandhaltungsmaßnahme nur unzweckmäßig ausgeführt werden kann, indem die Fertigkeit für die geeignete Schweißmethode fehlt, die Tragfähigkeit der vorhandenen Hebemittel nicht genügt und/oder die üblichen Inspektionen nicht ausreichen. In bezug auf die Ersatzteile muß auffindbar sein, welche Teile normalerweise auf Lager liegen, damit klar wird, welche anderen Teile gegebenfalls kuzfristig von außen lieferbar sein sollten.

Das *Instandhaltungskonzept* des Objektes muß sich in die Instandhaltungsprozeduren einfügen, die im Betrieb befolgt werden. Die Anforderungsliste sollte deshalb angeben, welche Art von Instandhaltungsarbeiten man selber ausführen will und welche man einer Instandhaltungsfirma überlassen möchte. Festzustellen wäre auch, welche Instandhaltungsstrategien angestrebt werden. Falls intervallbedingte Instandsetzung üblich ist und dazu der Betrieb in regelmäßigen Zeitabständen ausgesetzt wird, können andere konstruktive Lösungen angebracht sein als in dem Fall, daß man auf ausfallbedingte oder zustandsbedingte Instandhaltung setzt. Auch zu erwähnen sind Einschränkungen bei der Ausführung gewisser Instandhaltungsarbeiten, z.B. ob sie aus Effizienzgründen von einer Person oder aus Sicherheitsgründen von zwei oder mehreren Personen vorzunehmen sind und ob sie saisonabhängig sind wie Außenarbeiten an Dampfleitungen.

Besonders anzugeben sind auch die Zeitspannen, die für die Bewertung der Instandhaltungseigenschaften maßgebend sind. Für die Zuverlässigkeit sind das besonders die ununterbrochenen Betriebsperioden und die üblichen Inspektions- und Überholungstermine. Es kann z.B. viel ausmachen, ob diese im Prinzip 2 bis 4 Jahre betreffen, wie normalerweise in der Verfahrensindustrie, oder nur 3 bis 4 Monate, wie in einer Zuckerfabrik. Für die Instandhaltbarkeit ist gerade die Dauer der normalen Betriebsunterbrechungen wichtig, weil diese ohne indirekte Instandhaltungskosten für Instandhaltungsmaßnahmen benutzt werden können. Man denke nicht nur an übliche Unterbrechungen wegen Betriebsferien, an Wochenenden oder nachts, sondern auch an Pausen wegen Produktwechsel, Zwischenlandungen usw. In der Verfahrensindustrie ist auch die Ausfallzeit wichtig, die mit Zwischenvorräten überbrückt werden kann. Es kann wünschenswert sein, von vornherein Zeitlimits anzugeben, die bei einer Revision auf den unterschiedlichen Instandhaltungsebenen für die kritischen Teilarbeiten zur Verfügung stehen.

Die Frage liegt auf der Hand, ob nicht auch zahlenmäßige Anforderungen in bezug auf die *Instandhaltungseigenschaften* vorzugeben sind. Tatsächlich können gesetzliche Sicherheitsbestimmungen ein Minimum an Zuverlässigkeit fordern, z.B. bei einem Flugzeug. Das kann auch aus kommerziellen Gründen der Fall sein, z.B. bei Verbrauchsgütern in bezug auf die Zahl der Defekte im ersten Jahr nach dem Kauf. Sind die indirekten Instandhaltungskosten sehr hoch, so kann es durchaus vertretbar sein, eine minimale Verfügbarkeit zu fordern. Richtwerte können auch erforderlich sein, falls das Objekt Teil einer komplexen Anlage ist, die als Gesamtsystem bestimmte Sicherheits-, Verfügbarkeits- oder Zuverlässigkeitswerte aufweisen muß. Dennoch sollte man sich davor hüten, leichtfertig explizite Anforderungen in bezug auf die genannten Instandhaltungseigenschaften zu stellen. Wie schon in Kap. 3 und 11 erwähnt, sind diese Eigenschaften voneinander abhängig und in gewissem Maße austauschbar. Man sollte hier also nicht ohne Begründung Teilziele oder Randbedingungen angeben und es lieber dem Konstrukteur überlassen, die beste Kombination zu wählen, also diejenige, welche zu minimalen Kosten - die indirekten Instandhaltungskosten inbegriffen - führt.

Die erwähnten allgemeinen und besonderen Ansprüche der Instandhaltung sollten alle ihren Niederschlag finden als konkrete Forderungen in der Anforderungsliste. Dazu sollte auch die Anweisung gehören, daß Durchführung von Instandhaltungsanalysen, eine Abschätzung der künftigen Instandhaltungskosten und Aufstellung einer Instandhaltungsanleitung Teil des Konstruktionsauftrags ausmachen.

13 Konzept

13.1 Beeinflussung der Instandhaltungskosten

Ausgehend von der Anforderungsliste, die u.a. Angaben über Funktion und Leistungsvermögen eines Objektes aufweist, wird in dem Konzept seine Arbeitsweise (1) und seine Bauweise (1) festgelegt. Das Konzept wiederum ist Ausgangspunkt bei der weiteren Konkretisierung auf den Komplexitätsebenen (2) bis (*m*), und es bestimmt also weitgehend die Lösungsmöglichkeiten auf diesen Ebenen und somit die Möglichkeit, instandhaltungsgerechte Varianten zu entwickeln. Es beeinflußt nicht nur die Konstruktion des Objektes, sondern auch (Abschn. 2.4) sein Instandhaltungskonzept, sein Instandhaltungsverhalten und die Höhe seiner Instandhaltungs-, Eigentums- und Lebenszykluskosten. Bild 13.1, das aus der Flugzeugindustrie stammt, zeigt, wie die Lebenszykluskosten eines Objektes mit der Wahl seines Konzeptes schon weitgehend fixiert sind.

Daß die Instandhaltungseigenschaften eines Objektes besonders von seiner Arbeitsweise (1) und Bauweise (1) abhängen, kann mit vielen Beispielen belegt werden. Die chemische Industrie z.B. stieg in den sechziger Jahren generell von Kolbenkompressoren auf Kreiselkompressoren um. Das konnte z.B. dazu führen, daß man sich statt monatlicher Überholung eines redundanten Exemplares auf zweijährliche Überholung ohne Redundanz beschränkte. Diese Entwicklung wurde zwar von dem fortschreitenden Stand der Technik ermöglicht, ist jedoch auf die Benutzung einer anderen Arbeitsweise zurückzuführen.

Weil die Arbeitsweise (1) und die Bauweise (1) eines Objektes schon in seinem Konzept festgelegt werden, sollte der Konstrukteur sich darüber im klaren sein, daß er schon in dieser frühen Konstruktionsphase über die Möglichkeit, letzten Endes einen instandhaltungsgerechten Entwurf zu realisieren, entscheidet und daß er deshalb von Anfang an Instandhaltungsaspekte in seine Abwägungen einbeziehen muß. Ein praktisches Problem dabei ist jedoch, daß in der Konzeptphase noch kaum Anhaltspunkte vorhanden sind, die es ermöglichen, Lösungsvarianten im quantitativen Sinne mit zugehörigen Instandhaltungseigenschaften oder sogar Instandhaltungskosten zu verbinden: Das Durchführen einer Instandhaltungsanalyse in Form einer Verhaltens- oder Kostenanalyse, wie in Kap. 7 erörtert, ist meistens noch nicht möglich. Erst im weiteren Verlauf des Konstruktionsprozesses - nach zunehmender Konkretisierung des Objektes - kann man über mehr und besser zutreffende Daten verfügen. Leider sind dann auch die Möglichkeiten, diese tatsächlich zur Förderung der Instandhaltungsgerechtheit zu verwerten, aus Kostengründen stark verringert.

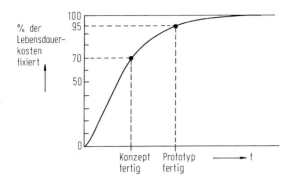

Bild 13.1   Fixierung der Lebensdauerkosten während des Konstruktionsvorganges

Dieser Widersprüchlichkeit kann man nur entgegentreten mit allgemeingültigen, konstruktiven Hinweisen zur Förderung der Instandhaltungsgerechtheit, die schon in der Konzeptphase zutreffen und bei der Wahl der Konstruktionsparameter angewandt werden können. Derartige Empfehlungen werden in diesem Kapitel vorgeschlagen. Sie sind zugleich geeignete Anhaltspunkte für eine Instandhaltungsanalyse in Form einer Checklistenanalyse gemäß Abschn. 7.3. Das Verfahren gestattet zwar keinen direkten Einblick in Schwachstellen, aber ermöglicht es, Konzeptvarianten aus der Sicht der Instandhaltung zu vergleichen, wenn auch nicht auf eine Weise, die bei der Optimierung eine Kombination mit anderen Qualitätsmerkmalen zuläßt. Im allgemeinen kann das Ergebnis nur auf einer ordinalen Bewertungsskala dargestellt werden, weil eine Ratioskala nicht erreicht werden kann. Die Methode ist verhältnismäßig schnell und billig durchzuführen.

Beim Konzipieren eines Objektes wird zuerst, aufgrund der erforderlichen Funktion, seine Arbeitsweise (1) bestimmt. In Abschn. 13.2 wird erörtert, wie man dabei besonders durch die Wahl der Arbeitsprinzipien seiner Komponenten und der Funktionsstruktur (Schaltung) ein gutes Instandhaltungsverhalten fördern kann. Als nächstes wird aufgrund der gewählten Arbeitsweise und des erforderlichen Leistungsvermögens seine Bauweise (1) bestimmt. In Abschn. 13.3 wird aufgezeigt, wie man dabei besonders durch die Wahl der Bauprinzipien und der Hauptabmessungen seiner Komponenten sowie der Baustruktur sein Instandhaltungsverhalten verbessern kann. In den Abschn. 13.4 und 13.5 wird zum Schluß erklärt, wie man durch eine geeignete Zuordnung von Teilfunktionen an Komponenten und durch Kombinieren von Komponenten zu Austauschmodulen die Instandhaltungseigenschaften eines Objektes begünstigen kann.

13.2 Arbeitsweise

13.2.1 Konstruktionsparameter

Die Arbeitsweise (1) eines Objektes ist durch die Art und die zugehörigen Arbeitsprinzipien der Teilfunktionen auf Ebene (1) sowie durch ihre Anordnung in einer

Funktionsstruktur definiert (Abschn. 5.2.1). Im Konzept sind also als Konstruktionsparameter festzulegen (Bild 5.7):

- die Teilfunktionen (1) nach Art und Arbeitsprinzip;
- die Funktionsstruktur (1).

Die Art der Teilfunktionen (1) kann aus der erforderlichen Wirkung (Umwandlung des Operanden) gemäß Anforderungsliste hergeleitet werden. Geeignete Arbeitsprinzipien sind durch die Möglichkeiten bedingt, die Natur und Technik bieten. Bekannte Arbeitsprinzipien können Lehrbüchern, Handbüchern usw. entnommen werden. Die Funktionsstruktur geht zum Teil zwingend aus logischen Überlegungen hervor, ist aber zum Teil noch aus anderen Gründen frei zu wählen. Für einen Verdichter z.b. ist zu entscheiden, ob das Kolben- oder Kreiselprinzip angewandt wird und ob Parallel- oder Serienschaltung bevorzugt wird.

13.2.2 Arbeitsprinzip

Das zur Erfüllung einer Teilfunktion angewandte Arbeitsprinzip ist zurückzuführen auf die Weise, wie die beabsichtigte physikalische Wirkung hervorgerufen wird von einem System materieller Wirkelemente, die in einem geeigneten Zustand (Bewegung, Temperatur usw.) miteinander verkehren. Als *Wirkelemente* sind zu unterscheiden:

- Wirkpunkte, z.B. Kugel;
- Wirklinien, z.B. Schneidekante;
- Wirkflächen, z.B. Schaufel;
- Wirkkörper, z.B. Schwungrad;
- Wirkräume, z.B. Ofen.

Bei Maschinen wird das Arbeitsprinzip meistens realisiert von Wirkelementen, die sich einander gegenüber bewegen, z.B. in einem Getriebe. In Apparaten wird es gewöhnlich erreicht, indem ein strömendes Medium an stillstehenden Wirkelementen entlanggeführt wird, z.B. in einem Wärmeaustauscher. Innerhalb eines Arbeitsprinzips sind gegebenenfalls näher zu unterscheiden:

- das *physikalische* Prinzip, d.h. die Kombination physikalischer Effekte, die zu der beabsichtigten Wirkung führen;
- das *materielle* Prinzip, d.h. die Grundkonfiguration von Wirkelementen, die zusammen die gewünschten physikalischen Effekte erzwingen;
- das *technische* Prinzip, d.h. die Art und Weise, wie das materielle Prinzip für technische Zwecke praktisch verwendet wird.

Das physikalische Prinzip eines Hubkolbenverdichters wird von einem Phänomen bestimmt, welches das Gasgesetz beschreibt: Der Druck einer abgesonderten Gasmenge steigt, nachdem ihr Volumen verkleinert wird (Bild 13.2a). Das materielle Prinzip zur Erzeugung eines variabelen Volumens wird meistens von einem stillstehenden Wirkraum (Zylinder) und einer beweglichen Wirkfläche (Kolben) erzeugt (Bild 13.2b). Die praktische Benutzung zur Förderung eines Gasstroms erfordert die Erfüllung von

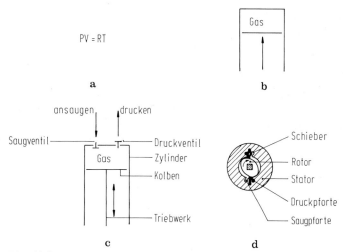

Bild 13.2
Physikalisches (**a**), materielles (**b**) und technisches (**c**) Prinzip eines Kolbenverdichters

den Teilfunktionen "Gasmenge zuführen", "Gasmenge absondern" und "Gasmenge abführen", und zwar in dieser Reihenfolge. Im technischen Prinzip sind dazu z.B. automatische Ventile vorgesehen (Bild 13.2c).

Wie bekannt ist, gibt es auch andere physikalische Effekte zur Verdichtung eines Gasstroms, z.B. gemäß dem Eulerschen Gesetz und angewandt in einem Kreiselverdichter (Bild 13.3). Der Effekt nach dem Gasgesetz könnte auch auf andere Weise benutzt werden, und zwar durch Erhitzung der Wand eines Wirkraums, was aber praktisch nicht vorkommt. Das Kolbenprinzip läßt auch andere Arbeitsweisen zu, etwa die eines Schraubenverdichters. Es gibt noch viele andere Möglichkeiten zur Verdichtung eines Gases, die grundsätzlich durch systematisches Variieren auf dem Wege des methodischen Konstruierens entwickelt werden können.

Die verschiedenen Arbeitsprinzipien zur Erfüllung von ein und derselben Funktion sind meist nicht gleichwertig. Im Fall eines Verdichters ist im allgemeinen zu denken an

- das Leistungsvermögen, z.B. die in einer Stufe erreichbare Drucksteigerung;
- die Umweltbelastung, z.B. durch Lärm;
- die Wirtschaftlichkeit, z.B. der Wirkungsgrad.

Funktion	Gas verdichten		
physikalisches Prinzip	Gasgesetz	Eulersches Gesetz	
materielles Prinzip	Raum mit beweglicher Wand	Raum mit heizbarer Wand	
technisches Prinzip	Kolben-verdichter	Schrauben-verdichter	Wasserring verdichter

Bild 13.3   Unterschiedliche Arbeitsprinzipien zur Gasverdichtung

Diese Ungleichwertigkeit von Arbeitsprinzipien ist auch aus der Sicht der Instandhaltung vorhanden und auf Unterschiede in den physikalischen, materiellen und/oder
technischen Prinzipien zurückzuführen. Der Kreiselverdichter benutzt dem Kolbenverdichter gegenüber ein anderes physikalisches Prinzip, das keine beweglichen Ventile erfordert. Der Schraubenverdichter benutzt zwar dasselbe physikalische Prinzip
wie die Hubkolbenmaschine, verwendet aber ein anderes materielles Prinzip und
braucht deshalb ebenfalls keine beweglichen Ventile. Weil gerade derartige beweglichen Teile Schwachstellen bilden können, ist dieser Unterschied angesichts der Instandhaltung wichtig.

Selbstverständlich heißt dies nicht, daß bewegliche Teile nicht u.U. doch problemlos funktionieren können oder aber daß sie wegen anderer Vorteile nicht doch zu bevorzugen sind. Hiermit soll nur gesagt sein, daß der Konstrukteur im Konzept bei der
Wahl der Arbeitsweise den Instandhaltungsaspekt einbeziehen muß, wenn auch nur
im qualitativen Sinne. Er sollte versuchen, den Einfluß auf den ausgearbeiteten Entwurf abzuschätzen, z.B. ob eine einfache oder komplizierte Lösung zu erwarten ist,
fortgeschrittene Techniken und ausgefallene Wirkstoffe angewandt werden müssen
oder schlechte Arbeitsbedingungen zu erwarten sind. Als Aspekte, die er generell in
Erwägung ziehen sollte, können z.B. genannt werden:

- Physikalisches Prinzip
  - Unwandlung des Operanden in einem oder mehreren Schritten;
  - Prozeßumstände üblich oder extrem in Hinsicht auf Druck, Temperatur, Aggres-
    sivität usw.
- Materielles Prinzip
  - Wirkung kontinuierlich oder diskontinuierlich;
  - stillstehende oder bewegliche Wirkelemente;
  - konstante oder variierende Belastungen: mechanisch, thermisch, chemisch usw.
- Technisches Prinzip
  - wenige oder viele (Hilfs-)Komponenten;
  - Art der Bewegungen: Translationen, Rotationen, Schwingungen, Vibrationen
    usw.;
  - potentielle Fehlwirkungen: Ermüdung, Verschleiß, Verschmutzung usw.;
  - kritische (Neben-) Komponenten: Verbindungen, Führungen (rotatorisch, trans-
    latorisch), Abdichtungen (statisch, dynamisch), Federn usw.

Beispiele

- Ein Gleichstromelektromotor mit Bürsten gibt i. allg. mehr Instandhaltungsprobleme als ein Drehstrommotor ohne Bürsten.
- Bild 13.4a zeigt ein Vibrationssieb mit Maschenbelag zur Entwässerung eines
  grobkörnigen Schlammstroms. Das Feinkorn wird mit der Flüssigkeit abgeführt.
  Bekanntlich neigen derartige Siebe zu Verstopfung durch Teilchen, deren Abmessungen ungefähr dem Maß d der Maschen entsprechen. Der Siebbelag muß deshalb
  durch gelegentliches Schaben offengehalten werden, was zu Beschädigungen führt.
  Der vibrierende Siebkasten ist meistens geschweißt und rißempfindlich.

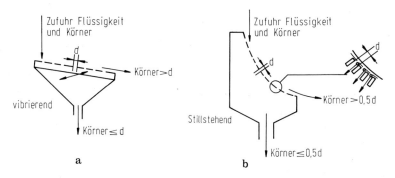

Bild 13.4   Vibrationssieb (**a**) und Bogensieb (**b**) zur Schlammentwässerung

Bild 13.4b zeigt ein stillstehendes Bogensieb mit Spaltenbelag, das dieselbe Funktion erfüllt, aber nach einem anderen Prinzip arbeitet. Die Spalten mit Breite *d* verlaufen senkrecht zur Zeichnungsfläche. Aus dem Schlammstrom werden Schichten geschält, und es passieren nur Körner unterhalb *d*/2 zusammen mit der Flüssigkeit die Siebdecke, die also nicht verstopfen kann. Der Siebkasten wird nicht von Vibrationen belastet, und der Siebbelag kann gekehrt werden. Aus der Sicht der Instandhaltung wäre also das Bogensieb zu bevorzugen.

13.2.3 Funktionsstruktur

Die Anordnung der Teilfunktionen, normalerweise eine Serienschaltung, wird teils logisch bestimmt von dem Umwandlungsprozeß, z.B. "Maschine antreiben" - "Drehzahl ändern" - "Last bewegen", ist teils noch aus anderen Gründen frei zu wählen. Eine Teilfunktion "Last bremsen" könnte z.B. vor oder nach der Übersetzung geschaltet werden.

Auch verschiedene Funktionsstrukturen können aus der Sicht der Instandhaltung ungleichwertig sein, besonders in bezug auf die Zuverlässigkeit. In Bild 13.5, das dem Automobilbau entnommen ist, wird die Gelenkkupplung im Fall a ungünstiger belastet als im Fall b. Bild 13.6 zeigt sechs verschiedene Schaltmöglichkeiten für drei Teilfunktionen einer Klimaanlage: "Luft reinigen", "Luft verdichten" und "Luft erwärmen". Bei der Variante "Verdichten, Reinigen und Erwärmen" können zwar das Bauvolumen des Filters und des Erhitzers etwas kleiner und ihre Herstellkosten niedriger ausfallen, dafür wird der Verdichter aber mehr durch Schmutz belastet.

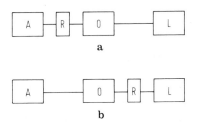

Bild 13.5   Funktionsstrukturvarianten bei einem Antrieb mit Gelenkkopplung (0) und Bremse (R)

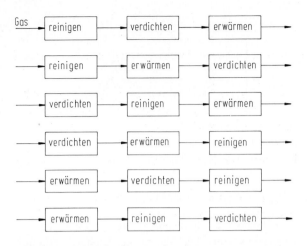

Bild 13.6   Funktionsstrukturvarianten einer Klimaanlage

13.3 Bauweise

13.3.1 Konstruktionsparameter

Die Bauweise eines Objektes ist durch das Bauprinzip, die Zahl und die Hauptabmessungen der Komponenten auf Ebene (1) sowie durch ihre räumliche Anordnung in der Baustruktur definiert (Abschn. 5.2.2). Im Konzept sind also als Konstruktionsparameter festzulegen (Bild 5.7):

- die Komponenten (1) nach Bauprinzip, Zahl und Hauptabmessungen;
- die Baustruktur (1), besonders die Orientierung, die gegenseitige Position und der Abstand.

In bezug auf die Zahl der Komponenten kann es sein, daß die betrachteten Komponenten sich mit den im Konzept vorgesehen Teilfunktionen decken, aber das muß nicht sein, wie in Abschn. 13.4 noch erläutert wird. Die Bauprinzipien, die Zahl und die Hauptabmessungen der Komponenten werden sowohl aus den gewählten Arbeitsprinzipien wie von der Objektleistung hergeleitet. Geeignete Bauprinzipien sind durch den Stand der Technik bedingt und können Lehrbüchern, Handbüchern und Katalogen entnommen werden. Die Baustruktur geht teils zwingend aus logischen Überlegungen hervor, ist teils aber aus anderen Gründen frei zu wählen. Für einen Kolbenverdichter wird z.B. entschieden, ob ein oder mehrere Zylinder vorzusehen sind und ob sie waagerecht oder senkrecht aufzustellen sind. Aus den Hauptabmessungen der Komponenenten (1) und der Struktur (1) gehen die Hauptabmessungen des Objektes (0) hervor.

13.3.2 Bauprinzip

Mit dem Bauprinzip einer Komponente werden Hauptmerkmale seiner Gestaltung angedeutet wie

- der Typ: eine Kennzeichnung des materiellen Aufbaus auf der darunterliegenden Ebene bezüglich der Zahl der Komponenten und ihrer materiellen Struktur (Anordnung, Positionierung), z.B. ein senkrechter 4-Zylinder-Reihenverdichter;
- die Ausführung: eine Kennzeichnung des verwendeten Materials, z.B. Gußeisen oder Stahl, und/oder der Herstellungsweise, z.B. eine verschraubte oder geschweißte Ausführung.

Verschiedene Bauprinzipien sind aus der Sicht der Instandhaltung nicht gleichwertig, was auf Unterschiede in Typ und Ausführung zuruckzuführen ist.

Beispiele

- Typ
  - wenige oder viele Komponenten;
  - materielle Struktur günstig (z.B. offen, geteilt) oder ungünstig (Kompakt, ungeteilt).
- Ausführung
  - Empfindlichkeit für Verschmutzung gering oder hoch;
  - Demontierbarkeit schlecht oder gut;
  - Reparaturmöglichkeit, z.B. durch Aufschweißen, schlecht oder gut.

13.3.3 Zahl und Hauptabmessungen

Für die gewählten Bauprinzipien werden die Hauptabmessungen der Komponenten festgestellt. Ausgangspunkte sind das geforderte Leistungsvermögen, z.B. in bezug auf Fördermenge und Drucksteigerung, Erfahrungswerte für konstruktive Kennzahlen, z.B. für die mittlere Kolbengeschwindigkeit, sowie zulässige Werte für spezifische Materialbelastungen, z.B. die Zugspannung.

Bei der Bestimmung der Hauptabmessungen kann es nötig sein, die Gesamtleistung des Objektes auf mehrere Komponenten zu verteilen, z.B. durch Parallelschalten mehrerer Förderbänder oder Hintereinanderschalten mehrerer Filter.

Die Wahl der Zahl der Komponenten und ihrer Hauptabmessungen hat direkten Einfluß auf die Zuverlässigkeit und die Instandhaltbarkeit eines Objektes.

Beispiele

- Niedrige oder hohe spezifische Belastungen;
- gute oder schlechte Zugänglichkeit und Hantierbarkeit;
- Möglichkeiten zur Instandsetzung, z.B. durch Plandrehen, in der eigenen Werkstatt oder bei einer Firma.

Zum Beispeil sind von einem Elektromotor mit einer Drehzahl von 3000 min^{-1} i. allg. mehr Instandhaltungsprobleme zu erwarten als von einem Motor mit Drehzahl 1500 min^{-1}.

13.3.4 Baustruktur

Das Instandhaltungsverhalten, besonders die Instandhaltbarkeit eines Objektes, wird in hohem Maße von der materiellen, räumlichen Anordnung seiner Komponenten beeinflußt. Zu denken ist u.a. an

- die Orientierung, u.a. liegende oder senkrechte Aufstellung in bezug auf das Instandsetzen und Reinigen (z.B. eines Wärmeaustauschers) und endogene Belastungen (z.b. durch Verschmutzung);
- die gegenseitige Positionierung, z.b. Aufstellen über- oder nebeneinander in bezug auf die Erreichbarkeit, z.b. für Demontage durch einen mobilen Kran, und auf die Gefahr, daß Folgeschäden eintreten, z.b. durch Leckage;
- den gegenseitigen Abstand, z.b. Aufstellen weit auseinander oder dicht beieinander mit Konsequenzen für die Arbeitsumstände, z.b. Arbeiten in gehockter Stellung, die Erreichbarkeit, z.b. für einen Gabelstapler, und die Arbeitsqualität, z.b. Schlüsselfehler.

Zum Beispiel werden die Armaturen in Rohrleitungen am besten in waagerechten Stücken positioniert, damit sie senkrecht abgehoben werden können. Bei Positionierung in senkrechten Rohrstücken erfordert die Demontage eine seitliche Bewegung, was zu einer gefährlichen Lage beim Lösen führen kann und die Montage der Pakkung erschwert.

13.4 Funktionszuteilung

13.4.1 Möglichkeiten

Auf jeder Komplexitätsebene (j) ($j = 1,...m$) sind Teilfunktionen (j), zu erfüllen von Komponenten (j), die von dem gewählten Arbeitsprinzip und Bauprinzip bestimmt werden können (Abschn. 5.2.2 und 5.3.3). Wie schon in Abschn. 5.2.4 erwähnt, braucht es durchaus nicht so zu sein, daß jede Komponente genau mit einer bestimmten Teilfunktion korrespondiert. Eine Teilfunktion kann von mehreren Komponenten erfüllt werden, oder - umgekehrt - eine Komponente kann mehrere Teilfunktionen enthalten. Der Konstrukteur kann also auf jeder Komplexitätsebene die Begrenzung und die *Funktionsdichte* der Komponenten und somit ihre Zahl und Art variieren, was im allgemeinen mit Folgen für die Instandhaltungseigenschaften verbunden ist. Hier liegt noch eine Möglichkeit, das Instandhaltungsverhalten eines Objektes zu fördern.

Bild 13.7a zeigt den Sonderfall, daß zur Funktionserfüllung zwei gleiche Teilfunktionen 1.1 und 1.2 wie auch zwei davon verschiedene, unterschiedliche Teilfunktionen 2 und 3 erforderlich sind. Jede dieser vier Teilfunktionen wird von einer separa-

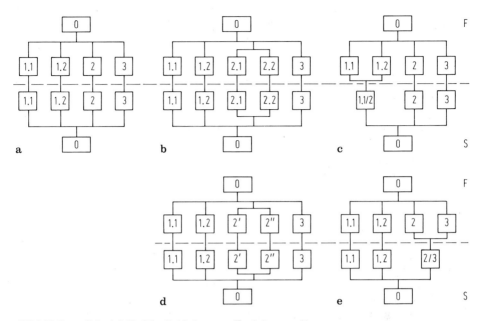

Bild 13.7 Prinzipielle Möglichkeiten zur Funktionszuteilung.
a.Korrespondenz zwischen Teilfunktionen und Komponenten;
b Parallelisierung; c Konzentrierung; d Differenzierung; e Integrierung

ten Komponente erfüllt. Die Komponenten 2 und 3 sind selbstverständlich verschieden, bei den Komponenten 1.1 und 1.2 kann das der Konstruktion nach ebenfalls der Fall sein. Es gibt nun grundsätzlich folgende Möglichkeiten zur Änderung der Funktionszuteilung:

- *Parallelisierung* (Bild 13.7b): Eine Teilfunktion 2 ist in mehrere gleiche Teilfunktionen 2.1 und 2.2 aufzuteilen, die jeweils einer separaten Komponente zugeordnet werden. Die Komponenten brauchen nicht identisch zu sein. Beispiele sind: mehr Räder unter einem Lastwagen; Federsicherheitsventil und Brechplatte auf einem Reaktorgefäß. Das Gegenteil ist die
- *Konzentrierung* (Bild 13.7c): Mehrere gleiche Teilfunktionen 1.1 und 1.2 (i) sind ein und derselben Komponente 1 zugeordnet. Beispiele sind: zentrale Schmieranlage; gemeinsame Energieversorgung.
- *Differenzierung* (Bild 13.7d): Eine Teilfunktion 2 ist in mehrere verschiedene und einfachere Teilfunktionen 2' und 2" aufgeteilt, die jeweils einer separaten Komponente zugeordnet sind. Beispiele: ein kombiniertes Radial-Axial-Lager ist aufgeteilt in ein radiales und ein axiales Lager; die Kraft- und die Dichtungsfunktion in einer Rohrverbindung sind getrennt. Das Gegenteil ist die
- *Integrierung* (Bild 13.7e): Mehrere, verschiedene Teilfunktionen 2 und 3 sind ein und derselben Komponente 2/3 zugeordnet. Beispiele sind: eine Küchenmaschine mit exzentrischem Quirl, der sowohl den Teig mischt also auch die Schüssel dreht (Bild 13.8); ein Radkranz, der einen Eisenbahnwagon führt und zugleich als Bremsfläche fungiert.

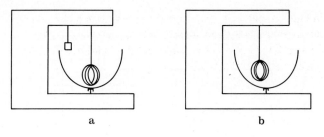

Bild 13.8   Integrierung von Teilfunktionen in einer Küchenmaschine

Auch diese verschiedenen Zuteilungsmöglichkeiten, die zum Teil kombiniert werden können, sind mit typischen Konsequenzen für das Instandhaltungsverhalten verbunden. Konzentrierung reduziert die Zahl der Komponenten und somit die Komplexität, das Volumen, das Gewicht und die Anschaffungskosten des Objektes. Zunehmen können jedoch die Ausfallfolgen, besonders auch die Instandhaltungskosten. Das umgekehrte gilt für Parallelisierung.

Integrierung hat ebenfalls die Vorteile, daß die Zahl der Komponenten und somit das Volumen, das Gewicht und die Anschaffungskosten des Objektes sinken. Typische Nachteile sind in diesem Fall kompliziertere und meistens ungünstigere Belastungslage der Komponenten und eventuell erforderliche weitergehende Kompromißlösungen. Das kann zu einer niedrigeren Zuverlässigkeit und zu höheren Instandhaltungskosten führen. Das umgekehrte trifft auf Differenzierung zu.

Das Beispiel einer ungeeigneten Integrierung zweier Teilfunktionen in einer Komponente - das Mischen und das Erhitzen von Brikettierkohlen - zeigt Bild 13.9. Weil

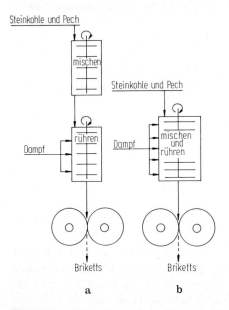

Bild 13.9   Ungeeignete Integrierung von Teilfunktionen in einer Brikettieranlage

eine gute Mischung und eine gleichmäßige Aufwärmung grundsätzlich unterschiedliche Verweilzeitverteilungen erfordern, ist diese Vereinfachung unzweckmäßig. Sie muß durch höhere Walzkräfte in der Presse kompensiert werden, und die Rechnung für den höheren Verschleiß wird von der Instandhaltung bezahlt.

13.4.2 Redundanz

Bis jetzt ist stillschweigend angenommen worden, daß bei Parallelisierung die Komponenten zur Erfüllung einer Teilfunktion zusammen genau die erforderliche Leistung bringen. Es ist aber auch möglich, das Gesamtleistungsvermögen von parallelgeschalteten Komponenten größer als erforderlich zu wählen. Das kann dazu führen, daß die Belastung der Komponenten abnimmt und ihre Zuverlässigkeit steigt. Auch ist bei Ausfall einer Komponente das Restleistungsvermögen des Objektes höher. Als Vollredundanz wird der Sonderfall bezeichnet, daß eine oder mehrere zusätzliche Komponenten die Funktionserfüllung einer ausgefallenen Komponente völlig übernehmen können. Als Vorteil dieser Lösung gilt die gesteigerte Zuverlässigkeit und Verfügbarkeit des Objektes, besonders wenn der Ausfall einer Komponente schnell bekannt und behoben wird. Es ist auch möglich, stattdessen den nächsten Planstop abzuwarten und auf diese Weise die Verfügbarkeit zu erhöhen.

Redundante Komponenten brauchen nicht identisch zu sein und nicht alle dieselbe Leistung zu erbringen. Je nach Lage werden die Komponenten in Serie geschaltet (z.B. Filter) oder parallel (z.B. getrennte Bremssysteme, Bild 6.9). Man kann viele Formen der Redundanz unterscheiden, die einander teilweise überschneiden. Vom Standpunkt der Instandhaltung aus sind u.a. die nachstehenden Unterschiede wichtig:

- *"Kalte" Redundanz*: Die Extra-Komponente mit vollem Leistungsvermögen ist normalerweise nicht in Betrieb und wird erst gestartet, wenn es nötig ist. Beispiel: Stillstehende zweite Pumpe in abgesperrter Nebenleitung.
Instandhaltungsaspekt: Reservepumpe und Antrieb müssen regelmäßig überprüft werden (Instandhaltungskonzept). Die Zuverlässigkeit des Startens und des Umschaltens sind mitbestimmend für die Zuverlässigkeit der Kombination. Am besten werden beide Pumpen wechselweise benutzt.

- *"Warme" Redundanz* (*aktiv*): Die Extra-Komponente ist ständig in Betrieb und nimmt teil an der Funktionserfüllung. Beispiel: Zwei Pumpen arbeiten parallel auf gemeinsamer, geöffneter Zu- und Abfuhr; wenn eine ausfällt, hält die andere den Betrieb ganz oder zum Teil aufrecht.
Instandhaltungsaspekt: Beide Pumpen nutzen sich ab.

- *"Warme" Redundanz* (*passiv*): Die Extra-Komponente ist ständig in Betrieb, beteiligt sich aber nicht an der Ausführung der Funktion. Beispeil: Eine zweite Pumpe dreht im Leerlauf mit und wird beim Ausfall von der ersten an das Netz angeschlossen.
Instandhaltungsaspekt: Die zweite Pumpe nutzt sich - wenn auch wenig - ab. Die Zuverlässigkeit des Umschaltens bestimmt die Zuverlässigkeit der Kombination mit.

Redundanz kann im Prinzip auf allen Komplexitätsebenen eines Objektes durchgeführt werden. Sie ist ein effektives Hilfsmittel zur Erhöhung der Zuverlässigkeit, falls die Ausfallsmomente dieser redundanten Komponenten voneinander unabhängig sind. Inwieweit diese Bedingung tatsächlich erfüllt wird, ist auf jeden Fall zu prüfen, z.B. ob nicht Abhängigkeiten aus gemeinsamen Herstellungsfehlern hervorgehen können. Gegebenenfalls sind diese zu beseitigen, indem man die Komponenten von verschiedenen Lieferanten bezieht. Besonders zu beachten sind auch Abhängigkeiten infolge von Instandhaltungsfehlern. Redundanz nutzt nur wenig, wenn die Komponenten nicht rechtzeitig gewartet oder z.B. alle zugleich mit einem falschen Schmiermittel versorgt werden (Abschn. 3.4.2). Es kann angebracht sein, derartigen Schäden mit gemeinsamer Ursache vorzubeugen, indem man für die redundanten Komponenten unterschiedliche Arbeitsprinzipien wählt.

Als Beispiel zeigt Bild 13.10 die elektrische Energieversorgung einer Anlage. Falls die Netzspannung ausfällt, schließt die elektromagnetische Kupplung. Die rotierenden Massen des Elektromotors und des Generators starten den Dieselmotor. Hier ist "kalte" Redunandanz vorgesehen.

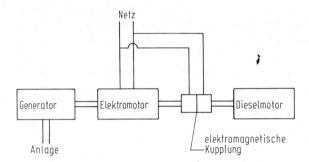

Bild 13.10   Redundanz bei elektrischer Energieversorgung

13.5 Modularer Aufbau

Ein (teilweiser) modularer Aufbau eines Objektes ist als ein Aspekt seiner materiellen Struktur zu betrachten. Als Modul eines Objektes ist eine Gruppe von Komponenten anzusehen, die i. allg. eine Einheit bilden. *Fertigungsmodule* werden schon lange beim Konstruieren von komplexen Objekten gebildet mit dem Hauptziel, die Herstellungskosten zu senken. Dazu werden für übereinstimmende Teilfunktionen, die in unterschiedlichen Objekten vorkommen, identische Bausteine vorgesehen oder Funktionsvarianten durch unterschiedliche Kombinationen von bestimmten Bausteinen entwickelt (Baureihen und Baukästen) [13.1 - 13.3]. Die Module können dann in großen Serien und deshalb verhältnismäßig billig angefertig werden.

In Abschn. 6.2.5 wurde schon auf die Möglichkeit hingewiesen, ein Objekt aus *Instandhaltungsmodulen* aufzubauen. Als solche sind Gruppen von Komponenten zu

betrachten, die als Gesamtheit behandelt werden. Weil sie mit zusätzlichen Anschlußflächen versehen sind, die gut lösbare Verbindungen aufweisen, sind sie leicht austauschbar. Dem Nachteil, daß die zusätzlichen Anschlußflächen die Herstellungskosten erhöhen, stehen als Instandhaltungsvorteile u.a. gegenüber:

- Schäden brauchen nur bis auf Modulebene lokalisiert zu werden;
- Auswechseln von Modulen kann schnell und billig stattfinden;
- innerhalb eines Moduls sind auch schwer lösbare, aber zuverlässige Verbindungen
  gestattet;
- Einstellprobleme können innerhalb eines Moduls verlegt werden und spielen also
  vor Ort keine Rolle, was die Arbeitszeit verkürzt und zu weniger Schlüsselfehlern
  führen kann.

Ein modularer Aufbau, entweder nur aus der Sicht der Fertigung oder auch der Instandhaltung wegen, sollte schon beim Konzipieren überlegt sein. Übrigens können
sich diese beiden Begriffe in der Praxis - bei einem bestimmten Objekt - decken, aber
das braucht nicht der Fall zu sein, denn die Ausgangspunkte sind ja unterschiedlich.
Die Aufteilung in Fertigungsmodulen muß durch die Einsparung an Herstellkosten
gerechtfertigt sein. Die Frage, wie ein Objekt am besten in Instandhaltungsmodulen
aufzuteilen ist, kann nur im Rahmen seines Instandhaltungskonzeptes beantwortet
werden und ist zu begründen mit der Einsparung von Instandhaltungskosten, besonders auch der instandhaltungsabhängigen Kosten.

Modular aufgebaute Systeme sind auf allerlei Gebieten der Technik deutlich im
Vormarsch. Oft wird nicht länger eine Konstruktion angestrebt, die eine Funktion mit
möglichst wenigen Bausteinen verwirklicht, sondern eine Lösung, die man schnell
konstruieren und herstellen, gegebenenfalls auch leicht an geänderte Anforderungen
anpassen kann. Modularer Aufbau wird mittlerweile auch als positiver Instandhaltungsaspekt hervorgehoben und besonders angewandt, um die Verfügbarkeit eines
Objektes zu erhöhen. Als Beispiele seien genannt:

- Zentrifugen, Motoren, Getriebe;
- Kessel, Dampf- und Gasturbinen, Kernkraftwerke;
- stationäre Transportmittel, etwa Kräne;
- mobile Transportmittel, etwa Lokomotiven oder Autos;
- Gebrauchsgüter, darunter Kopiergeräte, Schreibmaschinen, Fernseher, Photoappa-
  rate usw.

14 Organisatorische Voraussetzungen

14.1 Instandhaltungsgerechtes Investieren

Wie man beim Projektieren einer Anlage und besonders beim Konstruieren ihrer Maschinen und Apparate dem Instandhaltungsaspekt Rechnung tragen kann, wurde in den vorigen Kapiteln erläutert und ist in Bild 14.1 zusammengefaßt. Die Kap. 12 und 13 bezogen sich auf Empfehlungen zur Erarbeitung der Anforderungsliste und des Konzeptes, das am besten im eigenen Unternehmen vorgenommen wird. Bei der Ausarbeitung zum instandhaltungsgerechten Entwurf - eine Aufgabe, die oft Dritten übergeben wird - können die Hinweise aus Kap. 6 bis 11 herangezogen werden. Somit sind die konstruktionstechnischen Voraussetzungen zum Erreichen von instandhaltungsgerechten Lösungen gegeben. Die Erfahrung hat jedoch gezeigt, daß das nicht genügt, sondern daß darüber hinaus noch Bedingungen organisatorischer Art erfüllt sein müssen, damit die Vorgehensweise in einem Unternehmen zur Anwendung kommen kann.

Als prinzipielles Hindernis hat sich in der Praxis erwiesen, daß das Optimierungskriterium "minimale Eigentumskosten" oft nicht von allen Beteiligten wie Auftraggeber, Projektingenieur, Produktionsingenieur und Einkäufer gleichermaßen verstanden und als Ziel akzeptiert wird. Das wiederum ist zurückzuführen auf unterschiedliche Einsichten, wie die zur Verfügung stehenden Geldmittel am besten eingesetzt werden können. Diese Mittel zur Ausführung eines Projektes werden meistens als Investitionen gewertet, also Ausgaben, die jährlich abgeschrieben werden. Absicht des Investors ist es im allgemeinen, mit seiner Anlage maximalen Erlös zu erzielen. Meistens ist der zur Verfügung stehende Etat von vornherein von ihm festgelegt worden, und er und der künftige Benutzer sind bestrebt, für diese Summe Maschinen und Apparate zu beschaffen, die relativ billig sind, damit ein größeres Leistungsvermögen, gegebenenfalls auch mehr darüber hinaus installiert werden kann. Der Beweggrund dazu ist die Annahme wachsender Einnahmen und Erlöse.

Tatsächlich können die künftigen Einnahmen in gewissem Maße erhöht werden, indem das Leistungsvermögen des Systems gesteigert wird, jedenfalls sofern die Marktlage den zusätzlichen Absatz ermöglicht. Aber auch die Ausgaben steigen, weil ein höheres Leistungsvermögen mit höheren direkten Instandhaltungskosten und deshalb auch mit höheren Eigentumskosten verbunden ist, und zwar aus zweierlei Gründen. Zuerst erfordert ein höheres Leistungsvermögen größere Maschinen und Apparate, die sowieso höhere Kosten bei der Ausführung der Instandhaltungsarbeiten nach sich ziehen. Zweitens müssen sie bei einer fixierten Investitionssumme

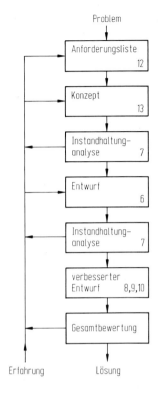

Bild 14.1   Arbeitsschritte beim instandhaltungsgerechten Projektieren und Konstruieren

verhältnismäßig billig konstruiert sein, was erfahrungsgemäß mit einem schlechteren Instandhaltungsverhalten und also auch mit höheren direkten Instandhaltungskosten verbunden ist. Es sollte jedoch auf keinen Fall außer Betracht bleiben, daß relativ billige Objekte meistens auch eine niedrigere Verfügbarkeit und deshalb höhere indirekte Instandhaltungskosten aufweisen. Das kann das erwartete zusätzliche Leistungsvermögen zum Teil oder ganz zunichte machen und sich gegebenenfalls sogar negativ auf die künftigen Einnahmen auswirken.

Ein höheres Leistungsvermögen führt also keineswegs zwangsläufig zu einem höheren Erlös, so daß auf jeden Fall eine Abwägung durchzuführen wäre. Diese müßte nicht nur das Leistungsvermögen, sondern zumindest auch die Marktlage, die Verfügbarkeit und die Instandhaltungskosten als Paramater einschließen. Wir lassen diese Idealoptimierung, die in der Praxis kaum mit genügender Genauigkeit durchzuführen sein dürfte, weiter außer acht und setzen uns beim Projektieren zum Ziel:

- Innerhalb des zu Verfügung stehenden Etats investieren in Objekte, die
- minimale Eigentumskosten aufweisen, indem nicht nur die Anschaffungskosten, sondern auch die
- künftigen Instandhaltungskosten einbezogen werden in die Wahl, die im übrigen
- nach den üblichen betriebswirtschaftlichen Regeln getroffen wird.

Dies ist zwar eine Suboptimierung, aber man sollte bedenken, daß somit die Instandhaltungsgerechtheit und deshalb im allgemeinen auch die Verfügbarkeit des Objektes zunehmen, so daß auf diesem Umweg das effektive Leistungsvermögen auch gesteigert wird.

Das Akzeptieren dieses Investitionszieles in einem Unternehmen ist zwar notwendig, aber es reicht noch nicht aus. Auch die Konsequenzen sollen sorgfältig überlegt sein, besonders welche ergänzenden Maßnahmen organisatorischer Art zu treffen sind. Zu diesem Thema werden in den nächsten Abschnitten die folgenden Fragen kurz angesprochen:

- Wie soll die Instandhaltungsgerechtheit von eingekauften Anlageteilen gewährleistet sein? (Abschn. 14.2).
- Wie kann der Konstrukteur über die Daten verfügen, die er braucht, um instandhaltungsgerechte Lösungen zu bedenken und zu rechtfertigen? (Abschn. 14.3).
- Wie soll die Einführung des instandhaltungsgerechten Projektierens und Konstruierens in einem Unternnehmen vor sich gehen? (Abschn. 14.4).

Zum Schluß wird in Abschn. 14.5 die Opportunitätsfrage diskutiert: Inwieweit lohnt sich eine instandhaltungsgerechte Vorgehensweise beim Projektieren und Konstruieren?

14.2 Spannungsfeld Kunde - Lieferant

In einer Anlage werden fast ausnahmslos auch Maschinen und Apparate verwendet, die auf dem offenen Markt eingekauft werden. Sie sind von Lieferanten konstruiert und hergestellt worden und werden von ihnen in Konkurrenz mit anderen Firmen angeboten. Seine Wahl wird man primär aufgrund technischer Forderungen und Wünsche treffen und dabei die innerbetriebliche Standardisierung im Auge behalten. Überdies spielen viele andere Faktoren eine Rolle, u.a. positive und negative Erfahrungen mit dem Lieferanten im allgemeinen und mit seinem betreffenden Produkt im besonderen. Dazu wären auch die Qualität seines Kundendienstes und das Instandhaltungsverhalten der Objekte zu rechnen. Nicht an letzter Stelle stehen wirtschaftliche Überlegungen zur Diskussion, und hier liegt aus der Sicht der Instandhaltung eine gravierende Entscheidung vor.

Bei den Ankaufsverhandlungen wird der Kunde in erster Instanz meistens vertreten von der Projekt-, Einkaufs- oder Produktionsabteilung, wobei die folgenden Überlegungen eine wichtige Rolle spielen:

- Der Kunde verlangt neben einer guten funktionellen Leistung (qualitativ und quantitativ) einfache Bedienung und einen niedrigen Anschaffungspreis, und er bevorzugt übliche, ihm bekannte Lösungen.
- Der potentielle Lieferant strebt ebenfalls vorrangig eine gute funktionelle Leistung (Garantie!), aber auch niedrige Herstellkosten an. Er bevorzugt übliche, gängige Lösungen gleichermaßen.

Falls der zukünftige Instandhalter keinen Einfluß auf die Verhandlungen nehmen kann, führt dies leicht zu einseitiger Betonung funktioneller Leistungen, z.B. Leistungsmaximierung, und zum Vorschreiben bzw. Wählen bekannter Lösungen, die zwar billig herzustellen, aber nicht unbedingt instandhaltungsgerecht sind. Der künftige Instandhalter sollte also mitreden und mitentscheiden, damit auch die Instandhaltungseigenschaften in die Abwägungen einbezogen werden können. Es sind minimale Eigentumskosten als Optimierungskriterium anzustreben und gegebenenfalls dem Leistungsvermögen, der Verfügbarkeit usw. Untergrenzen zu setzen. Daraus geht ein Objekt mit besserem Instandhaltungsverhalten hervor, das aber meistens höhere Fertigungskosten für den Lieferanten aufweist. Das führt also zu einem höheren Anschaffungspreis für den Kunden.

Der Nutzen dieses größeren Aufwands sind für den Lieferanten vor allem weniger Garantiekosten während der beschränkten Garantiefrist, z.B. im ersten Jahr, und für den Benutzer weniger Instandhaltungskosten während der ganzen Gebrauchsperiode, normalerweise über viele Jahre. Die ungleichen Interessen des Lieferanten und seines Kunden führen deshalb zu zwei verschiedenen Abwägungen, die unterschiedliche Ergebnisse zur Folge haben:

- Der Lieferant, falls er auf einem offenen Markt konkurriert, versucht vor allem, die Summe der Ausgaben vor der Lieferung (Fertigungskosten) und nach der Lieferung (Garantiekosten) zu minimieren, Bild 14.2, Punkt A.
- Der Kunde, als künftiger Benutzer, sollte daran interessiert sein, die Eigentumskosten, also die Summe der Anschaffungskosten und der kumulativen Instandhaltungskosten, zu minimieren, Bild 14.2, Punkt B.

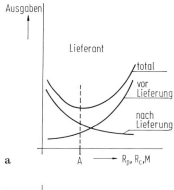

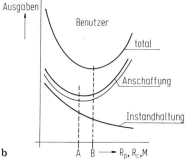

Bild 14.2 Optimierungsziele von Lieferant und Benutzer

Im allgemeinen liegt Punkt B rechts von Punkt A: Ein gutes Instandhaltungsverhalten ist zwar für den Kunden von Vorteil, aber an sich nicht interessant für den Lieferanten. Der Kunde sollte sich dieses Spannungsfeldes bewußt sein, und, falls er ein nach Punkt B optimiertes Objekt anschaffen möchte, dem Lieferanten schon bei dem Auftrag klar machen, daß er einen höheren Anschaffungspreis akzeptiert, insoweit dieser nachweisbar mit niedrigeren Eigentumskosten verbunden ist. Derartige Verhandlungen und Entscheidungen sollten auf konkreten Daten, besonders auf registrierten Erfahrungen und Instandhaltungsanalysen basieren.

Obwohl dieses Spannungsfeld zwischen Kunde und Lieferanten noch oft vorkommt, gibt es auch schon viele Ausnahmen. Es gibt Wirtschaftszweige, wo sich das Denken in Eigentums- und Lebenszykluskosten schon eingebürgert hat und auch für die Lieferanten so selbstverständlich ist, daß sie in diesem Punkt sogar zu Garantien bereit sind, z.B. in bezug auf die Höhe der Instandhaltungskosten und die Lieferbarkeit von Ersatzteilen. Zu denken ist an militärische Systeme, die Zivilluftfahrt, Lastkraftwagenhersteller usw. In anderen Zweigen, z.B. im Maschinen- und Apparatebau, gibt es individuelle Lieferanten, die der Instandhaltungsgerechtheit ihrer Produkte Aufmerksamkeit widmen und dies sogar als Verkaufsargument verwerten.

Leider haben aber viele Lieferfirmen dieses Konstruktionziel noch nicht aufgenommen und beantworten derartige Anfragen u.U. mit wesentlich längeren Lieferzeiten. Ein Grund dafür kann u.a. sein, daß sie exklusiv an der Lieferung von Ersatzteilen und/oder der Ausführung der betreffenden Instandhaltungstätigkeiten beteiligt sind und deshalb aus kommerziellen Gründen nicht an einer instandhaltungsgerechten Konstruktion interessiert sind. Wenn jedoch der Kunde danach fragt und die Konkurrenz sie macht, wird diese Kategorie bald aussterben.

14.3 Rückkopplung durch Zusammenarbeit

In Abschn. 5.1 wurde schon erwähnt, daß man den Konstruktionsprozeß nach verschiedenen Gesichtspunkten betrachten kann, und zwar nicht nur als Konkretisierungsprozeß, sondern u.a. auch als *Informationsverarbeitungsprozeß*. Der Konstrukteur muß bei seiner Arbeit Informationen

- sammeln: Auftrag, Literatur, Patente, Lieferanten, Datenbestände, Erfahrungen usw.;
- bearbeiten: ordnen, vergleichen, kombinieren, aussortieren, speichern usw.;
- abgeben: Zeichnungen, Leistungsbeschreibungen, Anweisungen zur Herstellung, zum Gebrauch, zur Instandhaltung usw.

Informationsmangel ist dem Konstruieren inhärent, macht neben rationellen auch intuitive Entscheidungen notwendig und führt nicht nur zu Iterationen und Verlusten an Zeit und Geld, sondern auch zu Unvollkommenheiten im Endergebnis durch Fehlentscheidungen. Diese können u.a. auftreten, falls bestimmte Konstruktionsaspekte ungenügend beachtet werden, weil die erforderlichen Kenntnisse fehlen. Trifft dies auf den Instandhaltungsaspekt zu, so sind ein   nicht zufriedenstellendes Instandhaltungsverhalten und zu hohe Instandhaltungskosten zu erwarten.

Deshalb ist es wichtig, den Konstruktionsprozeß besonders auch als *Lernprozeß* zu betrachten: Rückkopplung von Erfahrungen aus der Praxis bei Gebrauch und Instandhaltung machen es dem Konstrukteur möglich, aus seinen Fehlern zu lernen und ein fachmännisches Wissen aufzubauen (Bild 14.3). Rückkopplung von Instandhaltungsdaten sollte stattfinden in allen Konstruktionsphasen: Erarbeiten der Anforderungsliste, Konzipieren und Entwerfen. Die Daten sollten vorzugsweise in quantitativer Form zur Verfügung stehen, z.B. als Stand- und Instandhaltungszeiten sowie als Kosten, damit es möglich wird, Schwerpunkte zu setzen und Abwägungen durchzuführen.

Die erforderlichen Daten können im Prinzip vielerlei Quellen entnommen werden: dem Produktionsdienst (Dienstbuch), dem Instandhaltungsdienst (Maschinenkartei), der Lagerverwaltung (Ersatzteilverbrauch), dem Kundendienst (u.a. Störungsberichte) usw. Ein Problem dabei ist aber, daß die vom Konstrukteur gesuchten Daten meistens nicht in einer für ihn brauchbaren Form vorhanden sind. Sie können ungenügend detailliert sein und/oder sich auf mehrere verschiedene Maschinen und Apparate zugleich beziehen. Auch können sie mehrere gleiche Objekte betreffen, die aber unter sehr unterschiedlichen Umständen gebraucht werden. Viel Information geht verloren, falls die Daten sich auf Teilfunktionen der Produktionsanlage beziehen, die von verschiedenen, nicht mehr identifizierbaren Objekten nacheinander erfüllt werden, wie

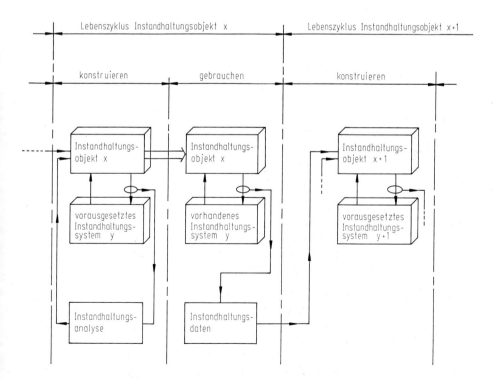

Bild 14.3   Konstruieren als Lernprozeß

das z.B. bei Motoren, Getrieben und Pumpen oft der Fall ist. Man sollte deshalb beim
Sammeln und Festlegen von Daten besonders auch das Bedürfnis an Rückkopplung
des Konstrukteurs beachten. Seine Forderung nach instandhaltungsgerechtem Projektieren und Konstruieren verbindet der Instandhalter selbst zum konstruktionsgerichten
Registrieren.

Längst nicht alle Daten, über die der Konstrukteur verfügen möchte, werden in der
Anforderungsliste und anderen Quellen festliegen. Viele wertvolle Kenntnisse sind
nur in ungeschriebener Form in der Erfahung von Benutzer und Instandhalter gespei-
chert. Zwar wird versucht, diese mittels Expertensystemen besser zugänglich zu machen, aber Vollständigkeit scheint dabei ausgeschlossen. Deshalb bleibt es erforderlich, zur Unterstützung des instandhaltungsgerechten Projektierens und Konstruierens
Daten aus der Praxis in einen Dialog zwischen allen Beteiligten einzubringen. Sie
müssen dem Auftraggeber, der Projektgruppe, dem Konstrukteur und dem Einkäufer
auf der einen Seite, dem Benutzer und dem Instandhalter auf der anderen Seite zur
Verfügung stehen. Das ist oft schwierig, weil ein gemeinsamer Begriffsapparat fehlt.

Weil erst im Laufe des Konstruktionsprozesses oder der Einkaufsprozedur allmählich klar wird, welche Daten benötigt werden, ist es nicht möglich, den Dialog am
Anfang komplett zu führen. Er muß sich über alle Phasen dieses Prozesses erstrecken.
Man sollte dabei eine integrale Vorgehensweise bevorzugen, indem alle Teilnehmer
grundsätzlich in allen Phasen ihre Beiträge liefern (Bild 14.4). Geht man wie bei einem Stafettenlauf vor und können die Beteiligten nur getrennt nacheinander ihren
Teil beisteuern, je nachdem, wie sich der Konstruktionsprozeß entwickelt, so ist eine
längere Durchlaufzeit und ein wesentlich schlechteres Ergebnis zu erwarten. Es ist
dann durchaus möglich, daß die Projektgruppe sich schon früh für eine bestimmte

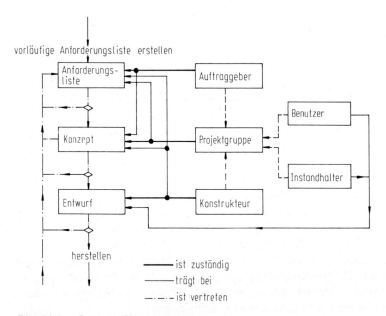

Bild 14.4   Integrale Vorgehensweise

Arbeits- und Bauweise entscheidet und der Instandhalter erst später, wenn Abänderungen kaum mehr möglich sind, seine Bedenken äußern kann. Gerade die gemeinsame Abwägung durch verschiedene Disziplinen wird zu guten Entscheidungen beitragen.

Voraussetzung für eine derartige *Zusammenarbeit* ist selbstverständlich, daß alle Beteiligten zu solchem Vorgehen nicht nur beitragen dürfen, sondern dies auch können und wollen. Was den Instandhalter betrifft: Er kann nur sinnvoll und mit Erfolg seine Meinung vertreten, wenn er sachlich ist und Fakten einbringt. Instandhaltungsanforderungen sollte er von Anfang an auf den Tisch legen, also bevor die eigentliche Konstruktionsarbeit anfängt. Während des Konstruktionsprozesses sollte er nicht nur schlichtweg sagen, daß eine vorgeschlagene Lösung schlecht ist, sondern auch warum und welches Ausfallverhalten, welche Instandhaltungszeiten, besonders auch welche Instandhaltungskosten zu erwarten sind. Wenn er sich dazu nicht äußert, werden andere Argumente ausschlaggebend sein. Das geschieht auch, wenn er schweigt, weil er seine Kenntnisse für sich behalten möchte.

Zusammenarbeit kommt nicht automatisch zustande, weil sie in dieser Form meistens nicht zur "Unternehmenskultur" gehört. In manchen Betrieben gibt es Barrieren und Empfindsamkeiten zwischen den Abteilungen, auch zwischen Konstrukteuren und Instandhaltern. Deshalb sollte man das instandhaltungsgerechte Projektieren und Konstruieren soweit als möglich in schon bestehende Prozeduren einbetten. Die bereits erwähnten Checklisten können dabei ein gutes Hilfsmittel sein, denn sie bilden einen objektiven, unbelasteten Ausgangspunkt für die Diskussionen. Dennoch scheint diese Vorgehensweise nur aussichtsreich und lebensfähig zu sein, falls sie vom Management energisch und planmäßig gefördert wird. Denn wer ist schon gern zu Mehrarbeit bereit, wenn er dafür keine Vorteile sieht?

14.4 Rolle des Managements

Damit das instandhaltungsgerechte Projektieren und Konstruieren in einem Unternehmen durchgesetzt werden kann, muß die oft eingebürgerte, aber falsche Vorgehensweise - so billig wie möglich zu konstruieren bzw. einzukaufen - durchbrochen werden. Die innerbetrieblichen Ansichten müssen auf einen Nenner gebracht werden, daß nämlich minimale Eigentumskosten anzustreben sind; d.h. daß dazu höhere Anschaffungskosten in Kauf genommen werden müssen, sofern sie von einer Reduzierung der Instandhaltungskosten übertroffen werden. Diese Umstellung ist meistens nicht einfach, schon weil die Mehrausgaben für bessere Instandhaltungseigenschaften kurzfristig anfallen, die Einsparungen sich jedoch erst langfristig erweisen können.

Die Einführung des instandhaltungsgerechten Projektierens und Konstruierens in ein Unternehmen erfordert einen Plan und Betreuung. Dabei spielt das Management eine entscheidende Rolle, wie bei anderen Umstellungen, z.B. bei der Entwicklung einer sicherheitsbewußten Betriebsführung auch. Die Aufgaben des Managements können in dieser Beziehung wie folgt zusammengefaßt werden:

- Voraussetzungen schaffen (langfristig)
Um die Vorgehensweise als Konkretisierungsprozeß gut ablaufen zu lassen, müssen die Fähigkeiten und das Interesse der am Projekt beteiligten Personen ausreichen. Besonders muß die betreffende Methodik bekannt sein und u.U. durch Weiterbildung verbreitet werden. Außerdem sind ergänzende Prozeduren, z.B. Instandhaltungsanalysen, vorzuschreiben. Auch sind allgemeine und besondere Checklisten anzufertigen. Weil die Vorgehensweise auch als Informationsverarbeitungsprozeß richtig funktionieren muß, müssen relevante Daten besonders im eigenen Betrieb in der richtigen Form gesammelt werden. Die erforderliche Rückkopplung und Zusammenarbeit sollten besonders zwischen Konstrukteur und Instandhalter zustande gebracht werden, und auch dazu sind bestehende Prozeduren anzupassen.

- Eigenen Anteil leisten (kurzfristig)
Wichtige Teilaufgaben hierbei sind: Denken in Eigentums- bzw. Lebensdauerkosten; Raum (Zeit, Geld) verschaffen, um instandhaltungsgerechte Lösungen bedenken und wählen zu können; Zusammenarbeit zwischen Beteiligten in Gang setzen und einen eigenen Anteil übernehmen; Fortgang überwachen.

- Versuchsprojekt ausführen
Objekt(e) selektieren; Aufgaben formulieren; Projekt starten, betreuen und bewerten.

- Vorgehensweise einführen
Falls das Versuchsprojekt erfolgreich abgeschlossen worden ist, kann das instandhaltungsgerechte Projektieren und Konstruieren im Unternehmen als normale Vorgehensweise eingeführt werden. In kleineren Unternehmen kann das "von obenher" hauptsächlich durch einmalige Anpassung der Prozeduren stattfinden. In größeren Unternehmen mit vielen Entscheidungsebenen scheint dieser Weg jedoch schlecht begehbar. Vielmehr sollte man dann "von innen heraus" anfangen, also bestimmte interessierte Gruppen für das geänderte Vorgehen zu gewinnen versuchen und darauf setzen, daß der Erfolg sich selbst verkauft.

14.5 Kosten und Nutzen

Instandhaltungsgerechtes Projektieren und Konstruieren ist zweifellos mit einem Mehraufwand verbunden im Vergleich mit dem Fall, daß dieser Aspekt unberücksichtigt gelassen wird. Diese zusätzlichen Ausgaben sollten auch eine rentable Investition ausmachen. Die Vorgehensweise erfordert die Mitarbeit von vielen und kann nur erfolgreich durchgeführt werden, wenn glaubhaft gemacht werden kann, daß der Nutzen, wenn auch nicht sehr kurzfristig, die Kosten übertrifft. Die Kernfrage ist also: Lohnt sich die zusätzliche Arbeit? Wenn man sich überlegt, daß das Konstruieren eines Objektes durchschnittlich nur ca. 7% seines Anschaffungswertes kostet, aber mehr als 70% seiner Eigentumskosten festlegt [14.5.1], werden manche diese Frage gefühlsmäßig bejahen. Dennoch scheint es angebracht, die zusätzlichen Ausgaben und die Einsparungen näher zu benennen und, sofern möglich, zu quantifizieren.

Als zusätzliche, meßbare Ausgaben wurde schon auf die mögliche Erhöhung der Anschaffungskosten hingewiesen. Das ist aber nicht immer so. Es kommt öfters vor, daß die kritische Betrachtung einer lange als unvermeidbar angesehenen Schwachstelle zu einer besseren Lösung führt, die nicht teurer, sondern sogar billiger ist, z.B. durch Anwendung neuer Werkstoffe. Andere Kosten, die weniger gut zu quantifizieren und/oder anzurechnen sind, gehen hervor aus zusätzlicher Rücksprache, intern und mit dem Lieferanten, auch wenn die Vorgehensweise in bestehende Prozeduren eingepaßt wird. Das Erstellen von Checklisten ist ebenfalls mit Kosten verbunden, die jedoch auf mehrere Projekte umzulegen sind.

In bezug auf den Nutzen läßt ein methodisches Vorgehen beim instandhaltungsgerechten Projektieren und Konstruieren Lösungen erwarten, die mindenstens gleich gut, wahrscheinlich sogar besser sind. Dabei ergeben sich folgende Vorteile:

- Weniger Modifikationen während und nach der Erstellung;
- niedrigere direkte Instandhaltungskosten während der Gebrauchsperiode;
- höhere Verfügbarkeit und also niederigere indirekte Instandhaltungskosten beim Gebrauch.

Andere, weniger gut quantifizierbare Vorteile sind:

- Die vorgeschlagene integrale Vorgehensweise führt dem üblichen Stafettenlauf gegenüber zu einer kürzeren internen Durchlaufzeit;
- die Anschaffungskosten können einen geringeren Posten für Garantierisiken enthalten.

Wie schon bei der Zielsetzung in Abschn. 14.1 erwähnt, sollte die Vorgehensweise im Prinzip den normalen wirtschaftlichen Regeln genügen. Bei Abwägungen wie diesen sind aber meistens nicht alle zutreffenden Einflußfaktoren in Geld zu werten, und wenn schon, dann sind nur grobe Abschätzungen möglich. In jedem Unternehmen wird man hier sehr unterschiedlich vorgehen müssen. Es seien zwei Möglichkeiten aus der Erfahrung des Verfassers erwähnt. Ein Betrieb entschloß sich zum instandhaltungsgerechten Projektieren, weil eine vorsichtige Abschätzung zeigte, daß die zusätzlichen Projektkosten gut angelegt sein würden:

- Anteil Entwicklungskosten an der Investition von 10% $\rightarrow$ 11% (+10%);
- Investition $1,0\,I \rightarrow 1,06\,I$ (+6%);
- jährliche direkte Instandhaltungskosten $0,05\,I \rightarrow 0,04\,I$ (-20%);
- jährliche indirekte Instandhaltungskosten $\approx$ jährliche direkte Instandhaltungskosten (-20%);
- Gebrauchsdauer 8 Jahre;
- übrige Kosten und Nutzen p.m.

Hieraus läßt sich ein durchaus akzeptabler Rückzahlungstermin von 3 Jahren und eine Rentabilität von 29% errechnen.

Mann kann sich darüber streiten, ob eine derartige Kalkulation überhaupt nötig ist und ob eine noch globalere Annäherung nicht ausreicht. Ein anderes Unternehmen entschloß sich kurzerhand zum instandhaltungsgerechten Projektieren aufgrund der Überzeugung, daß die zusätzlichen Projektkosten auf keinen Fall die Einsparungen beim Modifizieren vor, während und kurz nach der Inbetriebstellung übertreffen würden.

Anhang

Checklisten

Ziel

Mit den vorliegenden *Universalchecklisten* wird beabsichtigt, in der Praxis beim Konstruieren und Projektieren auf zweckmäßige Weise das Instandhaltungsverhalten der verschiedensten Maschinen, Apparate und Anlagen zu fördern. Sie sind ebenfalls als bündige Zusammenfassung der in den vorigen Kapiteln gewonnenen Einsichten anzusehen.

Die einzelnen Listen schließen sich dem vorausgehenden Text an in bezug auf die verschiedenen Konstruktionsphasen, die definierten Begriffe und die entwickelten Modelle. Nach einigen allgemeinen Empfehlungen folgen Vorschläge, die den entsprechenden Kapiteln bzw. Abschnitten entnommen sind. Deshalb kann man bei Benutzung jeder Liste zur Erläuterung auf den bezüglichen Teil des Textes und die dort erwähnten weiteren Beispiele zurückgreifen.

Es ist selbstverständlich nicht immer möglich, alle Empfehlungen in einer Kostruktion zu befolgen. Es kann ja sein, daß sie überhaupt nicht zutreffen, weil das angesprochene Problem sich in dem Objekt nicht ergibt, da es z.B. keine bewegenden Teile aufweist, oder es kann sein, daß sie technisch nicht realisierbar sind, z.B weil ein korrosionsfesterer Werkstoff nicht bekannt ist. Insofern sie wohl zutreffen und technisch realisierbar sind, können noch wirtschaftliche Bedenken vorliegen, z.B. weil die bessere Lösung teurer ist und die Instandhaltungsmaßnahme nur selten vorkommt. Die Checklisten können an erster Stelle beim *Generieren* instandhaltungsgerechter Lösungen angewandt werden, indem man sie durchläuft und die Empfehlungen beachtet. Es kann zweckmäßig sein, dazu Sammellisten anzuwenden und darauf zu notieren, ob die zutreffende Empfehlung befolgt wurde und, falls nicht oder nur unvollständig, weshalb. Mit diesem Ziel sind die Empfehlungen als zu bejahende Feststellungen formuliert. Weist das Objekt später Instandhaltungsprobleme auf, so kann man auf diese ausgefüllten Listen zurückgreifen.

Wie die Checklisten benutzt werden können bei der quantitativen *Bewertung* von Lösungsalternativen mit dem Ziel, sie aus der Sicht ihrer Instandhaltungseigenschaften zu vergleichen und gegebenenfalls ihre Schwachstellen zu beseitigen, ist in Kap. 7 erläutert. Die Listen können auch herangezogen werden, um bei der Gesamtoptimierung eines Objektes sein Instandhaltungsverhalten anderen Eigenschaften gegenüber abzuwägen, wie in Kap. 11 erwähnt ist.

Obwohl die Checklisten sich an erster Stelle auf das Konstruieren und Projektieren neuer Anlagen beziehen, sind sie zum Teil auch sehr brauchbar zum *Modifizieren* bestehender Objekte, deren Konstruktion aus der Sicht ihres mangelhaften Instandhaltungsverhaltens verbesserungsbedürftig ist.

Die Listen sind schließlich ebenfalls geeignet als *Beratungsgrundlage* für diejenigen, die an der Errichtung bzw. dem Ankauf eines Objektes beteiligt sein sollten (vgl. Kap. 14).

Aufbau

Die erste Checkliste betrifft die organisatorischen Voraussetzungen, die für eine instandhaltungsgerechte Durchführung eines Projektes erforderlich sind. Die Gliederung der übrigen Listen entspricht dem Ablauf des Konstruktionsprozesses, wie er in Kap. 5 beschrieben ist. Die Listen 4 bis 7 beziehen sich auf den Entwurf und sind nach den zutreffenden Instandhaltungseigenschaften näher aufgeteilt.

- Universalcheckliste 1: Projekt (vgl. Kap. 14).
- Universalcheckliste 2: Anforderungsliste (vgl. Kap. 12).
- Universalcheckliste 3: Konzept (vgl. Kap. 13).
- Universalcheckliste 4: Instandhaltungsgerechtheit (vgl. Kap. 6).
- Universalcheckliste 5: Präventionsfreiheit (vgl. Kap. 8).
- Universalcheckliste 6: Zuverlässigkeit (vgl. Kap. 9).
- Universalcheckliste 7: Instandhaltbarkeit (Kap. 10).

Anwendung

Die Checklisten sind sehr allgemein formuliert, damit sie auf mechanische Objekte jeder Art angewandt werden können. Obwohl sie aufgestellt sind mit dem Ziel, besonders die Instandhaltungsaspekte zu fördern, treffen viele Empfehlungen auch aus anderer Sicht zu. Bei wiederholter Anwendung auf eine beschränkte Objektpalette, wie das in einem Unternehmen meistens der Fall ist, wird man deshalb feststellen, daß viele Items niemals zutreffen oder auf andere Weise schon berücksichtigt werden, so daß sie aus der Liste gestrichen werden können. Andererseits kann es zweckmäßig sein, wohl zutreffenden Aspekten einen spezifischeren Inhalt zu geben. Der Begriff "Austauschbarkeit" z.B. kann auf die namentlich genannten Komponenten des Objektes bezogen werden, bei einem Getriebe u.a. auf die Lager und bei einem Wärmetauscher u.a. auf die Röhre.

Es ist deshalb vielfach zweckmäßig, sich einmalig aus der ausführlichen, universellen Version der Checklisten eingeschränkte, spezifische Listen herzuleiten. Das erscheint auch ratsam, um die potentiellen Benützer zur aktiven Anwendung zu motivieren. Solche *Spezialchecklisten* sind auf eine Gruppe von Objekten gleicher Art, z.B. Kreiselpumpen, bezogen und können deshalb meistens knapp gefaßt werden. Überdies sollte man die Formulierung dieser Speziallisten aus der eigenen Instandhaltungslage vornehmen und besonders die im Hause vorhandenen Instandhaltungsmittel und üblichen Arbeitsmethoden berücksichtigen. Als Beispiel derartiger spezialisierter Listen dient die

- Spezialcheckliste: Kreiselpumpe.

Universalcheckliste 1: Projekt (Kap. 14)

1.1   Allgemeines

1.1.1   Ziel ist ein Objekt, das nicht nur funktioniert, sondern auch instandhaltungsgerecht gestaltet ist, indem es nur wenig Instandhaltungsmaßnahmen erfordert, die überdies sicher, schnell und billig durchführbar sind.

1.1.2   Das Optimierungskriterium "minimale Eigentumskosten" wird von dem Auftraggeber und den anderen Beteiligten verstanden und akzeptiert.

1.1.3   Den Vorteilen eines höheren Leistungsvermögens sind zumindest die Nachteile höherer direkter und indirekter Instandhaltungskosten gegenübergestellt.

1.1.4   Es wurde vermieden, ohne klare Begründung von vornherein bestimmte Lieferanten anzuweisen oder auszuschließen.

1.2   Lieferant (Abschn. 14.2)

1.2.1   Dem Lieferanten wurde klargemacht, daß man einen höheren Anschaffungspreis akzeptiert, insoweit dieser nachweisbar mit niedrigeren Eigentumskosten verbunden ist.

1.2.2   Der Lieferant hat sich zu dem Instandhaltungsaspekt geäußert, besonders bezüglich der Höhe der Instandhaltungskosten und der Lieferbarkeit von Ersatzteilen.

1.3   Rückkopplung (Abschn. 14.3)

1.3.1   Zum Projektvorgang gehört, daß Instandhaltungserfahrungen mit ähnlichen Objekten systematisch verarbeitet werden.

1.3.2   Man befolgt eine integrale Vorgehensweise, die in allen Phasen des Projektes u.a. Auftraggeber, Projektgruppe, Benutzer und Instandhalter die Mitsprache ermöglicht.

1.3.3   Allgemeine Instandhaltungsanforderungen liegen schon vor Beginn der Konstruktionsarbeiten auf dem Tisch.

1.3.4   Der Instandhalter hat seine Anforderungen mit Fakten untermauert.

1.3.5   Diskussionen über Instandhaltungsaspekte sind in bestehende Prozeduren eingebettet und werden mit den zutreffenden Checklisten als Ausgangspunkt geführt.

1.4   Management (Abschn. 14.4)

1.4.1   Fähigkeiten und Interesse der am Projekt beteiligten Personen sind ausreichend.

1.4.2   Voraussetzungen für ein instandhaltungsgerechtes Vorgehen sind geschaffen, u.a. durch Vorschreiben von Instandhaltungsanalysen.

1.4.3   Zeit und Budget für Projektvorbereitung und Konstruieren reichen aus, auch für zusätzliche Arbeiten wie Sammeln von Daten, das Befragen von Sachverständigen, Durchführen von Experimenten usw.

1.4.4   Der Fortgang des Projektes wird überwacht und registriert, auch als Lehre für folgende Fälle.

1.5   Kosten und Nutzen (Abschn. 14.5)

1.5.1   Nutzen und zusätzliche Kosten einer methodischen, instandhaltungsgerechten Vorgehensweise sind abgeschätzt und abgewogen.

Universalcheckliste 2: Anforderungsliste (Kap. 12)

2.1   Allgemeines

2.1.1   Ziel ist bei der Erstellung der Anforderungsliste von Anfang an, Instandhaltungsaspekte einzubeziehen.

2.1.2   Alle erforderlichen Sachverständigen sind beteiligt, außer dem Auftraggeber auch die Projektgruppe, der Benutzer und der Instandhalter.

2.1.3   Positive und negative Erfahrungen mit ähnlichen Objekten in bezug auf Fertigen, Distribuieren, Betreiben, Instandhalten, Anpassen und Beseitigen sind inventarisiert und berücksichtigt.

2.1.4   Angestrebt ist, die Liste möglichst komplett zu gestalten, aber unwesentliche Anforderungen und Wünsche auszulassen.

2.1.5   Unnötige Einschränkungen in bezug auf Lieferanten von Komponenten sind vermieden.

2.2   Formulierung (Abschn. 12.2)

2.2.1   Die Formulierung der Forderungen macht klar, ob es sich um anzustrebende Ziele oder um zu beachtende Randbedingungen handelt.

2.2.2   Zutreffende Vorschriften und Anweisungen, wie sie von der Behörde, der Feuerwehr, der Versicherung und der Betriebsleitung ausgehen, sind erwähnt.

2.2.3   Ohne eine spezielle Begründung sind keine konstruktiven Teillösungen vorgeschrieben, wie z.B. Arbeitsweisen, Bauweisen, Abmessungen und Werkstoffe des Objektes und seiner Komponenten.

2.2.4   Forderungen sind möglichst quantitativ formuliert.

2.2.5   Forderungen sind als Festforderungen, Mindestforderungen und Wünsche eingestuft. Zulässige Mehrkosten von Wünschen sind indikativ erwähnt. Anforderungen, die bei näherer Betrachtung überflüssig sind, sind gestrichen.

2.3   Aufbau (Abschn. 12.3)

2.3.1   Die Einsatzbestimmung des Objektes ist angegeben.

2.3.2   Die Liste enthält als Abschnitte zumindest:
- Gebrauchsanforderungen bezüglich Funktion, Leistungsvermögen, Gebrauchsdauer und Gebrauchsumständen;
- Umgebungsanforderungen;
- wirtschaftliche Anforderungen.

2.4   Allgemeine Instandhaltungsanforderungen (Abschn.12.4)

2.4.1   Die Funktion des Objektes ist möglichst einfach gehalten; zusätzliche Anwendungsziele und Teilfunktionen sind möglichst vermieden.

2.4.2   Bei der Bestimmung des erforderlichen Leistungsvermögens sind sowohl Über- als auch Untertreibung vermieden, besonders eine Häufung einseitiger Abrundungen.

2.4.3   Außer normalen sind auch abnormale Gebrauchsumstände erwähnt.

2.4.4   Bekannt ist, welche Ausbildung und welche Betriebserfahrung der Betreiber mit ähnlichen Objekten hat und ob das Objekt zur Benutzung einer Person zugewiesen wird oder ob es für den allgemeinen Gebrauch bestimmt ist.

2.4.5   Erwähnt ist, welchen Klimaeinflüssen das Objekt gewachsen sein muß und ob es innerhalb eines Gebäudes, nur überdacht oder völlig im Freien stehen wird.

2.4.6   Forderungen, die aus der Wechselwirkung des Objektes mit seiner Umgebung in allen seinen Lebensphasen hervorgehen, sind mittels eines Suchfeldes inventarisiert.

2.4.7   Vorgeschrieben ist, welches Optimierungskriterium zu berücksichtigen ist, z.B. Eigentums- oder Lebenszykluskosten, und welche Rolle dabei den indirekten Instandhaltungskosten (Verfügbarkeit) anzumessen ist.

2.5   Besondere Instandhaltungsanforderungen (Abschn. 12.5)

2.5.1   Der Raum über und unter der Pumpe und um sie herum reicht aus zur Durchführung aller Bedienungs-, Instandhaltungs- und Reinigungstätigkeiten.

2.5.2   Die auf den Instandhaltungsebenen zur Verfügung stehenden Instandhaltungsmittel sind global erwähnt:
- personelle Mittel, u.a. die zutreffenden Fachkenntnisse des Instandhaltungspersonals;
- materielle Mittel, u.a. die zutreffenden Daten der Ausrüstung und des Ersatzteilenvorrates.

2.5.3   Das übergeordnete Instandhaltungskonzept ist gegeben, u.a. die Länge der geplanten Betriebsperioden und der normalen Betriebsunterbrechungen.

2.5.4   Explizite Anforderungen bezüglich der Instandhaltungseigenschaften sind nur gestellt, insofern sie aus Sicherheitsgründen (Zuverlässigkeit) oder wirtschaftlichen Gründen (Verfügbarkeit) hervorgehen.

2.5.5   Zur Konstruktionsaufgabe gehören Durchführung von Instandhaltungsanalysen, Abschätzung der Instandhaltungskosten und Erstellung einer Instandhaltungsanleitung.

Universalcheckliste 3: Konzept (Kap. 13)

3.1   Allgemeines

3.1.1   Man strebt minimale Eigentumskosten an und ist sich bewußt, daß das Instandhaltungsverhalten und die Instandhaltungskosten mit dem Konzept weitgehend fixiert werden.

3.1.2   Alle erforderlichen Sachverständigen sind herangezogen worden als Mitglied der Projektgruppe: Auftraggeber, Betreiber, Instandhalter, Arbeitswissenschaftler usw.

3.1.3   Positive und negative Erfahrungen mit der Arbeits- und Bauweise ähnlicher Objekte bezüglich Präventionsfreiheit, Zuverlässigkeit, Instandhaltbarkeit und Verfügbarkeit sind inventarisiert und berücksichtigt.

3.1.4   Zur Erhöhung der Verfügbarkeit wurde in Erwägung gezogen, zwei oder mehr vergleichbare Objekte vorzusehen.

3.1.5   Eine Instandhaltungsanalyse der Konzeptvarianten ist vorgesehen.

3.2   Arbeitsweise (Abschn. 13.2)

3.2.1   Bei der Wahl des Arbeitsprinzips sind die Instandhaltungsfolgen in Betracht gezogen, besonders:
- Umwandlung des Operanden in einem oder mehreren Schritten;
- Prozeßumstände üblich oder extrem in Hinsicht auf Druck, Temperatur, Aggressivität usw.

3.2.2   Bei der Wahl des materiellen Prinzips sind die Instandhaltungsfolgen in Betracht gezogen, besonders:
- Wirkung kontinuierlich oder diskontinuierlich;
- stillstehende oder bewegliche Wirkelemente;
- konstante oder variierende Belastungen: mechanisch, thermisch, chemisch usw.

3.1.3   Bei der Wahl des technischen Prinzips sind die Instandhaltungsfolgen in Betracht gezogen, besonders:
- wenige oder viele (Neben-)Komponenten;
- Art der Bewegungen: Translationen, Rotationen, Schwingungen, Vibrationen usw.;
- potentielle Ausfallmechanismen: Ermüdung, Verschleiß, Verschmutzung usw.;

- kritische (Neben-)Komponenten: Verbindungen, Führungen, Abdichtungen, Federn usw.

3.2.4   In Hinsicht auf die Funktionsstruktur ist erwogen, ob die Instandhaltungseigenschaften durch eine andere Anordnung der Teilfunktionen verbessert werden können.

3.3   Bauweise (Abschn. 13.3)

3.3.1   Die Instandhaltungseigenschaften des gewählten Typs der Komponenten sind beachtet, besonders:
- wenige oder viele Komponenten;
- materielle Struktur günstig (z.B. offen, geteilt) oder ungünstig (kompakt, ungeteilt).

3.3.2   Die Instandhaltungseigenschaften der gewählten Ausführung der Komponenten sind beachtet, besonders:
- Empfindlichkeit für Verschmutzung gering oder hoch;
- Demontierbarkeit schlecht oder gut;
- Reparaturmöglichkeit, z.B. durch Aufschweißen, schlecht oder gut.

3.3.3   Bei der Wahl der Zahl der Komponenten und ihrer Hauptabmessungen sind Instandhaltungsaspekte berücksichtigt, z.B.:
- niedrige oder hohe spezifische Belastungen;
- gute oder schlechte Zugänglichkeit und Hantierbarkeit;
- Möglichkeit zur Instandsetzung in eigener Werkstatt oder bei einer Firma.

3.3.4   Bei der Wahl der Baustruktur (räumliche Anordnung der Komponenten) sind Instandhaltungsaspekte berücksichtigt, besonders:
- die Orientierung (z.B. liegende oder senkrechte Aufstellung);
- die gegenseitige Positionierung (z.B. neben- oder übereinander);
- der gegenseitige Abstand (groß oder klein).

3.4   Funktionszuteilung (Abschn. 13.4)

3.4.1   Bei der Zuweisung von Teilfunktionen an Komponenten sind die Vor- und Nachteile von Parallelisierung oder Konzentrierung abgewogen.

3.4.2   Bei der Zuweisung von Teilfunktionen an Komponenten sind die Vor- und Nachteile von Differenzierung oder Integrierung abgewogen.

3.4.3   Die Vor- und Nachteile von redundanten Komponenten sind in Erwägung gezogen, z.B. weil eine hohe Verfügbarkeit erfordert wird.

3.4.4   Die Vor- und Nachteile eines (teilweise) modularen Aufbaus sind in Erwägung gezogen, z.B. weil Reparaturschweißen nicht erlaubt oder möglich ist.

Universalcheckliste 4: Instandhaltungsgerechtheit (Kap. 6)

4.1   Allgemeines

4.1.1   Ziel ist, das Konzept zu einem Entwurf mit guten Instandhaltungseigenschaften auszuarbeiten.

4.1.2   Der Benutzer und der Instandhalter sind zu Rate gezogen.

4.1.3   Positive und negative Erfahrungen mit der Instandhaltungsgerechtheit ähnlicher Objekte und Komponenten sind inventarisiert und herangezogen.

4.1.4   Das allgemeine Lösungsfeld zur Förderung der Instandhaltungsgerechtheit - "10 Gebote" - ist systematisch benutzt.

4.1.5   Eine Instandhaltungsanalyse der Entwurfsvarianten ist durchgeführt.

4.2   Einfachkeit (Abschn. 6.2.1)

4.2.1   Teilfunktionen sind möglichst eliminiert, besonders die, welche zu Instandhaltungsproblemen führen können.

4.2.2   Erforderliche Teilfunktionen werden mit möglichst wenig Komponenten erfüllt, ohne in heikle Kompromisse zu verfallen.

4.2.3   Erforderliche Komponenten brauchen möglichst wenig Nebenkomponenten zur Funktionserfüllung.

4.2.4   Unumgängliche Nebenkomponenten weisen ein ausgezeichnetes Instandhaltungsverhalten auf.

4.2.5   Das Objekt enthält möglichst wenig bewegende Teile und Verschleißstellen.

4.2.6   Gestaltungsunterschiede zwischen den Komponenten, die nicht aus Funktionsunterschieden hervorgehen, sind eliminiert; umgekehrt sind Funktionsunterschiede mit klaren Gestaltungsunterschieden verbunden.

4.2.7   Der funktionelle und materielle Aufbau des Objektes aus Komponenten ist einfach, logisch und gut durchschaubar.

4.3   Normung (Abschn. 6.2.2)

4.3.1   Soviel wie möglich sind Komponenten, Werkstoffe und Hilfsstoffe normiert oder standardisiert.

4.3.2   Nicht genormte oder standardisierte Ersatzteile, die eine lange Herstellungszeit erfordern, sind auf Lager oder bei dem Lieferanten auf Abruf lieferbar.

4.3.3   Man hat überprüft, ob redundante Komponenten vom Typ oder Fabrikat her unterschiedlich sein sollten.

4.4   Zugänglichkeit (Abschn. 6.2.3)

4.4.1   Festgestellt ist, welche Komponenten am meisten Wartung, Inspektion und/oder Instandsetzung erfordern.

4.4.2   Die zutreffenden Komponenten sind gut erreichbar, auch bei Benutzung von Werkzeug, Hebemitteln usw.

4.4.3   Die zutreffenden Komponenten können erreicht werden, ohne daß andere Komponenten abgebaut werden müssen.

4.5   Zerlegbarkeit (Abschn. 6.2.4)

4.5.1   Festgestellt ist, welche Komponenten am meisten ausgetauscht werden müssen.

4.5.2   Die zutreffenden Komponenten sind gut hantierbar, nach Möglichkeit selbsteinstellend und weisen gut lösbare und leicht zu befestigende Verbindungen auf.

4.5.3   Die Zahl der Verbindungselemente ist möglichst gering.

4.6   Module (Abschn. 6.2.5)

4.6.1   Ein modularer Aufbau des Objektes ist in Betracht gezogen, falls Einfachkeit, gute Zugänglichkeit und gute Zerlegbarkeit sonst nicht zu verwirklichen sind.

4.6.2   Schwierig lokalisierbare Schäden, sowie Lösbarkeits-, Justier- und andere Instandsetzungsprobleme sind innerhalb von Modulen verlegt.

4.7   Fehlerbeständigkeit (Abschn. 6.3.1)

4.7.1   Versucht wurde, nicht nur Bedienungs-, sondern auch Instandhaltungsfehlern (Schlüsselfehlern) auf konstruktivem Wege vorzubeugen.

4.7.2   Die Gestaltung der Komponenten macht es unmöglich, sie an der falschen Stelle oder in einer falschen Position im Objekt zu montieren.

4.7.3   Symmetrische Anschlußflächen sind vorgesehen, um gegebenenfalls eine symmetrische Komponente bei Verschleiß wenden zu können.

4.8   Schadensbeständigkeit (Abschn. 6.3.2)

4.8.1   Anweisungen und Vorkehrungen zur Vorbeugung von Schäden bei Transport, Lagerung und Montage sind vorgesehen.

4.8.2   Festgestellt ist, welche Komponenten schadensgefährdet sind, weil nicht alle Belastungen bekannt sind oder Überbelastungen eintreten können.

4.8.3   Die zutreffenden Komponenten sind durch Überdimensionierung und/oder durch Überlastungssicherungen gegen Schäden geschützt.

4.8.4   Zur Schadenseinschränkung ist eine Komponente, die einfach und billig instandzusetzen ist, zum "schwachen Glied" gemacht.

4.8.5   Falls Schadensvorbeugung nicht über die ganze Gebrauchsdauer zu verwirklichen scheint, ist dieses Ziel angestrebt über die übliche Inspektionsfrist.

4.8.6   Falls ein Komponentenschaden im Betrieb nicht auszuschließen ist, ist möglichst durch Redundanz Objektausfall vermieden.

4.8.7   Komponentenschäden führen nicht zu zusätzlichen Beschädigungen bei dem restlichen Objekt oder seiner Umgebung.

4.9   Inspektionsmöglichkeit (Abschn. 6.3.3)

4.9.1   Festgestellt ist, welche Komponenten schadensgefährdet sind, infolge normaler und abnormaler Belastungen.

4.9.2   Der Zustand schadensgefährdeter Komponenten kann im Betrieb festgestellt werden, z.B. durch Anwendung durchsichtiger Werkstoffe und Inspektionsöffnungen.

4.9.3   Das Versagen einer redundanten Komponente wird sofort signaliert.

4.10   Selbsthilfe (Abschn. 6.3.4)

4.10.1   Wartungsmaßnahmen werden von einfachen Nebenkomponenten und mit
          schon im Objekt vorhandenen Mitteln (Materie, Energie, Information)
          durchgeführt.

4.11   Instandhaltungsanleitung (Abschn. 6.3.5)

4.11.1   Die beigegebene Instandhaltungsanleitung enthält u.a. Anweisungen für
          Präventionsintervalle, Arbeitsmethoden, Hilfsmittel, Störungssuche, Grenz-
          werte und Ersatzteile.
4.11.2   In der Anleitung sind sowohl Über- als auch Untertreibung, z.B. in bezug
          auf den Wartungsbedarf, vermieden.
4.11.3   Die Instandhaltungsanleitung ist in der Landessprache des Instandhalters ab-
          gefaßt und seiner Ausdrucksweise, seinen Kenntnissen und seiner Einsicht
          angepaßt.
4.11.4   Die Anleitung ist soweit als möglich in das Objekt eingebaut, in Form von
          Beschriftungen, Piktogrammen, Farben usw.

Universalcheckliste 5: Präventionsfreiheit (Kap. 8)

5.1   Allgemeines

5.1.1   Das Ergebnis einer Instandhaltungsanalyse zeigt, welche Komponenten des
          Objektes aus welchen Gründen eine mangelhafte Präventionsfreiheit aufwei-
          sen.
5.1.2   Positive und negative Erfahrungen mit der Präventionsfreiheit ähnlicher
          Komponenten sind inventarisiert und herangezogen.
5.1.3   Der Instandhalter ist zu Rate gezogen.
5.1.4   Prüfung des Instandhaltungskonzeptes hat bestätigt, daß präventive Maß-
          nahmen sich auf Alterserscheinungen beziehen und für das Objekt als Gan-
          zes Vorteilhaft sind.
5.1.5   Bei intervallbedingter Instandhaltung sind die Intervalle den Fristen ange-
          paßt, die in dem übergeordneten Instandhaltungskonzept üblich sind.
5.1.6   Bei intervallbedingter Instandhaltung sind die Intervalle gleich oder ein
          Mehrfaches des kürzesten Intervalls.
5.1.7   Zur Verringerung der präventiven Instandsetzungsmaßnahmen sind die
          Möglichkeiten zur Förderung der Zuverlässigkeit herangezogen.
5.1.8   Das Lösungsfeld zur Förderung der Wartungsfreiheit der Komponente ist
          systematisch benutzt mit dem Ziel:
          - die Ursache der schadhaften Wirkung wegzunehmen;
          - die schadhafte Wirkung zu unterbinden;
          - die Folgen der schadhaften Wirkung aufzuheben.

5.2   Nachfüllen (Abschn. 8.3)

5.2.1   Die Wirkung, die die präventiven Maßnahmen auslöst, ist unterbunden, z.B. durch Anwendung eines wartungsfreien Arbeitsprinzips oder einer geschlossenen Konstruktion.

5.2.2   Die Folgen der eintretenden Wirkung sind aufgehoben durch Automatisierung der präventiven Maßnahmen.

5.3   Schmieren (Abschn. 8.4)

5.3.1   Gleitkontakt ist möglichst vermieden.

5.3.2   Ein besser geeignetes Schmiermittel ist nicht bekannt.

5.3.3   Die gewählte Materialpaarung weist wenig oder keinen abrasiven Verschleiß auf.

5.3.4   Die Komponente bzw. ihr Werkstoff ist auf Gebrauchsdauer mit Schmiermittel gefüllt.

5.3.5   Prozeßflüssigkeit ist als Schmiermittel benutzt.

5.3.6   Eine automatische, gegebenenfalls zentrale Schmieranlage ist vorgesehen.

5.4   Konservieren (Abschn. 8.5)

5.4.1   Wo möglich, sind Werkstoffe gewählt, die nicht angegriffen werden oder eine Schutzschicht bilden.

5.4.2   Scharfe Formen sind vermieden, falls Materialüberzüge angewandt werden.

5.5   Nachstellen (Abschn. 8.6)

5.5.1   Wo möglich, sind selbstnachstellende Komponenten angewandt, z.B. Kupplungen, Bremsen.

5.5.2   Eine Nebenkomponente zum automatischen Nachstellen ist vorgesehen.

5.6   Reinigen (Abschn. 8.7)

5.6.1   Die Ursache der Verschmutzung ist eliminiert mittels einer Nebenkomponente, z.B. eines Schutzkastens.

5.6.2   Säcke, tote Ecken u.ä. sind vermieden oder mit Schutzkappen und ähnlichen Nebenkomponenten versehen.

5.6.3   Werkstoffe sind verwendet, an denen kein Schmutz haftet.

5.6.4   Ablagerungen werden konzentriert gesammelt, z.B. mit Hilfe von Filtern, und möglichst automatisch beseitigt.

Universalcheckliste 6: Zuverlässigkeit (Kap. 9)

6.1   Allgemeines

6.1.1   Das Ergebnis einer Instandhaltungsanalyse zeigt, welche Komponenten des Objektes aus welchen Gründen eine mangelhafte Zuverlässigkeit aufweisen.

6.1.2   Positive und negative Erfahrungen mit der Zuverlässigkeit ähnlicher Komponenten sind inventarisiert und herangezogen.

6.1.3   Der Instandhalter ist zu Rate gezogen.

6.1.4   Man hat nachgeprüft, ob die Zuverlässigkeit nicht zweckmäßiger durch Anpassung des Instandhaltungskonzeptes oder der Instandhaltungsmittel statt durch eine Konstruktionsänderung erreicht werden kann.

6.1.5   Das Lösungsfeld zur Förderung der Zuverlässigkeit ist systematisch benutzt mit dem Ziel:
- die Belastung auf das Objekt zu senken;
- die Belastung auf die Komponente zu senken;
- die Belastbarkeit der Komponente zu steigern;
- die Ausfallstruktur des Objektes zu verbessern.

6.2   Exogene Belastungen des Objektes senken (Abschn. 9.3)

6.2.1   Funktionelle Belastungen, Umgebungsbelastungen und Instandhaltungsbelastungen, sowohl normaler als auch abnormaler Art, die in der Gebrauchsphase eintreten können, sind inventarisiert, dazu Belastungen:
- beim Starten und Halten sowie bei Teil- oder Nullastfahren;
- aus Bedienungs- und Instandhaltungsfehlern.

6.2.2   Abnormale funktionelle Belastungen sind mittels Nebenkomponenten verringert bzw. eliminiert, z.B. durch eine Überlastsicherung.

6.2.3   Normale funktionelle Belastungen sind mittels Nebenkomponenten reduziert oder zeitlich geglättet, z.B. durch Pufferspeicher.

6.2.4   Normale und abnormale Belastungen aus Umgebungseinflüssen und Instandhaltung sind durch Nebenkomponenten verringert oder eliminiert, z.B. durch eine Schutzhaube.

6.3   Exogene Belastungen der Komponenten senken (Abschn. 9.4)

6.3.1   Die an die Komponente (j) weitergeleiteten exogenen Belastungen sind durch Nebenkomponenten reduziert oder eliminiert, z.B. durch eine elastische Kupplung.

6.3.2   Die verbleibenden Belastungen sind günstiger auf die Komponenten (j) verteilt, durch Änderung:
- der Funktionszuteilung, zB. trennen von radialer und axialer Belastung;
- der Komponentenzahl, z.B. mehr Pumpen parallel;
- der Struktur des Objektes, z.B. des Abstands zwischen Stützpunkten.

6.3.3   Die Belastungslage einer Komponente (j) ist mittels Nebenkomponenten verbessert, z.B. zur Vermeidung örtlicher Belastungsspitzen.

6.4   Belastbarkeit Komponenten steigern (Abschn. 9.5)

6.4.1   Die an die Komponente ($j + 1$) weitergeleiteten exogenen Belastungen sind mittels Nebenkomponenten reduziert oder eliminiert, vgl. Empf. 6.3.1.

6.4.2   Die verbleibenden Belastungen sind günstiger auf die Komponenten ($j + 1$) verteilt, durch Änderung des Arbeits- oder Bauprinzips, der Funktionszuteilung, der Komponentenzahl oder der Komponentenstruktur, vgl. Empf. 6.3.2.

6.4.3 Die Belastungslage der Komponenten (j + 1) ist mittels Nebenkomponenten verbessert, vgl. Empf. 6.3.3.

6.5   Endogene Belastungen der Komponenten senken (Abschn. 9.6)

6.5.1 Überprüft ist, welchen endogenen Belastungen außer den exogenen Belastungen die Komponenten ausgesetzt sind.

6.5.2 Die Ursache des Entstehens endogener Belastungen in einer Komponente A sind beseitigt, z.B. durch Auswuchten rotierender Teile.

6.5.3 Die Übertragung der endogenen Belastungen aus der Komponente A auf die Komponente B ist unterbunden, z.B. durch einen Dämpfer.

6.5.4 Die Wirkung der endogenen Belastungen auf die Komponente B ist durch Erhöhung ihrer Belastbarkeit unterbunden (Vgl. Empf. 6.4.1 bis 6.4.3).

6.5.5 Die Folgen des Schadens an der Komponente B für das Objekt sind durch Verbesserung seiner Ausfallstruktur aufgehoben (Siehe Empf. 6.6.1 und 6.6.2).

6.6   Fehlstruktur des Objekts verbessern (Abschn. 9.7)

6.6.1 Die Zahl der Komponenten "in Serie" ist verringert, z.B. durch eliminieren einer Kupplung.

6.6.2 Die Zahl der Komponenten "parallel" ist vergrößert, z.B. durch ein redundantes Lenkungssystem.

6.7   Belastbarkeit der Einzelteile steigern (Abschn. 9.8)

6.7.1 Die mittlere Belastung von Materialelementen (m + 1) ist durch größere Abmessungen von Wirkflächen und Querschnitten gesenkt, z.B. die Wellendurchmesser.

6.7.2 Die Belastungsunterschiede zwischen den Elementen sind durch Formänderungen verringert, z.B. durch Vermeiden von scharfen Durchmesserübergängen.

6.7.3 Die endogenen Belastungen innerhalb des Einzelteils sind gesenkt, z.B. durch Vermeiden von Herstellungsspannungen.

6.7.4 Die mittlere Belastbarkeit der Einzelteilen ist erhöht, z.B. durch einen hochwertigeren Werkstoff.

6.7.5 Belastbarkeitsunterschiede innerhalb eines Einzelteils sind reduziert, z.B. durch einen homogeneren Werkstoff.

6.7.6 Die Belastbarkeit eines Einzelteils ist örtlich dem Bedarf angepaßt, z.B. durch Oberflächenhärtung.

Universalcheckliste 7: Instandhaltbarkeit (Kap. 10)

7.1 Allgemeines

7.1.1 Das Ergebnis einer Instandhaltungsanalyse zeigt, welche Komponenten des Objektes aus welchen Gründen eine mangelhafte Instandhaltbarkeit aufweisen.

7.1.2 Positive und negative Erfahrungen mit der Instandhaltbarkeit ähnlicher Komponenten sind inventarisiert und herangezogen.

7.1.3 Der Instandhalter ist zu Rate gezogen.

7.1.4 Sofern es nicht möglich ist, die Konstruktion den Instandhaltungsmitteln anzupassen, ist das Umgekehrte angestrebt.

7.1.5 Kritische Instandhaltungsmaßnahmen sind innerhalb eines Austauschmoduls verlegt, z.B. Nachstellen eines Spiels.

7.1.6 Das Lösungsfeld zur Verbesserung der Instandhaltbarkeit ist systematisch angewandt.

7.2 Instandhaltungsmittel

7.2.1 Personelle Mittel (Abschn. 10.1.2)

7.2.1.1 Auch in bezug auf die Durchführung der zutreffenden Instandhaltungsarbeiten sind allgemeine ergonomische Anforderungen berücksichtigt.

7.2.1.2 Die Instandhalter auf den unterschiedlichen Ebenen besitzen die erforderlichen Fachkenntnisse, z.B. in dem Bereich der Elektronik.

7.2.1.3 Die Arbeiten können mit wenigen Personen, möglichst alleine oder zu zweit durchgeführt werden. Ablesen von Meßgeräten erfordert keine zusätzlichen Personen.

7.2.2 Materielle Mittel (Abschn. 10.1.3)

7.2.2.1 Die Konstruktion ist den materiellen Mitteln wie Ausrüstung, Ersatzteilen und Hilfsstoffen, die auf den Instandhaltungsebenen schon vorhanden sind, angepaßt.

7.2.2.2 Erforderliche, nur für das Objekt brauchbare spezielle Instandhaltungsmittel sind als Teil des Entwurfs betrachtet; ihre Nutzen sind nachgewiesen.

7.2.2.3 Die Zahl der benötigten Mittel ist minimal, sie weisen möglichst wenig Unterschiede auf und sind möglichst standardisiert.

7.2.2.4 Arbeiten, die vom Bedienungspersonal vorzunehmen sind, können mit nur einem Schraubenzieher und einem verstellbaren Schlüssel ausgeführt werden.

7.2.2.5 Die Zahl der Hilfsstoffe wie Öl, Fett, Dichtungen, Farben usw. ist minimal, sie weisen möglichst wenig Unterschiede auf und sind möglichst standardisiert.

7.2.2.6 Die Zahl der Ersatzteile ist minimal, sie sind möglichst standardisiert und bleiben über die ganze Gebrauchsdauer lieferbar.

7.2.3 Methoden und Daten (Abschn. 10.1.4)

7.2.3.1 Die erforderlichen Instandhaltungsprozeduren schließen an bei den üblichen

Vorgehensweisen des Instandhalters in bezug auf Vorschriften, Frequenzen, Zeitlimite usw.

7.2.3.2 Komponenten, die ausfallsbedingt instandgesetzt werden, führen nicht zu Folgeschäden und können schnell repariert oder ausgetauscht werden.

7.2.3.3 Komponenten, die intervallbedingt instandgesetzt werden weisen gut voraussagbare Standzeiten auf, die gleich oder ein Vielfaches der kürzesten Standzeit sind.

7.2.3.4 Falls die Komponente zustandsbedingt instandgesetzt wird, versagt sie nicht plötzlich und weist gute Inspektionsmöglichkeiten auf.

7.3 Arbeitsumstände (Abschn. 10.2)

7.3.1 Alle Instandhaltungstätigkeiten können sicher und möglichst bequem ausgeführt werden.

7.3.2 Schädliche Umgebungseinflüsse (Hitze, Gase, Asbest usw.) treten nicht auf, oder die Anwendung persönlicher Schutzmittel ist gut möglich.

7.3.3 Bewegende Teile sind abgeschirmt.

7.3.4 Scharfe Ränder und herausragende Teile sind abgerundet oder abgeschirmt, z.B. Zugangsöffnungen.

7.3.5 Unsichere Standorte, z.B. auf Leitern, und Ausrutschgefahr sind vermieden, mittels Treppen, Absätzen, Wabeböden usw.

7.3.6 Scharniere sind so angebracht, daß Deckel offen stehenbleiben, oder Verriegelungen sind vorgesehen.

7.3.7 Teile unter elektrischer Spannung sind isoliert; der Hauptschalter kann durch mehrere Schlösser in der Aus-Stellung gesichert werden.

7.3.8 Es gibt genügend Licht, Luft und Platz für die Ausführung der Tätigkeiten.

7.3.9 Bücken, Hocken, Liegen usw. brauchen nicht lange zu dauern und sind möglichst vermieden.

7.4 Wahrnehmbarkeit (Abschn. 10.4 und 6.3.3)

7.4.1 Die Konstruktion ist nach außen hin offen oder kann betrachtet werden durch Luken, Gucklöcher, Fenster usw.

7.4.2 Man hat unbehindert Sicht auf die Arbeiten; auch ist an Hände und Arme zu denken .

7.4.3 Das Objekt läßt genügend Licht hereinfallen oder ist mit Beleuchtungspunkten versehen.

7.4.4 Wo nötig, sind Peillöcher sowie Gucklöcher für Endoskope vorgesehen.

7.4.5 Sicherungen sind gut inspizierbar.

7.4.6 Beschriftungen sind gut lesbar durch Ort, Größe, Schriftart, Kontrast und Verschleißfestigkeit.

7.5 Durchschaubarkeit (Abschn. 10.5)

7.5.1 Die Funktion der Komponenten läßt sich aus ihrer Gestalt herleiten.

7.5.2 Falls nichtidentische Komponenten sich äußerlich ähneln, sind sie mit Unterscheidungsmerkmalen wie Farben und Beschriftungen versehen.

7.5.3	Komponenten, Füllöcher u.ä. sind zur Erläuterung, Warnung oder Gebrauchsanweisung mit zutreffenden Daten versehen, z.B. Drehrichtung, Ölsorte, Überdruck.
7.5.4	Die Komponenten sind in einer logischen und deutlichen Struktur angeordnet, die ihre gegenseitigen Verknüpfungen verdeutlicht.
7.5.5	Die Form der Anschlußflächen der Komponenten und/oder der Aufbau des Objektes verhindern, daß eine Komponente falsch montiert wird (Stelle, Position).
7.5.6	Falls zweckmäßig, befindet sich ein Aufbauschema im Objekt.

7.6 Lokalisierbarkeit (Abschn. 10.6 und 6.3.3)

7.6.1	Ein Leitfaden zur Schadenssuche erwähnt u.a. öfters eintretende Schädigungen mit ihren Symptomen, Fehlerbäumen und zulässigen Zustandsgrenzwerten.
7.6.2	Falls die Symptome der Beschädigung bei Stillstand verschwinden, ist' die Möglichkeit zur ungefährlichen Kontrolle während des Betriebs gegeben.
7.6.3	Der Stand von Ventilen u.ä. ist von außen sichtbar.
7.6.43	Zur Vorbeugung einer zeitraubenden Störungssuche sind Anschlußpunkte für Meßgeräte vorgesehen oder Meßgeräte eingebaut.
7.6.5	Falls nötig, sind Elektrizität und Preßluft in der Nähe, um Meßgeräte benutzen zu können.

7.7 Erreichbarkeit (Abschn. 10.7 und 6.2.3)

7.7.1	Abmessungen und Formen von Zugangsöffnungen sind den auszutauschenden Komponenten und dem erforderlichen Werkzeug angepaßt.
7.7.2	Innerhalb des Objektes ist genügend Raum zum Hantieren von Werkzeugen, Meßgeräten, speziellen Instandsetzungsmitteln usw.
7.7.3	Die für die Instandhaltung wichtigen Komponenten befinden sich an der Außenseite des Objektes oder wenigstens innerhalb der Reichweite und möglichst an einer Seite.
7.7.4	Die für die Instandhaltung wichtigen Komponenten befinden sich möglichst auf Arbeitshöhe; falls nicht, so sind Treppen, Podeste usw. vorgesehen.
7.7.5	Es wurde erwogen, Komponenten durch Teilung des Objektes besser erreichbar zu machen .
7.7.6	Schwer erreichbare Komponenten sind auf Schlitten montiert.
7.7.7	Man braucht keine elektrischen Komponenten zu entfernen, um mechanische zu erreichen.

7.8 Auswechselbarkeit (Abschn. 10.8 und 6.2.4)

7.8.1 Demontierbarkeit

7.8.1.1	Komponenten, die öfters ausgetauscht werden müssen wie Verschleißteile, Brechstifte usw., sind leicht zu lösen und abzubauen.
7.8.1.2	Eine Person kann die Verbindung schnell und ohne Spezialwerkzeug lösen.

7.8.1.3 Möglichst wenig Verbindungselemente sind vorgesehen, und sie weisen möglichst wenig Unterschiede auf in bezug auf Abmessungen und Werkstoffe.

7.8.1.4 Falls möglich, sind Schnellverbindungen wie Knebel, Kippbolzen, Viertelumdrehungsschrauben, Bügelverschlüsse usw. verwendet.

7.8.1.5 Verbindungselemente, die leicht verlorengehen können, sind bleibend verbunden mit dem Objekt, z.b. mittels eines Kettchens.

7.8.1.6 Verbindungen, die oft gelöst werden müssen, sind verschleißfest, z.B. ein Abzapfstopfen.

7.8.1.7 Verbindungselemente, die festrosten können, sind nicht zu klein.

7.8.1.8 Verbindungselemente, die verschmutzen oder beschädigt werden können, sind davor möglichst geschützt.

7.8.1.9 Die Werte der Anziehmomente von Schraubenverbindungen sind bekannt und in der Instandhaltungsanleitung erwähnt.

7.8.1.10 Angriffspunkte zur Demontage sind vorgesehen, wie Zugringe für Wälzlager, Drahtlöcher usw.

7.8.1.11 Falls zweckmäßig, sind Wellen gestuft.

7.8.1.12 Keilriemen sind fliegend auf der Welle montiert.

7.8.1.13 Paßverbindungen sind nicht unnötig schwer ausgeführt.

7.8.1.14 Ölkanäle zur Lösung von Preßverbindungen sind vorgesehen.

7.8.2 Hantierbarkeit

7.8.2.1 Komponenten, die öfters hantiert werden müssen, sind nicht schwer und sperrig oder möglichst geteilt.

7.8.2.2 Man hat genügend Halt an der Komponente, gegebenfalls mittels Handgriffen, Rändungen, Hebeösen usw.

7.8.2.3 Das Gewicht der Komponenten, die von einer Person durch Greifen, Schieben, Heben usw. versetzt werden müssen, übersteigt 25 kg nicht.

7.8.2.4 Schwere Komponenten befinden sich in Bodennähe.

7.8.3 Montierbarkeit

7.8.3.1 Komponenten, die öfters montiert werden müssen, sind leicht zu positionieren, justieren und befestigen.

7.8.3.2 Eine Person kann die Verbindung schnell und ohne Spezialwerkzeug montieren.

7.8.3.3 Die Zahl der Einstellungen ist beschränkt, z.B. durch Anwendung symmetrischer Formen.

7.8.3.4 Bei der Justierung sind die Bewegungen einfach, liegen die Orte zum Justieren und Ablesen nah beieinander und sind die Justierungen voneinander unabhängig.

7.8.3.5 Die Montage ist vereinfacht durch Benutzung flexibler Komponenten wie Kabel und Schläuche.

7.8.3.6 Die Komponenten sind selbstjustierend, z.B. konisch.

7.8.3.7 Zur Vereinfachung der Justierung sind Zentrierränder, Abstandsringe, Paßstifte, Anschläge, Striche u.ä. vorgesehen, gegebenenfalls Justiergeräte eingebaut.

7.8.3.8 Das Einstellen kann ohne Gefahr im Betrieb geschehen; ein Anschlag verhindert, daß man in den gefährlichen Bereich gerät.

7.8.3.9 Die Einstellungen können geborgt und, falls sie nur von befugten Personen vorzunehmen sind, gesichert werden.

7.9   Bearbeitungsmöglichkeit (Abschn. 10.9)

7.9.1   Reinigungsmöglichkeit

7.9.1.1 Komponenten, die verschmutzen, sind leicht zu reinigen gemäß einer geeigneten, bekannten Arbeitsweise.

7.9.1.2 Wirkflächen, die nicht ohne Beschädigung gereinigt werden können, sind austauschbar.

7.9.1.3 Abhängig von der Reinigungsweise sind kleinere oder größere Deckel vorgesehen, sowie Abfuhröffnungen und -leitungen, die nicht verstopfen oder einfrieren können.

7.9.1.4 Orte, wo sich Schmutz und Ablagerungen ansammeln, sind gut erreichbar, z.B. durch genügend Bodenfreiheit.

7.9.2   Instandsetzbarkeit

7.9.2.1 Abgeklärt ist, welche Komponenten gut instandsetzbar sein sollten, durch Abrichten, Verbüchsen, Auf- und Zuschweißen usw.

7.9.2.2 Abnutzung von teuren Komponenten, wie z.B. Trageteilen, ist konzentriert in austauschbaren Einsetzstücken, wie z.B. Leisten und Büchsen.

7.9.2.3 Abnutzung findet hauptsächlich statt an den Komponenten, die am schnellsten und billigsten instandzusetzen sind.

7.9.2.4 Genügend Material macht das Abrichten und Nachschneiden von Wirkflächen wie Dichtungsflächen und Schraubengewinden möglich.

7.9.2.5 Falls gelegentlich Verbüchsen zu erwarten ist, sind von Anfang an Austauschbüchsen vorgesehen.

7.9.2.6 Form, Abmessungen und Werkstoff der Komponente sind der Instandsetzungsmethode, z.B. Auftragschweißen, angepaßt.

Spezialcheckliste: Kreiselpumpe

1   Instandhaltungsgerechtheit

1.1   Allgemeines

1.1.1   Bei der Bewertung von Lösungsalternativen sind u.a. in Betracht gezogen:
- Standardisierung innerhalb des Betriebes;
- positive und negative Erfahrungen mit Kreiselpumpen dieses Fabrikats unter ähnlichen Gebrauchsumständen;
- Bekanntheit mit dem Lieferanten und Vertrauen in ihn.

1.1.2   In bezug auf die Ersatzteile ist festgestellt:
- Ersatzteile sind möglichst standardisiert;
- Der benötigte Ersatzteilevorrat ist beschränkt;

- Falls zutreffend, ist der zulässige Lagertermin angegeben (Dichtungen, Flüssigkeiten usw.);
- Ersatzteile bleiben lieferbar über die ganze Gebrauchsdauer;
- Die wichtigsten Ersatzteile, besonders die, welche eine lange Herstellungszeit erfordern, sind bei dem Lieferanten vorrätig und auf Abruf lieferbar;
- Die Lieferzeit von nicht bei dem Lieferanten vorrätigen Ersatzteilen ist beschränkt.

1.1.3   Auf der Pumpe sind deutlich lesbare, unverwischbare Anweisungen angegeben für:
- das Anschlagen von Schlingen und das Gewicht;
- das Entfernen von Blockierungen;
- den elektrischen Anschluß (Drehrichtung);
- die Schmiermittel (Menge, Typ, Marke).

1.1.4   Aufstellung der Anlage im Freien ist zu vermeiden wegen Einfriergefahr, Feuchtigkeitsproblemen und schlechter Arbeitsumstände.

1.1.5   Aufstellung in einem Keller ist zu vermeiden wegen Überschwemmungsgefahr.

1.1.6   Gehäuse und Kreisel sind derart gestaltet, daß eine kleine Änderung des Kreisels eine Änderung der Fördermenge und/oder Förderhöhe zuläßt.

1.2   Einfachheit

1.2.1   Die Pumpe ist einfach gestaltet und aus möglichst wenigen Komponenten aufgebaut.

1.3   Normung

1.3.1   Die Schmiermittel sind im Betrieb standardisiert.

1.4   Zugänglichkeit

1.4.1   Der Raum über und unter der Pumpe und um sie herum reicht aus zur Durchführung aller Bedienungs-, Instandhaltungs- und Reinigungstätigkeiten.

1.4.2   Wege und Durchgänge für das Aufstellen und Entfernen der Pumpe sind ausreichend breit und hoch.

1.4.3   Rohrleitungen sind ausreichend unterstützt, damit die Pumpe ohne weitere Vorrichtungen ausgebaut werden kann.

1.4.4   Das Pumpengehäuse ist am höchsten Punkt mit einer Entlüftungsöffnung versehen.

1.5   Module

1.5.1   Das "Back-pull-out"-Prinzip wurde in Erwägung gezogen.

1.6   Fehlerunempfindlichkeit

1.6.1   Die Deckel des Pumpengehäuses und der Lagerung können nur in einer Position montiert werden und sind nicht verwechselbar.

1.7   Schadensunempfindlichkeit

1.7.1   Befestigingspunkte für Hebevorrichtungen sind vorgesehen, wie Ösen, Haken usw.

1.7.2   Für Transport und Lagerung ist die Welle schwingungsfrei in dem Gehäuse fixiert. Der Wellenzapfen ist gegen Beschädigung und Korrosion geschützt. Die In- und Auslaßöffnungen sind abgedichtet.

1.7.3   Die Konservierung der Pumpe ist derart, daß bei Lagerung unter den gegebenen Umständen keine Korrosion der Komponenten eintreten kann. Gegebenenfalls sind die Lagerkammern gecoated.

1.7.4   Der Kreisel ist so auf der Welle befestigt und geborgt, daß er sich bei einer falschen Drehrichtung nicht lockert.

1.7.5   Die Pumpe ist so aufgestellt, daß der Saugdruck ausreicht, um unter allen - auch abnormalen - Betriebsumständen Kavitation zu vermeiden.

1.7.6   Ein Warmlaufen der Pumpe wegen nicht vorhandener oder zu wenig Flüssigkeit löst kein Festlaufen aus.

1.7.7   Leckflüssigkeit wird an der richtigen Stelle durch eine weit bemessene Öffnung abgeleitet. Abfuhrleitungen können nicht durch Schmutz verstopfen oder einfrieren.

1.7.8   Leckage aus der Wellendichtung kann nicht zum Lager geraten, z.B. durch Anwendung einer Schleuderscheibe.

1.7.9   Die Schutzhaube der Kupplung ist ausreichend stark, um sich lösende Teile der drehenden Kupplung aufzufangen.

1.8   Inspektionsmöglichkeit

1.8.1   Visuelle innere Inspektion des Pumpengehäuses und des Kreisels ist möglich, z.B. mit einem Endoskop.

1.8.2   Der Zustand der Wälzlager ist meßbar mittels fester Meßpunkte auf das Lagergehäuse für Shockpuls- oder Schwingungsanalyse.

1.8.4   Druck- und Saugflansche sind mit Stopfen für den Anschluß von Manometer versehen.

1.8.5   Der Stand von Druck- und Saugabsperrschieber ist von außen sichtbar.

1.8.6   Ein Lagergehäuse mit Ölfüllung ist mit einem Abzapfhähnchen für das Entnehmen von Ölproben versehen.

1.8.7   Der Ausfall der Pumpe wird auf eine den Bedienungsumständen angepaßte Weise signaliert.

1.9   Selbsthilfe

1.9.1   Der Kreisel ist so gestaltet, daß Axialkräfte eliminiert werden. Eine separate Ausgleichsvorrichtung wurde möglichst vermieden.

1.10   Instandhaltungsanleitung

1.10.1   Die vom Lieferanten aufgestellten Instandhaltungsvorschriften sind der Landessprache, der Ausdrucksweise, den Kenntnissen und den Fähigkeiten des Instandhalters sowie den vorhandenen materiellen Mitteln angepaßt.

1.10.2   Der Lieferant ist imstande, auf Verlangen den Instandhalter auszubilden.

1.10.3   Die Instandhaltungsanleitung umfaßt:
- eine Beschreibung und deutliche, detaillierte Zeichnungen der Pumpe;
- Richtlinien und Grenzwerte für die Zustandsüberwachung;
- eine Übersicht der benötigten präventiven Maßnahmen und einen Vorschlag für ihre Häufigkeit;
- Montagevorschriften für die Pumpe als Ganzes, u.a. für die Justierung;
- eine Ersatzteileliste mit Kodenummern für alle Komponenten;
- ein Diagramm, erhalten am Prüfstand, mit u.a. Fördermenge, Druck, Wirkungsgrad und aufgenommener Leistung.

2   Präventionsfreiheit

2.1   Allgemeines

2.1.1   Das Ergebnis einer Instandhaltungsanalyse weist auf, welchen Komponenten aus der Sicht der Präventionsfreiheit besondere Beachtung zukommt.

2.1.2   Bei intervallbedingter Instandhaltung sind die Intervalle für präventive Maßnahmen gleich oder ein Mehrfaches des kürzesten Intervalls.

2.1.3   Die Intervalle sind den Fristen angepaßt die in dem übergeordneten Instandhaltungskonzept des Benutzers üblich sind.

2.2   Schmieren

2.2.1   Auf Gebrauchsdauer geschmierte Lager sind in Betracht gezogen. Falls diese wegen hoher Temperaturen nicht anwendbar sind, sind Labyrinth-Abdichtungen oder Gleitringabdichtungen vorgesehen.

2.2.2   Zum Nachschmieren ist eine Fettkammer vorgesehen, oder das überflüssige Fett kan durch die Lagerabdichtungen austreten.

3   Zuverlässigkeit

3.1   Allgemeines

3.1.1   Das Ergebnis einer Instandhaltungsanalyse zeigt auf, welchen Komponenten aus der Sicht der Zuverlässigkeit besondere Beachtung zukommt.

3.2   Exogene Belastungen des Objektes

3.2.1   Stoßbelastungen der Pumpe werden, falls nötig, gedämpft, z.B. durch einen Speicher.

3.2.2   Die Gestaltung der Kreisel ist dem Medium angepaßt. Verstopfung und/oder Blockierung können nicht eintreten. Gegebenenfalls sind Einlaßfilter vorgesehen.

3.2.3   Die Wellenabdichtung ist den Betriebsumständen angepaßt.

3.2.4   Die Lagerabdichtung läßt bei äußerlicher Reinigung der Pumpe keinen Schmutz eintreten. Gegebenenfalls ist eine Labyrinth-Dichtung statt einer Ölkehrung vorgesehen.

4   Instandhaltbarkeit

4.1   Allgemeines

4.1.1   Das Ergebnis einer Instandhaltungsanalyse zeigt auf, welchen Komponenten aus der Sicht der Instandhaltbarkeit besondere Beachtung zukommt.

4.2   Instandhaltungsmittel

4.2.1   Personelle Mittel

4.2.1.1 Der Instandhalter besitzt die zur Durchführung der Instandhaltungsarbeiten erforderlichen Fachkenntnisse.

4.2.2   Materielle Mittel

4.2.2.1 Die Konstruktion ist den materiellen Mitteln angepaßt, wie Ausrüstung (Handwerkzeug, Hebemittel, persönliche Schutzmittel usw.), Ersatzteilen und Hilfsstoffen, die schon vorhanden sind.

4.3   Arbeitsumstände

4.3.1   Es gibt genügend freien Raum über und unter dem Objekt und um das Objekt herum zur Ausführung aller Instandhaltungstätigkeiten.

4.3.2   Scharniere sind so angebracht, daß Deckel offen stehenbleiben; falls unmöglich, sind Verriegelungen vorgesehen.

4.3.3   Die Kupplung, gegebenenfalls auch die Wellen sind abgeschirmt.

4.4   Wahrnehmbarkeit

4.4.1   Der Ölpegel ölgeschmierter Lager ist gut festzustellen, z.B. mittels eines Ölstandanzeigers.

4.7   Erreichbarkeit

4.7.1   Oberhalb der Pumpe sind - gegebenenfalls permanente - Hebevorrichtungen vorgesehen.

4.7.2   Neben der nachstellbaren Packungsbüchse ist genügend Raum zum Nachstellen.

4.8.1   Demontierbarkeit

4.8.1.1 Die austauschbaren Dichtungsringe des Gehäuses und des Kreisels sind leicht zu ersetzen.

4.8.1.2 Eine Person kann das "Back-pull-out"-Teil schnell und ohne Spezialwerkzeug austauschen.

4.8.1.3   Eine Stopfbüchsenpackung kann vor Ort ausgewechselt werden. Der Raum
vor der Stopfbüchse ist dazu ausreichend, das Druckstück ist geteilt.

4.8.1.4   Zur Demontage und Montage des Kreisels können Zieh- bzw. Druckbolzen
verwendet werden.

4.8.1.5   Wellenbüchsen sind mit Rändern oder Ringnuten zur leichten Demontage
versehen.

4.8.1.6   Die Welle ist gestuft zur Erleichterung von De- und Montagearbeiten.

4.9   Bearbeitungsmöglichkeit

4.9.1   Gehäuse und Kreisel sind instandsetzbar, z.B. durch Auftragen von ver-
stärktem Kunststoff, oder sie sind mit austauschbaren Dichtungsringen versehen.

4.9.2   Die Welle ist aus einem solchen Werkstoff, daß Verschleiß an der Dich-
tungsstelle vor Ort durch Aufschweißen oder Aufspritzen behoben werden
kann, oder sie ist mit einer austauschbaren Schleißbüchse versehen, die gegebenenfalls wieder repariert werden kann.

Literaturverzeichnis

[V.1]   Mooren, A.L. van der: Terotechniek 1, Einführung; Terotechniek 2, Instandhaltungsgerechtes Konstruieren. Manuskript der Vorlesungen Nr. 4651 und 4652. Technische Universität Eindhoven, Fakultät für Maschinenbau, 1989 (auf niederländisch).

[V.2]   Mooren, A.L. van der; Smith, P.: Instandhaltungungsgerechtes Konstruieren im Maschinenbau. De Constructeur (1981) Nr. 9, 76-84; Nr. 10, 58-67 (auf niederländisch).

[V.3]   Instandhaltunggerechtes Konstruieren im Maschinenbau. Teil I: Hintergründe; Teil II: Checklisten. NVDO, Vereniging ten behoeve van Technische en Onderhoudsdiensten, Den Haag 1983 (auf niederländisch).

[1.1]   Die volkswirtschaftliche Bedeutung der Instandhaltung in der Bundesrepublik Deutschland. Deutsches Komitee Instandhaltung, Düsseldorf 1980.

[1.2]   Fachtagung Instandhaltung - Partner der Produktion. Deutsches Komitee Instandhaltung, Stuttgart 1973.

[1.3]   Fachtagung Instandhaltung '77: Anlagenwirtschaft/Anlagenwesen. Deutsches Komitee Instandhaltung, Wiesbaden 1977.

[1.4]   Gellings, P.: Introduction to corrosion prevention and control for engineers. Delft University Press, Delft, 1976.

[1.5]   Seminara, J.L.; Parsons, S.O.: Nuclear power plant maintainability. Applied Ergonomics 13 (3), 1982.

[1.6]   Pahl, G.; Beitz, W.: Konstruktionslehre. Berlin: Springer- Verlag 1986.

[2.1]   Handbuch der Schadenverhütung, Allianz Versicherungs-AG, München, 1976.

[2.2]   DIN 31051, Instandhaltung, Begriffe und Maßnahmen, Berlin: Beuth Verlag, 1982.

[2.3]   Renkes, D. Erläuterungen zu den Begriffen der Instandhaltung. Deutsches Komitee Instandhaltung e.V., Empfehlungen Nr. 1, Düsseldorf, 1977.

[3.1]   Mooren, A.L. van der; Smith, P.: Instandhaltungsverhalten mechanischer Objekte. De Constructeur. Teil 1: 1982 Nr. 12, S. 22-28; Teil 2: 1983 Nr. 2, S. 26-33; Teil 3: 1983 Nr. 8, S. 36-45; Teil 4a: 1984 Nr. 6, S. 38-45; Teil 4b: 1984 Nr. 8, S. 32-38; Teil 5:1985 Nr 4, S. 44-51 (auf niederländisch).

[3.2]   Kapur, K.C.; Lamberson, L.R.: Reliability in engineering design. New York: John Wiley & Sons 1977.

[4.1]   Höfle-Isphording, U.: Zuverlässigkeitsrechnung, Einführung in ihre Methoden. Berlin: Springer-Verlag 1977.

[4.2]   Rosemann, H.: Zuverlässigkeit und Verfügbarkeit technischer Anlagen und Geräte. Berlin: Springer-Verlag 1981.

[4.3]   Both, H.: Instandhaltung und Ausfallverhalten technischer Systeme, Entwurf und Anwendung eines Simulationsmodels. Doktorarbeit Technische Universität Eindhoven, 1989 (auf niederländisch).

[5.1]   Pahl, G.; Beitz, W.: Konstruktionslehre. Berlin: Springer- Verlag 1986.

[5.2]   Pahl, G.; Beelich, K.H.: Erfahrungen mit dem methodischen Konstruieren. Werkstatt und Betrieb, 114 (1981) S. 773-782.

[5.3]   Dickhöhner, G.W.; u.a.: Konstruktionsmethodik in mittelständischen Unternehmen - Entwicklung eines Gleichlauf- Zwangsmischers. Konstruktion 36 (1984) H.2, S. 65-69.

[5.4]   Beitz, W.: Konstruktionsmethodik für die Praxis. Konstruktion 41 (1989) 403-405.

[5.5]   Konzipieren technischer Produkte. VDI-Richtlinie 2222, Blatt 1. Berlin: Beuth Verlag, 1977.

[5.6]   Zwicky, F.: Entdecken, Erfinden, Forschen im morphologischen Weltbild. München: Droemer-Knaur 1966/1971.

[5.7]   Technisch wirtschaftlich Konstruieren. VDI-Richtlinie 2225, Blatt 1, April 1977.

[5.8]   Kesselring, F.: Technische Kompositionslehre. Berlin: Springer-Verlag 1954.

[5.9]   Strnad, B.-J.; u.a.: Entwickeln und Konstruieren gefahrenfreier technischer Arbeitsmittel. Berlin: Beuth Verlag 1985.

[5.10]   Weege, R.-D.: Recyclingsgerechtes Konstruieren. Düsseldorf: VDI-Verlag 1981.

[5.11]   Ehrlenspiel, K.: Kostengesteuertes Design - Konstruieren und Kalkulieren am Bidschirm. Konstruktion 40 (1988) 359- 364.

[5.12]   Kiewert, A.: Wirtschaftlichkeitsbetrachtungen zum kostengünstigen Konstruieren. Konstruktion 40 (1988) 301- 307.

[5.13]   Schulz, E.; Hagen, U.: Instandhaltungsgerechtes Konstruieren von Fertigungseinrichtungen. Berlin: Beuth Verlag 1978.

[5.14]   Lewandowski, K.: Instandhaltungsgerechte Konstruktion. Köln: Verlag TÜV Rheinland 1985.

[6.1]   Anon : Design simplification aids profits. Terotechnology News, Nr. 20, Nov. 1979, 6.

[6.2]   Sectie, W.P.; Afdeling, W.; T.U. Eindhoven: Des Teufels Bilderbuch (DDP), T. 2. De Constructeur, Juni 1978 Nr. 6, 59 (auf niederländisch).

[6.3]   Rodenacker, W.G.; Baumgarth, R.: Die Vereinfachung der Geräte beginnt mit der Funktionsstruktur. Konstruktion 28 (1976) 479-482.

[6.4]   Anon.: Ist die Schmierölpalette zu bunt? Instandhaltung, Oktober 1977, 26-27.

[6.5]   Hellwig, G.: Der Instandhalter soll mehr von der Normung profitieren. Instandhaltung (1977), 32-33.

[6.6]   Ross, W.: Normen können nützen. Instandhaltung November 1975, 24-25.

[6.7]   Schumann, R.: Normung vermeidet Fehler. Konstruktion 29 (1977) H. 7, 279-282.

[6.8]   Kolkman, H.: Der menschliche Fehler in Sicherheitssystemen. De Ingenieur (1980), Nr. 40, 24-25 und Nr. 49, 32 (auf niederländisch).

[6.9]   Dhillon, B.S.: On human reliability bibliography. Microelectron. Reliab. 20 (1980), 371-373.

[6.10]   Rasmussen: Reactor safety study, An assessment of accident risks in U.S. commercial nuclear power plants. USNRC, WASH 1400, Oktober 1975.

[6.11]   Hammer, W.: Product safety management and engineering. Englewood Cliffs: Prentice Hall, 1980.

[6.12]   Pahl, G.: Das Prinzip der Selbsthilfe. Konstruktion 23 (1973), 231-237.

[6.13]   Wepuko Hydraulik GmbH: Wartungsfreie Kolbenabdichtungen für Wasserpumpen. Industrie-Anzeiger 10.12.1975, S. 2103.

[10.1]   Ergonomiegerechtes Konstruieren. VDI-Richtlinie 2242 (Entwurf), Blatt 1, Grundlagen und Vorgehen, Blatt 2, Arbeitshilfen. Berlin: Beuth Verlag, 1983.

[10.2]   Heyligers, J.: Design for maintainability, an intricate simplicity, paper presented at the Maintenance Symposium of the Danish Association of Aeronautical Engineers. Kopenhagen, 1973.

[12.1]   Technisch-wirtschaftlich konstruieren. VDI-Richtlinie 2225, Blatt 1, 21-24.

[12.2]   Heller, B.K.: Kostengerechtes Konstruieren von Chemieanlagen. De Constructeur (1981) nr 6, 28-30 (auf niederländisch).

[12.3]   Franke, H.-J.: Methodische Schritte beim Klären konstruktiver Aufgabenstellungen. Konstruktion 27 (1975), 395-402.

[13.1]   Pahl, G.; Beitz, W.: Baureihenentwicklung. Konstruktion 26 (1974) 71-79; 113-118.
[13.2]   Beitz, W.; Pahl, G.: Baukastenkonstruktionen. Konstruktion 26 (1974), 153-160.
[13.3]   Flurschein, C.H.: Modular design. Engineering July 1975, 569-572.

Sachverzeichnis

Konstruktionsbücher

Herausgeber: G. Pahl

Zuletzt erschienene Bände:

5. Band

H. Wiegand, K.-H. Kloos, W. Thomala

Schraubenverbindungen

Grundlagen, Berechnung, Eigenschaften, Handhabung

4., völlig neubearb. u. erw. Aufl. 1988. XVII, 318 S. 198 Abb. Brosch. DM 118,–
ISBN 3-540-17254-8

26. Band

J. Looman

Zahnradgetriebe

Grundlagen, Konstruktionen, Anwendungen in Fahrzeugen

2., völlig neubearb. u. erw. Aufl. 1988. X, 425 S. 434 Abb. Geb. DM 148,–
ISBN 3-540-18307-8

27. Band

W. G. Rodenacker

Methodisches Konstruieren

Grundlagen, Methodik, praktische Beispiele

4., überarb. Aufl. 1991. XIV, 336 S. 225 Abb.
Brosch. DM 118,– ISBN 3-540-53977-8

32. Band

F. G. Kollmann

Welle-Nabe-Verbindungen

Gestaltung, Auslegung, Auswahl

1984. XV, 228 S. Brosch. DM 118,– ISBN 3-540-12215-X

Springer-Verlag
Berlin
Heidelberg
New York
London
Paris
Tokyo
Hong Kong
Barcelona
Budapest

Konstruktionsbücher

Herausgeber: G. Pahl

Zuletzt erschienene Bände:

33. Band

H. Peeken, C. Troeder

Elastische Kupplungen

Ausführungen, Eigenschaften, Berechnungen

1986. XV, 211 S. 205 Abb. Brosch. DM 128,– ISBN 3-540-13933-8

34. Band

S. Winkelmann, H. Harmuth

Schaltbare Reibkupplungen

Grundlagen, Eigenschaften, Konstruktionen

1985. XI, 196 S. 158 Abb. Brosch. DM 138,– ISBN 3-540-13755-6

35. Band

K. Ehrlenspiel

Kostengünstig Konstruieren

Kostenwissen, Kosteneinflüsse, Kostensenkung

1985. XIV, 249 S. 259 Abb. 44 Tab.
Brosch. DM 178,– ISBN 3-540-13998-2

36. Band

F. Schmelz, H. Graf v. Seherr-Thoss, E. Aucktor

Gelenke und Gelenkwellen

Berechnung, Gestaltung, Anwendungen

1988. XV, 251 S. 179 Abb. 55 Tab.
Brosch. DM 128,– ISBN 3-540-18322-1

Springer-Verlag
Berlin
Heidelberg
New York
London
Paris
Tokyo
Hong Kong
Barcelona
Budapest